风景园林理论与实践系列丛书

北京林业大学园林学院 主编

Regional Characteristics of Plant Landscape in
Jiangnan Classical Gardens

江南古典园林植物景观的
地域性特色

郝培尧 董丽 著

U0172781

中国建筑工业出版社

图书在版编目（CIP）数据

江南古典园林植物景观的地域性特色=Regional Characteristics of Plant Landscape in Jiangnan Classical Gardens / 郝培尧，董丽著. —北京：中国建筑工业出版社，2022.8

（风景园林理论与实践系列丛书）

ISBN 978-7-112-27741-4

Ⅰ.①江… Ⅱ.①郝… ②董… Ⅲ.①古典园林—园林植物—景观设计—研究—华东地区 Ⅳ.①TU986.2

中国版本图书馆CIP数据核字（2022）第142898号

责任编辑：杜　洁　兰丽婷
书籍设计：张悟静
责任校对：张惠雯

风景园林理论与实践系列丛书
北京林业大学园林学院　主编

江南古典园林植物景观的地域性特色

Regional Characteristics of Plant Landscape in Jiangnan Classical Gardens

郝培尧　董丽　著

*

中国建筑工业出版社出版、发行（北京海淀三里河路9号）

各地新华书店、建筑书店经销

北京锋尚制版有限公司制版

北京市密东印刷有限公司印刷

*

开本：880毫米×1230毫米　1/32　印张：8⅞　字数：280千字

2023年1月第一版　2023年1月第一次印刷

定价：**38.00元**

ISBN 978-7-112-27741-4

（39658）

学到广深时，天必奖辛勤

——挚贺风景园林学科博士论文选集出版

　　人生学无止境，却有成长过程的节点。博士生毕业论文是一个阶段性的重要节点。不仅是毕业与否的问题，而且通过毕业答辩决定是否授予博士学位。而今出版的论文集是博士答辩后的成果，都是专利性的学术成果，实在宝贵，所以首先要对论文作者们和指导博士毕业论文的导师们，以及完成此书的全体工作人员表示诚挚的祝贺和衷心的感谢。前几年我门下的博士毕业生就建议将他们的论文出专集，由于知行合一之难点未突破而只停留在理想阶段。此书则知行合一地付样出版，值得庆贺。

　　以往都用"十年寒窗"比喻学生学习艰苦。可是作为博士生，学习时间接近二十年了。小学全面启蒙，中学打下综合的科学基础，大学本科打下专业全面、系统、扎实的基础，攻读硕士学位培养了学科专题科学研究的基础，而博士学位学习是在博大的科学基础上寻求专题精深。我唯恐"博大精深"评价太高，因为尚处于学习的最后阶段，博士后属于工作站的性质。所以我作序的题目是有所抑制的"学到广深时，天必奖辛勤"，就是自然要受到人们的褒奖和深谢他们的辛勤。

　　"广"是学习的境界，而不仅是数量的统计。1951年汪菊渊、吴良镛两位前辈创立学科时汇集了生物学、观赏园艺学、建筑学和美学多学科的优秀师资对学生进行了综合、全面系统的本科教育。这是可持续的、根本性的"广"，是由风景园林学科特色与生俱来的。就东西方的文化分野和古今的时域而言，基本是东方的、中国的、古代传统的。汪菊渊先生和周维权先生奠定了中国园林史的全面基石。虽也有西方园林史的内容，但缺少亲身体验的机会，因而对西方园林传授相对要弱些。伴随改革开放，我们公派了骨干师资到欧洲攻读博士学位。王向荣教授在德国荣获博士学位，回国工作后带动更多的青年教师留学、进修和考察，这样学科的广度在中西的经纬方面有了很大发展。硕士生增加了欧洲园林的教学实习。西方哲学、建筑学、观赏园艺学、美学和管理学都不同程度地纳入博士毕业论文中。水源的源头多了，水流自然就宽广绵长了。充分发挥中国传统文化包容的特色，化西为中，以中为体，以外为用。中西园林各有千秋。对于学科的认识西比中更广一些，西方园林除一方风水的自然因素外，是由城市规划学发展而来的风景园林学。中国则相对有独立发展的体系，基于导师引进西方园林的推动和影响，博士论文的内容从研究传统名园名景扩展到城规所属城市基础设施的内容，拉近了学科与现代社会生活的距离。诸如《城市规划区绿地系统规划》《基于绿色基础理论的村镇绿地系统规划研究》《盐水湿地"生物—生态"景观修复设计》《基于自然进程的城市水空间整治研究》《留存乡愁——风景园林的场所策略》《建筑遗产的环境设计研究》《现代城市景观基础建设理论与实践》《从风景园到园林城市》《乡村景观在风景园林规划与设计中的意义》《城市公园绿地用水的可持续发展设计理论与方法》《城市边缘区绿地空间的景观生态规划设计》《森林资源评估在中国传统木结构建筑修复中的应用》等。从广度言，显然从园林扩展到园林城市乃至大地景物。唯一不足是论题文字繁琐，没有言简意赅地表达。

学问广是深的基础，但广不直接等于深。以上论文的深度表现在历史文献的收集和研究、理出研究内容和方法的逻辑性框架、论述中西历史经验、归纳现时我国的现状成就与不足、提出解决实际问题的策略和途径。鉴于学科是研究空间环境形象的，所以都以图纸和照片印证观点，使人得到从立意构思到通过意匠创造出生动的形象。这是有所创造的，应充分肯定。城市绿地系统规划深入到城市间空白中间层次规划，即从城市发展到城市群去策划绿地。而且城市扩展到村镇绿地系统规划。进一步而言，研究城乡各类型土地资源的利用和改造。含城市水空间、盐水湿地、建筑遗产的环境、城市基础设施用地、乡村景观等。广中有深，深中有广。学到广深时是数十年学科教育的积淀，是几代师生员工共铸的成果。

反映传承和创新中国风景园林传统文化艺术内容的博士论文诸如《景以境出，因借体宜——风景园林规划设计精髓》是吸收、消化后用学生自己的语言总结的传统理论。通过说文解字深探词义、归纳手法、调查研究和投入社会设计实践来探讨这一精髓。《乡村景观在风景园林规划与设计中的意义》从山水画、古园中的乡村景观并结合绍兴水渠滨水绿地等作了中西合璧的研究。《基于自然进程的城市水空间研究》把道法自然落实到自然适应论、自然生态与城市建设、水域自然化，从而得出流域与城市水系结构、水的自然循环和湖泊自然演化诸多的、有所创新的论证。《江南古典园林植物景观地域性特色研究》发挥了从观赏园艺学研究园林设计学的优势。从史出论，别开蹊径，挖掘魏晋建康植物景观格局图、南宋临安皇家园林之梅堂、元代南村别墅、明清八景文化中与论题相符的内容和"松下焚香、竹间拨阮""春涨流江"等文化内容。一些似曾相见又不曾相见的史实。

为本书写序对我是很好的学习。以往我都局限于指导自己的博士生，而这套书现收集的文章是其他导师指导的论文。不了解就没有发言权，评价文章难在掌握分寸，也就是"度"、火候。艺术最难是火候，希望在这方面得到大家的帮助。致力于本书的人已圆满地完成了任务,希望得到广大读者的支持。广无边、深无崖，敬希不吝批评指正，是所至盼。

孟兆祯

2015 年 1 月

前　言

　　本书的主体脉络是探讨江南古典园林地域性植物景观特色肇始，发展过程及自然因素、社会因素，特别是文化背景对其的影响，因而基于古今两相印证的研究思路，通过梳理、归纳古籍文献资料和名园分析历史，结合实地调查现存江南古典园林植物景观，总结其植物景观的发展脉络和历代特点；探究自然环境变化、社会变迁（政治氛围、经济环境、文化演变）对其的影响；阐释江南造园理论著作中植物景观的设计理念、理法；并从植物景观空间、植物群落、植物材料应用三个层面对江南古典园林植物景观现状进行了分析。通过比较和分析，提炼出江南古典园林植物景观的地域性特色，并对其在当代园林中的继承和发展进行一定的探讨，具有一定的创新性。

　　本书从审视中国古典园林中地域性特色突出的江南古典园林出发，以具有一定国内外影响力的江南古典私家园林植物景观为主要对象，研究江南古典园林景观的地域性特色，从设计手法借鉴和文化属性继承两方面做了初步探讨，为推进中国古典园林的现代复兴进行切实可行的初步尝试。对于江南古典园林植物景观的地域性特色研究，其一是对保护和恢复古典园林植物景观具有积极意义；其二是对解决当今园林植物景观设计中存在的问题有借鉴作用。特别是后者，对于解决当今中国风景园林行业面临的问题有着积极的意义。

本书出版受北京林业大学"风景园林学科建设相关博士论文出版"项目资助

目　录

绪论

　　景观类型分化并非是孤立出现的，而是与不同类型景观所在地域的文化发展紧密相关的。其中，园林景观是人类的生产活动、宜居环境构筑以及审美需要诉求这三者之间的有机结合，因而园林景观从产生之初，就受到不同地域中自然环境的直接影响，进而成为不同地域内人类生产与生活交互影响的文化生成物，随着被赋予了特定的地域文化传统与文化认同，显现出地域文化不断变动之中的历史感。所以，不同地域之间自然、社会、人文环境的差异，促使不同地域的园林景观呈现出独特的地域文化的内涵积淀和外观形态，从而成为这一地域文化的独特结晶。这就表明：园林景观作为具有地区性与地方性双重构成的独特地域文化载体，是地域文化在特定人文地理空间绵延之中的地方性存在，并且呈现出特定行政区划时间变动之中的地区性嬗变，最终形成园林景观所特有的地域性特色。

　　园林景观的地域特色具体表现为两个层面上的构成特征：一是表层的地区性构成特征，与园林景观所在地的行政区划及其时间变动具有外部相关性；二是深层的地方性构成特征，与园林景观所在地的自然地理及其空间稳定具有内在制约性。这就是说，尽管地域性的园林景观能够呈现出从历史到现实的独特文化外观，但是，在排除行政区划的时间变动这一地区性构成的表层影响之后，对园林景观发挥深层影响的只能是自然地理的空间稳定这一地方构成，其根本原因就是园林景观只能存在于特定的时空中。特定的时间要素主要表现为行政区划的变动，行政区划从古至今不断变动，园林景观的地域特色并没有随之发生激变；而特定的空间要素主要体现为自然地理的稳定，自然地理古往今来持续稳定，园林景观的地域特色由此得以长存。

　　园林景观的地域特色的现实微调仅仅与行政区划变动发生着外部相关性，然而，园林景观的地域特色的历史积淀则与自然地理稳定保持着内在制约性。因此，对于园林景观的地域特色来说，是地方性这一深层构成特征从人文地理这一根本上制约着园林景观的历史存在与文化传承，而地区性这一表层构成特征仅仅从行政措施这一手段上规范着园林景观的现实保存与政策取向。所以，如果在彰显园林景观的地域性特色的过程中，要保持地区性的表层构成特征与地方性的深层构成特征协调一致，那么，也就只能在特定的时空之中以地方性的空间构成作为基础，融入地区性的时间构成。园林景观的现实微调必须根植于历史积淀之上，在取今复古之中，不仅要以园林景观的历史存在来促进其现实保存，而且要以园林景观的文化传承来促动其政策取向，从而促使园林景观的地域特色不断发扬光大。

若要把握好园林景观的地域特色，不仅要具有中国视角，还要具备全球眼光。所谓中国视角，主要是针对研究对象而言的。以中国园林景观为研究对象，就必须从园林景观的中国发展出发，在相关现场考察的基础上进行理论思考，扎实地立足于中国园林景观的悠久历史与传统。当然，在通观古今之变的同时，也需要发展能够辨识中外之别的全球眼光，正所谓"开眼看世界"。至少可以看到的是，20世纪下半叶以来，以"城市化"为人类社会变迁特征的现代化已经开始席卷全球，古典园林景观在面临着现实的危机——不是成为人类生存空间之中可有可无的点缀，就是成为人类城市生活之中难以保留的古董。

"城市化"建设出来的现代城市，难道仅仅就是千篇一律的水泥森林？如何既体现"场所精神"，又展示现代生活的人性空间？英国学者查尔斯·詹克斯（Charles Jencks）在《后现代建筑语言》中指出，"后现代主义"追求"历史主义、直接的复古主义、新地方风格"，要求"建筑与城市背景相和谐"。虽然，后现代主义园林理论对现代主义园林的批判主要集中在反对其千篇一律的国际化风格上，但是，这一批判带给中国研究者这样的启迪——"城市化"不应该漠视生活环境和地域文化的双重需要，也不应该抛弃传统文化和美学思想，导致人文精神不断缺失。

地域性园林景观的保存与发展，势必成为重建人文精神，抗拒水泥森林的一种切实可行的文化发展方式；与此同时，地域性园林景观的大量存在与出现，既成为传统与现代之间的文化纽带，也成为大自然与人类社会之间和谐共存的选择。在这样的意义上，无论是对建构具有地域性特色的园林景观进行的探讨，还是对园林景观地域性特色进行的探讨，都将成为对园林景观在"城市化"浪潮中如何发展的不可或缺的学术思考。

地域性园林景观，实际上已经成为一座能够连接传统与现代的民族文化桥梁，而体现出地域性民族文化特色的园林景观也随之成为传统与现代之间的人文精神纽带。所以，"是为了保持传统而放弃现代？还是为了走向现代而抛弃传统？"实际上成为一个学术上的伪命题。这是因为，现实中生活着的人类，无法不在传统之中，也无法不在现代之中；而人类生活所创造出来的园林景观，同样存留于传统与现代之间。正如国外学者所指出的那样：一方面，文化必须立足于过去，扎根于本土铸造民族精神；另一方面，还必须同时注重科学、技术和政治上的合理性。由此可见，有关古典园林现代意义的中国热论，无论是"古典园林复兴论"，还是"古典园林休矣论"，都不过是偏执一端，而没有去倡导中国古典园林的现代复兴，更没有进行园林景观的地域特色这样的现代思考。

于是，本书从审视中国古典园林中地域特色突出的江南古典园林出发，以具有一定国内外影响力的江南古典私家园林植物景观为主要研究对象，探讨江南古典园林景观的地域性特色，以便能够在这一方面为推进中国古典园林的现代复兴进行切实可行的初步尝试。

第 1 章

江南古典园林植物景观的地域性

1.1 江南与地域

1.1.1 江南的地域

江南具体的范围是什么？江南在人们的常识中，有着"日出江花红胜火，春来江水绿如蓝"的精致，是"春风又绿江南岸"的江南，是"杨柳映春江，江南转佳丽"的江南，是"古宫闲地少，水巷小桥多"的江南，是乾隆南巡的江南。江南这一概念从一个普通名词变为一个专有名词，从"江南边之地"一个抽象空间，演变成了一个具有丰富意义和内涵的地方。

江南不仅是中国历史文化及现实生活中一个重要的地域概念，而且是一个历经变迁的行政区划概念，同时还是具有极其丰富内涵的文化概念。不同的研究领域对其看法也不尽相同，但不容置疑的是，江南作为一个地域，在自然地理的江南这一空间之中，首先是行政区划的江南，然后是文化的江南。

在自然地理上，将地表的自然属性相似的地域进行划分，江南是指江南的丘陵区，即南岭以北，洞庭湖、鄱阳湖以南，太湖以西的一片丘陵、盆地相间分布的区域。也有学者将其划定为江南平原或太湖平原地区，范围大致涵盖了宋代浙西路的平江府（苏州）、常州、秀州（嘉兴府）、湖州与江阴郡。

首先，从行政区划的历代演变来看，江南是一个逐步缩小、从西向东浓缩的过程。"江南"在唐代以前还不是一个具有稳定内涵的专有名词，它较多的是指"江"之"南"。到魏晋南朝时期，晋室南迁，南朝偏安江左，"江南"在指称长江中下游以南地区的同时，越来越多地代指相对于北方政权而言的南方朝廷或地区，尤其是以建康为中心的吴越地区❶。至隋代，"江南"也被用作《禹贡》中"扬州"的同义词，但实际上"江南"还有江汉以南、江淮以北的意思。

较为明确的江南概念应当是从唐代开始形成的。贞观元年（627年），长江中下游以南、南岭以北的广大区域设立了一个大的行政区——江南道。江南道的范围完全处于长江以南，自湖南西部以东直至海滨，这是第一次明确使用行政力量划分出的江南范围。后又将江南道细分为江南东、西两道和黔中道三部分，再将江南西道一分为二，西为湖南道，

❶《南齐书·卷五十二》载吴人丘灵鞠语："江南地方数千里，士子风流，皆出其中。"同书卷五载北魏孝文帝赞南朝人物："江南有好臣。"可见，"江南"是与北朝相对举的一个概念。

东为江南西道。这次行政区域的划分开始了江南区域从西向
东的浓缩过程。

　　江南东道（简称江东道），包括了浙江、福建两省以及
江苏、安徽两省的南部地区。唐代中期，又将江南东道细分
为浙西、浙东、宣歙、福建四个观察使辖区。其中的浙西地
区完全吻合了以后人们对于江南的印象范围，包括苏州（含
明清时的松江、嘉兴二府地区）、湖州、常州的全部地区及
润州、杭州的各一部分地区。北宋设置了转运使"路"，唐
代的江南东道在此时分为两浙路、福建路、江南东路。两浙
路则包括了以后江南的核心地域，相当于今天镇江以东的江
苏南部及浙江全境。

　　明清时期，由于该区域经济地位的独一无二性，已经将
苏、松、常、嘉、湖五府列为"江南"经常性的表述对象，时
人的文学作品、小说笔记中已有表示杭、嘉、湖、苏、松、
常、镇七府就是所谓的"江南"。后人在研究中认为这一时期
的江南所指代的为江苏省的江宁、镇江、常州、苏州、松江
和太仓直隶州，以及浙江的杭州、嘉兴、湖州三府地区。

　　由于江南经济发达，有关江南经济的研究之中，对江南
地区范围的界定也进行了讨论。傅衣凌对明清时期江南的商
业资本、农村经济、市民经济乃至社会经济变迁进行了研
究，但未对江南做出一个明确的界定。王家范在对江南市镇
结构及其历史价值的研究中认为，至迟于明代，苏松常、杭
嘉湖地区就已是一个有着内在经济联系和共同点的区域整
体，以苏、杭为中心城市。其他学者也认为江南是指长江以
南的长江三角洲地区，包括苏、松、常、镇、杭、嘉、湖各
府。可见，明清时期江南经济在全国占有举足轻重的地位，
其经济中心与此时行政区域上的江南是吻合的。

　　另外，地域文化自成一体，并且具有独特的结构与功
能，在空间上具有一定的稳定性，而在时间上具有一定的波
动性，因而具有文化传统上的相对独立性，江南文化正是这
样一种相对独立的地域文化。唐代文人的很多诗词描绘了江
南的一派胜景，对今人"江南"概念的形成有着很重要的影
响。唐人"江南"概念的使用中，狭义之称更普遍，在唐人
心目中，"江南"往往更多地与吴越联系在一起，中唐以后
尤其如此❶。在白居易晚年的诗文中，"江南"多集中指以

❶　鲍防、严维等文士在越州诗
会上联唱《状江南十二咏》。

苏州、杭州为中心的江南东道地区。李白的"烟花三月下扬州",把位于江北的扬州也当作江南来吟诵,可见位于江北的扬州与江南的苏杭可媲美。可以看出,决定一个区域风貌的因素,除了自然区域和行政区域外,还有文化的作用,它们的互动和交错,造就了一个地方的风貌。

目前诸多研究者对于江南的探讨,时段大多集中于明清时期,这体现了明清时期江南地区本身所具有的重要意义,也与古典园林发展的脉络不谋而合。对江南的地域范围界定,在标准上不但要具有地理上的完整性,而且在人们的心目中应是一个特定的概念。据此,江南的合理范围应当包括今天的苏南浙北,即明清时期的苏州、松江、常州、镇江、江宁、杭州、嘉兴、湖州八府及后来由苏州府划出的太仓直隶州的"八府一州"之地。这八府一州之地不但在内部生态条件上具有统一性,同属于太湖水系,而且在经济方面的相互联系也十分紧密,同时其外围有天然屏障与邻近地区形成了明显的分隔。

这一时期江南地区的经济、文化、社会发展高度繁荣,江南古典园林也在这一时期发展到一个高潮。为了研究江南古典园林而界定的江南,是包容了自然地理、行政区划、经济发展,尤其是地域文化等诸多因素的江南,是一个内容丰富而扎实的江南,这些因素和内容的相互影响和包容都为进一步研究江南古典园林提供了更为开阔的学术视野。

1.1.2　地域的江南

地域的具体含义是什么?《不列颠百科全书》将地域定义为"有内聚力的地区。它可以是一个城市,一个流域,甚至一个国家,一块大陆。同时,它还是一种学术概念,常指代为一种范围,一种象征,一种文化,或者一种精神"。《汉语大词典》(1997年版)缩印本中将地域解释为"土地的范围、地区范围,特指本乡本土,如地域观念"。《辞海》(1999年版)中对"域"的解释为"区域、地区、疆界"。可见,"域"作为一个范围的量定,将"地"限定在某一范围。一个地域是一个具有具体位置的地区,在某种方式上与其他地区有差别,并限于这个差别所延伸的范围之内。地域是一个民族生活的自然环境因素的总和,其既是一个独立的文化单元,也是一个经济载体,更是一个人文区域。每一个区域、每一个城市都存在着深层次的文化差异，且有多少个地域就有多少种地域性，地域的本质随需求、目的以及概念的使用标准而变化。

可以看出，每个时代所处的背景不同，对地域的解读也会有所不同，有多少个时代也会有多少种地域。无论是自然的地域，抑或是文化的地域，地域的概念并非一成不变。地域就犹如地区本身一样多元，与其地点和历史环境相呼应。

所谓地域性，就是指特定区域土地上自然和文化的特征，包括在这块土地上自然构成的景观，也包括由于人类生产、生活对自然改造而形成的大地景观。地域性是指某特定的地域中一切自然环境与社会文化因素共同构成的共同体所具有的特征。地域性在空间和时间上具有相对性，其本身又具有多样性。

由于地域性本身是一个抽象和泛化的概念，地域性的研究必须要和具体的地域环境相联系，从一个由一定时间和空间范围限定的，具体而真实的对象入手加以分析才有意义。地域性是与一个地区相联系或有关的本性或特性，或者说就是一个地区自然景观与历史文脉的综合特性，包括气候条件、地形地貌、水文地质、动植物资源以及历史、文化、人类活动等。地域性来源于根植于某一地区的悠久的历史文化与自然地理条件，与某一地域有关，是一种特殊的地域感和认同感的属性，其所体现的是一个地区内自然环境、人文环境包含的各种因素的相对类似性。地域性本身并不代表差异性，但由于地域本身之间的差异才造成了地域性之间的差异，形成了地域独具的特定色彩，即地域特色。

全球化过程中的现代风景园林并没有沿着单一的轨迹发展，一个重要原因就是"地域景观或乡土景观在每一个国家和地区，都是设计师获得形式语言的重要源泉"。"无论是历史园林，当今的风景园林，还是天然而成的自然景观"，以及"由于人类生产、生活对自然改造形成的大地景观"，地域特色都是其"规划与设计的重要依据和形式来源"。

植物景观营造的根基是特定植物，即园林植物（landscape plants），20世纪50年代以后，习惯称观赏植物。《中国农业百科全书·观赏园艺卷》将观赏植物定义为"具有一定观赏价值，适用于室内外布置、美化环境并丰富人们生活的植物"。植物景观的地域特色源自地域性的植物。在《辞源》（1988年版）中，植物是百谷草木的总称，而地域性植物无疑是地域特色最好的载体。进而有研究者提出了植物景观凸显地域特色的三条原则。

（1）地域性原则：植物景观设计应与地形、水系相结合，充分展现当地的地域性自然景观和人文景观特征。

（2）多样性原则：植物景观设计应充分体现当地植物种类的丰富性和植物群落的多样性特征。

（3）指示性原则：植物景观设计应具有自然条件指示作用的植物群落类型，避免反自然、反地域、反气候、反季节的植物景观设计手法❶。

❶ 李雄，《园林植物景观的空间意象与结构解析研究》，北京林业大学博士论文，2006年。

江南古典园林植物景观的地域特色是在江南形成的，具有显著的江南风格和风貌，其所凸显的地域特色，是江南的自然环境、社会变迁、文化传统在日常生活中的写照，高度体现出江南居民的审美创造性。

1.2   江南古典园林植物景观的地域特色

1.2.1   植物景观的特色分析

从营造理法和营造手法两方面来分析江南植物景观的地域特色，由此形成对江南特色植物景观营造的完整认识。

首先，江南古典园林的植物景观设计秉承的营造理法是以"人"的感受为主，将植物的自然美和人文美统一起来再现自然，从而去品"天然之趣"，察"自然之真"，观"四时流转"，会"气韵生动"；其次，江南古典园林的植物景观设计特别注重植物景观的"天巧"与"地宜"，在天巧（自然美）与地宜（场地特色）之间，通过匠心运作以求自然美与人文美的平衡，即所谓的"精于体宜"；最后，江南古典园林的植物景观设计通过植物景观彰显江南文人的人格与情感，以臻于天人合一的境地，由此造就了江南古典园林，尤其是江南古典私家园林的辉煌发展。

《园冶》中论及的"物情所逗，目寄心期"，短短八字概括了江南古典园林植物景观的设计理念，即地、景、情、境的创作序列（图1-1）。泷光夫以现代建筑师的视角提出"绿色景观"的概念，与江南古典园林颇为一致的是将植物景观分为人工的、自然的、与自然共生的三个层面，并提出园林景观往往是用功能与内容去附和形式与优美，表现出与

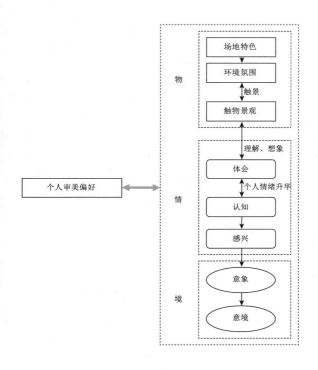

图1-1 "物情所逗，目寄心期"
的植物景观创作审美序列

建筑空间形成顺序的相反性。

　　在植物景观设计之初，就要了解场地特色，因地制宜；随后要充分了解植物的"性情"，以植物景观表达情感，陶冶性情，阐发人生感悟，正可谓"因借无由，触情俱是"。此外，由于受到国画和诗词的影响，所谓的情与景中也融入了诗画特色，植物景观恰似在大地上绘制的画与谱写的诗。借由植物的生态习性、形态特征来抒发造景者与观景者双方之胸臆，从"地""景"的物质层面，得到情绪的酝酿与升华，最后达到"情景转化，境由景出"。

　　"巧于因借"是江南古典园林植物景观营造中的一个设计理念，从最初的植物单独构景，发展到了明清时期，则强调"巧于其借"其他园林要素（如山体、水体、建筑等），以求植物景观的格式随宜，栽培得致。除了实体要素的"巧于因借"，对于江南地区积淀深厚的地域文化的"巧于因借"，也是"景以境出"的重要手段。融入各种人文因素之后，植物景观成为主题式植物景观，是对人文因素"巧于因借"的最好佐证。如此，虚、实两方面要素的相互"巧于因借"，使得江南古典园林植物景观具有了鲜明的地域特色。

在江南古典园林植物景观营造理法之中，除了存在相对固定的主题设计外，还有主题表现形式的基本程式。这一程式的表现特点由"地-景-情-境"四个环节构成，从植物材料、应用方式到匹配意象、景观意境都清晰地展现了出来。虽然程式是有限的，但是植物景观营造的设计者对场地特征的体会，对植物形态等外在风姿及生态习性等内在要素的观摩、再现、引申，都是各不相同的，因而有"一法多式"之说，这就使得江南古典园林植物景观的地域特色得以在变化之中延续，而不仅仅是呆板单调的复制。植物景观营造在江南古典园林中不断发展，充满活力，成为江南古典园林景观长盛不衰，拥有巨大影响力的重要原因。

江南古典园林植物景观营造的色彩理念要求以绿色为基调，避免强烈的视觉冲击，以符合江南文人"清幽冲淡，以素药艳"审美情趣，由此令人工之美自然天成地融入景观之中。植物景观构成的绿色基调氛围，有利于促成江南古典园林的清幽意境，从而升华到天地人一体的精神境地。更为重要的是，江南古典园林景观所追求的"以素药艳"的审美效果，能与江南文人"淡泊明志"的精神相契合，赋予江南古典园林植物景观以独特的人文内涵，从而成为植物景观营造理法江南特色的重要构成之一。

在江南古典园林植物景观营造的发展过程之中，营造理法要从纸面上走下来落地生根，必须得有相应的营造手法。从江南古典园林营建的发展来看，植物景观的营造手法重视植物景观的整体布局，并且从两个方向着手：一个方向是"专"景的布局手法，另一个方向是"集"景的布局手法。随着植物景观营造的江南发展，"专"景与"集"景在布局中相辅相成，形成了专景突出的植物景观序列式布局。

植物专类园依循特定的主题内容，以单种或具有相近生态习性、观赏特性的不同植物种类为主要构景元素。早在先秦时期，就有植物专类园雏形的出现，最初以赏荷花和芳香植物为主，主要是因为遵循了场地中水景为盛的特征；至明清时期，结合花卉雅集的赏花风气，梅花、兰花、菊花等花卉在园林中形成了独具吸引力的专类景观。现存江南古典园林中的植物专类园从尺度大小来说，较大的有以莲花为主题的小莲庄；较小的可以是专类景，如以梅花为主题的怡园南雪亭，以海棠为主题的海棠春坞，以山茶为主题的拙政园十八曼陀罗馆，以牡丹为主题的何园牡丹厅，以芍药为主题的网师园殿春簃，以桂花为主题的上海秋霞圃小山丛桂轩、留园闻木樨香轩。

魏晋时期谢灵运山居中果园、田园、湖面的三个分区，可以视为展示果树、农业景观、水生植物的系列植物专类园；到了南宋的桂隐林泉，则已经形成一个风格较为成熟的，按四季顺序流转的专景序列式布局的集景园。及至明清时期，江南古典园林中"八景"现象兴盛，使得植物景观布局往单景突出、系列组织的方向发展。

序列式植物景观的布局尺度可大可小。就小尺度而言，典型的如拙政园梧竹幽居，将春、夏、秋季植物景观在一个小空间内集中表达；就全园尺度而言，集景式布局所体现的是园林空间的主体性和时序性，在设计总体思想的统领下，以达到多角度、多层次、不同游赏顺序的心理体验，最终形成的是植物集景园（院），形成一个植物景观序列，统一而又各具特色。这就需要运用虚实相生的营造手法来扩大植物景观的视觉空间，主要可以分为模糊型空间和焦点型空间两种。江南古典园林植物景观虽在视觉空间形成中无法起到决定性作用，但植物景观的适当融入，无疑会有助于虚实转换，促生江南古典园林空间的灵动。

所以，从营造手法来看，在江南古典园林植物景观营造的过程中，植物材料的选择上强调美善结合的主题，配置上注重气韵生动的效果，所以江南古典园林中的植物群落是高度人工化的产物，可视为文化型植物群落的江南代表。由于通过营造手法来强化整体空间的流转和视线的通透，因而植物群落结构的突出特征便是中层植物与高层植物之间的高差。植物构成的顶面要素郁闭度不高，近人尺度的植物对人的视线以亏蔽为主，并不完全遮蔽，从而直接促成主景植物种类的高度集中化。

江南古典园林中选用的植物材料不仅注重自然美，而且考虑文化因素，尤其是受到"古、奇、雅"的文人格调影响，讲究体态潇洒、色香清隽，并有象征寓意。植物不再单纯是色、香、姿、韵的自然美的载体，更是地域文化的江南体现。

植物材料的配置手法主要可分为自然式和规则式两大类，江南古典园林植物配置手法以自然式为主，对于规则式的种植也进行了"自然化"地改动，以更好地体现植物的自然美及内在的人文内涵。

自然式栽植是江南古典园林灵动空间的构成之一，主要有孤植、丛植、群植等手法。孤植所形成的焦点式植物景观空间，以其独特的自然、人文属性，使得空间具有独特的个性。当庭院面积进一步增大时，一般采用丛植的手法烘托庭院气氛，其植物数量一般在2～9（10）株。由于丛植手法多出现在近人尺度的空间，所以在进行植物搭配时，更为注意画意及主题性，有以同种植物丛植突出景观主题的方式，如"小山丛桂""梅花绕屋"等景观程式的表达；还有以种类丰富的植物进行丛植的范例，以构成画意为营造重点，典型的如留园五峰仙馆西侧庭院。群植是指用多株植物成群栽植的方式，植株数量一般在20～30株及其以上，主要体现植物的群体美，可按栽植植物的种类分为同种群植和异种群植。江南古典园林中以异种群植为主，以不同植物相互搭配形成美观的植物群落，注重树种色彩的调和对比，结合季相变化，使植物与植物、植物与环境形成一个统一的有机整体。这种群体规模较大的植物栽植方式在江南古典园林中主要应用于结合山体的植物景观营造中，是对自然山体的植物景观进行艺术化的再现。

规则式栽植包括对植和列植，在以私家园林为代表的江南古典园林中，受到空间的限制，列植的栽植手法鲜见。而对植的手法也以非对称式为主，多见于园林的宅院部分或者厅、堂等主要园林建筑前，有一定的烘托氛围的作用。这里的非对称性表现在三个方面：其一是植物材料的不对称，如拙政园海棠春坞小院，虽然是体量相近的两棵海棠对植，但一株为西府海棠，一株为垂丝海棠，姿态上有一定的差异性；其二是植物体量的不对称或者数量的不对称，典型的如拙政园玉兰堂前两侧的玉兰，顾盼生姿，具有动感；其三是栽植位置的不对称，或一大一小，各具院落一角。

现已查明的江南古典园林中选择的植物材料达到217种，而以植物景观风貌较好的杭州为例，除杭州植物园外的园林绿地中的植物（含草本）材料约350种，江南古典园林中所使用的植物材料种类占到了现代园林绿地中植物种类的62%，其植物物种丰富度还是比较高的。用于主景的植物材料虽然种类集中，但季相结构分明，植物景观整体风貌为春季繁花点点，夏季荷香阵阵，秋季桂香叶红，冬季修竹篁篁。

1.2.2　植物景观的地域比较

由于植物景观的地域特色形成主要受从自然植被分布到诸多文化因素的种种影响，因而从植物景观的地方特色这一视角来看，江南古典园林不仅与北方皇家园林之间存在着南北差异，而且与岭南园林之间也存在着物候差别，有必要进行比较，以显现植物景观地方特色的多样性。

首先，有研究者已经提出"中国园林有北方皇家园林和江南私家园林之分，并呈现出诸多的差异"。事实上，北方皇家园林与江南古典园林之间，除了存在着皇家的帝王与私家的文人之间的社会等级差异之外，其植物景观也呈现出具有地方特色的南北差异。在江南古典园林之中，粉墙黛瓦，竹影兰香，小阁临流，曲廊分院，咫尺之地，从容周旋，所谓"小中见大"，淡雅宜人。落叶树的栽培，又使人们有春夏秋冬四季变化的感觉。草木华滋，是它得天独厚之处。这也正和"北宗山水多金碧重彩，南宗多水墨浅降"的情形相同。

皇家园林营建受儒家影响尤为显著，将儒家的治世思想作为基调，提倡"中正治国""崇祖孝亲""修身养德"等，区别于私家园林所受到的"尽善尽美"这一儒家影响。就园林整体布局而言，相对于江南私家园林的自由活泼，北方皇家园林布局较为严整，所以在植物景观的营造中，更为注重等级秩序、等级空间的塑造和烘托，讲求仪典隆重的气氛和一定的轴线关系。园林中以孤植、丛植、群植、对植、列植等多样化的栽植手法体现不同的空间功能和礼制需要，而不像江南园林那样讲究灵动（图1-2），其中一个突出的特点是对植、列植的大量使用。对植能形成很好的仪式感空间，在北方皇家园林中，还会在殿前主轴线两侧列植几排乔木，进一步烘托轴线感和空间仪式性。甚至还会有树阵式的排列，如承德澹泊敬诚殿南侧对植的方形油松树阵（图1-3）。

而北方皇家园林对江南名景的模拟，正可谓"谁道江南风景佳，移天缩地在君怀"❶。圆明园内仿建了从西湖十景到狮子林、思永斋、鉴园、瞻园、安澜园、寄畅园等的大量江南胜景名园；颐和园的园中园——谐趣园仿自寄畅园；承

❶ （清）王壬秋，《圆明园宫词》。

图1-2

图1-3

图1-2 圆明园中对植和列植的广泛使用（图片来源：引自《圆明园四十景图》）

图1-3 承德澹泊敬诚殿南侧树阵（图片来源：乔磊摄）

德避暑山庄芝径云堤仿西湖苏堤，烟雨楼仿嘉兴烟雨楼，文园狮子园仿狮子林等。除了在建筑形式和园林布局上尽力摹写江南风貌外，这些北方皇家园林里的"江南"，虽然在植物景观营造上通常以荷花、柳、桃、竹、芭蕉等南北皆可生长适宜的植物来展现江南风貌，但更多的还是通过建筑、山水等其他造园元素来进行补充，以体现出相似的意境。

就植物种类而言，松柏类常绿树种占有较大比例，其与落叶树种混合配置，植物景观的冬夏季相变化较明显。如盛期圆明园中，文献可考的植物有121种，分属52科83属 ❶，现状有169种植物，隶属64科128属，植物种类最多的是松和柳，前者体现的是皇家气派，后者体现了江南水乡的特点。与此相似的是，在恭王府的园林中，所用植物多为苍劲的松柏、娇艳的海棠、华贵的牡丹等，通过运用这些植物，寓意

❶ 赵君，《圆明园盛期植物景观研究》，北京林业大学硕士论文，2008年。

园主人兴旺不衰、富贵延年的愿望，此外，还配置有江南园林中的代表植物——翠竹、芭蕉，体现出园主人追求的洒脱和诗意。

　　尽管从这些实例中可以看出，北方皇家园林和江南私家园林之间存在着植物景观的材料差异，但江南私家园林对北方皇家园林的直接影响，使皇家园林的植物景观兼具皇家园林与私家宅园的双重特色。就种植规模而言，由于皇家园林一般都占地甚广，其植物栽植的规模、体量都与江南私家园林有显著区别。圆明园在其盛期园内有百余处风景园林群，植物景观营造具有多元化和多层次性的特色。

　　由于岭南地处北回归线两侧，具有高温多湿的亚热带气候特征，其植被为亚热带常绿阔叶林、亚热带季风常绿阔叶林等，为岭南园林植物景观提供了独具地方特点的植物材料。岭南文化的地域特色通常表现为野性质朴与开放实用，经世致用是其基本价值取向。这种平民化、世俗化的地域文化与讲求雅致、温润的江南文化有着显著的地域区别，自然显现在岭南园林的营造之中。岭南园林以顺德清晖园、佛山梁园、东莞可园、番禺余荫山房四大名园为代表，园林风格朴素生动、清新旷达。

　　岭南古典园林植物景观的地域特色主要有以下几点：果木栽植较多，常以岭南佳果作为骨干树种；充分利用花台种植花木，盆栽应用广泛；竹子栽植占地不逾尺，意达即可。

　　乔木植物景观以龙眼、荔枝、杧果、蒲桃等岭南佳果为骨干树种，堂前孤植冠大荫浓的植物，如榆树、榕树、白兰等。由于气候原因，岭南花卉"冬季花事不曾残"，很多花卉都四时开花不辍，花台景观在园林中也十分常见，盆栽应用广泛。一般园林内并不大量使用竹子，竹子多贴墙而植。葡萄、金银花、夜来香、炮仗花等常做篱落。江南园林中备受推崇的"松竹梅"三君子的比德式植物配置模式在岭南园林中鲜见，可见这种文人式的清高自适与岭南的地域特色难以相融，这也就证实了地域文化与植物景观之间的关联性（图1-4）。

　　从配置手法上看，由于园小的关系，常以孤植为主，片植为辅，很少丛植。整

图1-4　岭南清晖园中线状排列的花台（图片来源：引自《浅谈岭南晚清四大古典园林植物景观》）

体风貌为庭中满栽翠林，遍植果树，佳木悬笼，奇花烂漫。配置手法和整体植物景观风貌都与江南古典园林有显著区别，造成这种区别的原因首先是地理上的物候差异所形成的植物材料差异，其次才是文化的地域差异。

与此同时，江南古典园林作为中国古典园林之中的佼佼者，其影响力不仅限于国内，而且走出国门，对亚欧各国的园林发展做出了贡献，尤为突出地表现在植物景观上，以其江南特色显现出独特的中国魅力。

6世纪，随着佛教传入日本，带去中国文化，中国的造园技艺也被苏我马子引入日本，用池中筑岛，仿中土海上神山，创日本典型庭院之始。唐代（日本白凤时期），日本天皇仿效中国公园筑山凿池，修建御园。到南宋，日本又学到禅宗啜茗，奠定了茶道、茶庭、枯山水基础，达日本庭园全盛时期。至今，日本庭园建筑物，配景标题与园名多使用古汉语，显示了其受中国文化与中国园林影响之深厚，而中国园林以江南古典园林为典范，直接影响日本园林尤其是植物景观的营造。

日本园林的立意受到中国诗文的影响，其中对其影响最大的就是描写"西湖"的诗文。描写西湖的诗文成为日本造园家造园的参考之一，著名如小石川后乐园，园中西湖之堤仿杭州西湖的苏堤，池水之中以条砌筑成堤，堤上设有窄小拱桥（图1-5）。

此外，松、竹、梅在中国文人的反复诵吟下，在日本园林中也有崇高的地位。如《做庭记》《筑山山水传》《山水图》

图1-5 小石川后乐园的西湖之堤
（图片来源：石渠）

图1-5

等日本造园理论著作就指出松树是庭树的骨干，地势平缓的园林无松则难存，可见园林中松树的重要性。当然，江南古典园林与植物景观对日本造园的影响也是有其限度的——本土的日本原始神道教的影响，再加上本土化的净土宗及禅宗的佛教影响，使得日本园林具有宗教化特点，形成了"枯山水"这一抽象到极致的园林景观模式。此外，日本文化独有的特征就是精工细作，注重整体与细节对比，这也促成了植物景观的日本特色（图1-6、图1-7）。

在亚洲国家中，除了日本之外，受到中国文化与中国园林影响的还有朝鲜。从唐代开始，新罗（今朝鲜半岛）就受到了这一影响——正如《中国古典建筑史》所指出的——"唐代园林发展曾影响日本和新罗。新罗文武王作苑囿，于苑内作池，叠石为山，以象巫山十二峰，栽植花草，蓄养珍禽奇兽。据考证：庆州东南雁鸭池即为当时苑囿的遗址"。景福宫最后是御花园，园内有方形水池，建一亭名为"香远"，入夏池内盛开荷花，应取汉文化中"香远益清"之意（图1-8、图1-9）。

图1-6 苏州狮子林古五松园

图1-7 银阁寺古松（图片来源：石渠）

图1-8 雁鸭池（图片来源：引自网络）

图1-9 景福宫（图片来源：徐铭）

图1-6

图1-7

图1-8

图1-9

不过，隋唐时期的政治、文化乃至园林中心在长安，朝鲜园林此时所受到的中国园林影响，主要来自质朴而大气的长安皇家园林、私家园林和曲江公共园林的影响，但在植物景观的中国影响之中，亦能看到来自江南的身影。

就欧洲而言，李约瑟在《中国科技技术史》中谈道："地理因素不仅是一个背景，它还是造成中国和欧洲文化差异以及这些差异所涉及的一切事物的重要因素。"因此，在中国园林与欧洲园林之间更多的是文化差异。

英国自然风景式园林以自然的园林形式为盛，这一点与中国古典园林是相同的。中国古典园林的核心理法是"移天缩地，咫尺山林"，而英国自然式风景园是从园林的牧场化开始的，但是毋庸置疑的是，后者的形成和发展，始终是在中国园林的文化影响之下的。马可·波罗在元代初年游赏临安（今杭州）皇家园林，赞其"世界最美丽，世界良果充满"；到了明代，金尼阁游赏并盛赞南京皇族的私家花园。这些对江南古典园林的赞美开阔了欧洲人的眼界，进而激发了他们的想象力和创造力。

自然风景园的整体植物景观风貌是以草地为背景，通过点、簇、丛、带等方式布置植物，与地形、山水巧妙结合，极尽自然风貌。但是这里的自然与江南古典园林中"写意"式的自然是有本质区别的。英国自然风景园与中国园林在哲学基础、设计理念以及对土地的态度上都有所不同，只有"自然"成为联系两者的纽带。英国风景园是通过隐藏、掩映等手法将自然之美引入园林，而以江南古典园林为代表的中国园林则化景物、植物于人的心性理想。在英国园林中，来自江南古典园林的中国影响虽然存在，但植物景观出现了从植物材料到文化内涵的国别差异（图1-10），形成了各具特色的自然美。

图1-10 布伦海姆园鸟瞰（图片来源：引自Architecture and Landscape）

1.3　江南古典园林植物景观的延续传承

1.3.1　植物景观的恢复保护

园林景观地域特色的缺失一直是中国园林现代发展所面临的重大问题。无论是上海周边九镇要建设成异域风情小镇的尝试，还是北京延庆要让西班牙、日本、法国等七个异国风情小镇落户，看上去无疑是天方夜谭在中国，让人倍感荒谬。而全国各地的城市中，类似所谓托斯卡纳小镇、东方普罗旺斯、英伦小郡等的居住小区，在陆陆续续地建成和热卖，不得不感叹简直是"媚俗中的庸俗"。这些引发了中国古典园林的现代意义何在的热议。

必须正视中国古典园林在当今社会的种种局限，但如果因噎废食，将其简单地全盘否定，这显然也是不可取的。而国外学者早就对中国古典园林的现代意义进行过思考，并认为中国园林的文学要素应是后工业社会所追求的，如同海德格尔（Heidegger）所说的"诗意的栖居"。这一现代人必备的自我意识，应融入园林构成要素之中，足见园林景观的人文承载功能，同时给予了这样的启发——对于中国古典园林的继承和发展的切入点是不是就在文化层面上？

我国是一个历史悠久的文明古国，截至2009年1月，我国已将109座城市列为中国历史文化名城，并对它们进行了重点保护，上海和江苏（9个）、浙江（6个）两省的16个市（直辖市）入选，占到了总数的14.4%，足见长三角地区深厚的历史文脉积淀。至于江南古典园林中的拙政园、留园、网师园、环秀山庄、沧浪亭、狮子林、耦园、艺圃、退思园，早已纳入《世界文化遗产名录》。与此同时，还有众多国人在为《世界文化遗产名录》上的"苏州古典园林"改称为"江南古典园林"而努力，以便让广泛分布在江南的众多古典园林以扩展的方式进入《世界文化遗产名录》，最终得到更有效的保护。

达到世界文化遗产水准的江南古典园林，承载着长三角地区深厚的历史文脉，丰富着江南城市群体风貌，扩充着"江南-长三角地区"的文化内涵，从而影响着江南古典园林植物景观的地域特色研究。于是，如何恢复保护江南古典园林植物景观的地域特色，也就成为应有的研究论题。

这一研究论题的紧迫性，来自江南古典园林植物景观所面临的种种现实威胁，而首要的威胁就是外来植物种类的滥用。一些国外引种的植物在园林里滥用，与江南古典园林的整体风貌极不协调，如环秀山庄入口处的雪松，个园湖石种植池中的角董和密叶龙血树。还有一些体现安静氛围的院落空间中，摆放了大量花色鲜艳的花坛植物，这体现的是对园林以及园林植物景观整体风貌、特色理解的欠缺（图1-11）。

第二个威胁是对古树名木的保护、维护欠佳。在三次调研走访的26个江南古典园林中，一共记录到176棵古树名木，树龄最大者为上海漪园逸野堂一棵470年的龙爪槐和无锡寄畅园一棵410年的香樟，均为园景增色不少。在调研到的所有古树中，生长状态较好的占35.2%，生长一般的占47.2%，生长较差的有11.9%，生长极差接近濒死状态的有5.7%，可见有将近20%的古木的生长状态欠佳。古树名木是园林整体面貌的代表，大多数时候是成景的主要元素。所以，要想保护和提升江南古典园林现存园林植物景观水平，加强对古树名木的管理是必不可少的（图1-12）。

第三个威胁是现代园林风格的植物配置手法泛用。现代国内园林植物景观的千城一面，主要体现在行道树种类的整齐划一，色叶植物体块化、构筑化的大量使用等，严重破坏了植物自身的美感。而这一现象也变相地出现在古典园林中，十分令人担忧，如瞻园西假山上的红花檵木球和黄杨球的大量堆砌，除了与常见的城市快速干道两侧隔离带景观有高度一致性外，也严重地破坏了江南古典园林山体植物配置——林下灌木稀疏的特色。还有一些古典园林中出现了规则式的绿篱，令人叹息（图1-13、图1-14）。

图1-11 个园里种植的角董

图1-12 漪园逸野堂古木

图1-11

图1-12

面对这些威胁，有必要为江南古典园林植物景观进行恢复性保护。首先要积极挖掘相关历史文献中记载的植物材料资源，而在江南古典园林漫长的发展过程中，根据文献资料可考的植物，查重后存有311种，是现有217种植物种数的1.4倍左右。由此可见，还有相当多的植物可以开发利用。将名录进行比对可以看出，现状佚失的植物主要包括以下几种。

（1）一些已经散失的名花品种：如牡丹、芍药、菊花等。

（2）经济作物：如苹果、葡萄、樱桃等果树；板栗等壳斗科植物；藿香等药用植物；小麦、水稻等农作物以及韭、葱等蔬菜。

（3）草本花卉：如雁来红、中国水仙、虎刺梅、牵牛、凤仙以及泽兰等。

（4）水生花卉：如芦苇、荇菜等。

可见，江南古典园林由于面对的需要对象不同，园林的功能或更偏重于观赏，或带有生产性或风格较今日更加朴野，植物材料的选择上有与现存园林不尽相同的倾向性，但是主体造景植物的种类还是没有变化的。

江南古典园林植物景观中能否引入外来植物？这是一个不得不考虑的实际问题。仅仅是通过对东晋谢灵运山居、南宋桂隐林泉、明清园林植物名录中的植物种类进行分析，就已经发现，其实很多名园都通过积极地引种国内其他区域乃至国外的植物来营造具有"特异性"的景观。典型的如红豆山庄，从海南引种红豆树为一园之胜；芭蕉这一江南园林植

图1-13 瞻园西假山上的灌木球

图1-14 西园寺园林中的绿篱

物景观，其意象原型则来自日本，在清代以前各园史料中都未曾见到。

可见，遵循植物景观地域性特色的适度引种，是使得江南古典园林植物景观充满活力的一个积极因素，历代都在积极实践。但必须指出的是，引种的植物及其所配置的景观必须与全园风格相匹配，只有在确保江南古典园林植物景观地域特色的前提下，引种合适的种类并种植于合适的地方，才能够避免类似雪松配园墙、密叶龙血树配湖石这样另类景观的出现。

当然，还要尽快建立古树保护与后续储备资源体系。通过相关调研发现，上海地区的古典园林对此已经做出了有益的尝试，在2002年就颁布了《上海市古树名木和古树后续资源保护条例》；在古典园林中对一些大树生长状况欠佳或者在改造中需要大树的景点、景区，动用古树后续资源进行替换或者配置；对调查到的古树后续资源，明确地编号，选择标准为"树龄大致在100年以上，生长势头良好且能很好地体现古树风貌"。上海这一具有可持续性的做法值得其他江南园林城市乃至全国各地城市学习。

江南古典园林植物景观的恢复保护是一个互动的过程。地方民俗带动古典园林的发展，这一点在江南古典园林的发展中不时发生，花事雅集和郊外访花活动在历史上曾风靡一时。现今郊外访花活动在江南地区得到了较好的延续，如西溪探梅是春季江南的一大盛事（图1-15）。

拙政园每年的荷花节，集中展示200余个荷花品种，秋季则大摆菊花（图1-16），其实就是对花事雅集的当下衍生，为更好地恢复保护江南古典园林做出了积极的尝试。各

图1-15 西溪探梅

图1-16 拙政园秋季菊花展

地园林根据实际情况，亦可开发一些与自身园林特色相关的看花活动，如上海豫园就可以承接传统举行兰花会。

由于不少游园者对于古典园林与古典园林植物景观是见面不相识的，在游览中仅仅是走马观花，而各园的导游词对植物景观的介绍也流于形式，因此，需要加强对江南古典园林植物景观地域特色的大力推介。

只有将江南古典园林植物景观的恢复保护活动，置于一个科学合理的动态管理系统之中，才有可能达到最佳效果。苏州市园林和绿化管理局于2007年末着手进行"世界文化遗产——苏州古典园林管理动态信息和监测预警系统"的构建，通过软件平台的构造，对包括植物在内的11个模块进行监控以便于管理❶，已经对狮子林等园林中的各类木本植物2599株，草本植物5557.9m²实施监测、管理。在此良好的基础上，可以对数据库功能做进一步深化，构建数字化园林植物景观科普、文化展示、评价、管理、维护系统，以期对古典园林植物景观规划、设计、管理以及后期维护都有更宽广的实践意义。通过数字化的管理可为古典园林植物乃至古典园林带来积极的作用（图1-17）。

❶　数据监测模块还包括建筑物、构筑物、陈设、环境、控制地带、客流量、安防、基础设施、管理机构和文献资料。

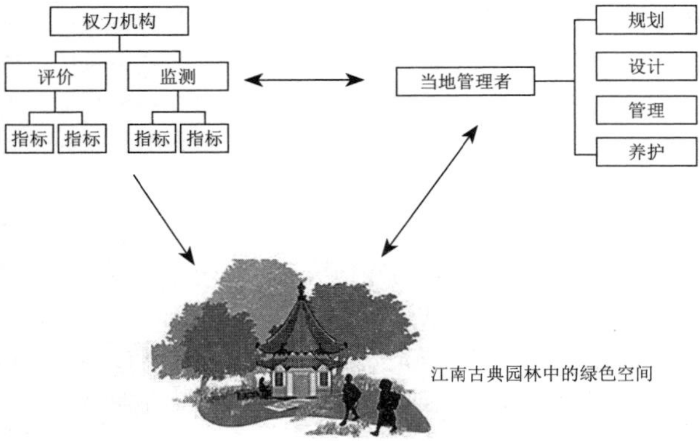

图1-17 古典园林植物景观数字化管理系统模型（图片来源：晏海、郝培尧绘）

1.3.2　植物景观的借鉴意义

我国现代城市园林绿化得到了政府和公众的高度关注，但其在快速发展的过程中已经出现了不少弊端。

一是园林植物景观设计手法的失序。一些园林植物景观的设计盲目抄袭各国不同时期的植物景观，胡乱堆砌所谓新奇的设计语言，最后产生的是杂乱的、不知所云的植物景观；另一些打着"复古"的旗号对中国古典园林植物景观全盘照搬，缺乏对其设计理念的深入探究，高度仿真的景观呈现出暮气沉沉的死板。

二是千篇一律的绿化形式和雷同的植物材料。各个城市园林植物景观高度一致化，缺乏地域乃至城市的文化个性，如大量内陆城市为了追求所谓的外国风情或者热带风情，在主干道上种植棕榈科植物甚至是假椰子树以求"椰林树影"的海滨城市风情；或为了赶上某种潮流或时尚，对城市园林植物频繁更换，打造所谓的城市形象，将园林植物作为城市美化的附庸品，毫无章法可言。

三是对园林植物景观生态效益的一味忽视。在效果为王的指挥棒下，所谓"立竿见影"的植物景观甚嚣尘上。"草坪风""大树进城"在各个城市、各个公园、各个城市广场留下足迹；乃至一些开发商将大树视为楼盘增值的砝码，大肆收购山上的大树在园区里堆砌，似乎树大树多就是成功的植物景观；或打着"森林城市"的旗号大肆挖掘山体原生大树进城，不提前断根，不管成活率，严重破坏了生态环境；或为了追求强烈的视觉刺激，不顾植物的自然属性，将其作为体块化的要素，追求绚丽的大色块及图案美的效果；或走上另一个极端，片面地追求所谓的生态效益和生态保护，违背场地基底条件，一味地追求生态学上的各个指标参数，大肆建设城市湿地、农田等。这些都是园林植物景观实践陷入极端陷阱的典型实例。

四是文化内涵的缺失。地域文化、城市文化是形成城市、区域特色的基础，城市绿地植物景观的营造不能脱离城市长期以来根植的文化和传统。因此，在城市绿地植物景观地域性特色的加强中，应充分考虑对城市文化的传承，尤其是在长江三角洲这个中国传统文化和古典园林遗存最丰富的地区。

这种种弊端，有必要进行及时纠正。这是因为在现代化进程之中，风景园林的内涵也逐渐扩大，其设计领域已经上升到城市大环境、国土区域的尺度。不可否认的是，无论哪种类型的园林，地域特色都是其规划与设计的重要依据和形式来源。对江南古典园林植物景观的地域特色进行当下借鉴，其意义也就不言而喻了。

　　江南古典园林植物景观的地域特色，是在一个小尺度空间形成的，因而与现代生活环境及方式迥然有异。但是，这并不意味着江南古典园林植物景观就失去了可供借鉴的实际意义。

　　江南古典园林植物景观的地域特色，在小尺度植物景观设计方面提供了现实参照性——对植物景观的布局形式、配置手法等都能进行实践性指导。在现代园林中进行庭院、游园乃至别墅设计时，融古通今，运用江南古典园林植物景观营造主题类别、意境范式、造景程式，结合配置结构的比例关系参数，有助于奠定景观的有效布局（图1-18）。

　　事实上，江南古典园林植物景观的地域特色也不是一成不变的，为人熟知的精致而秀丽的植物景观风格，大致在晚明之后逐渐形成，在此之前的江南古典园林植物景观，都是更倾向于自然而清丽的风格。所以说，江南古典园林植物景观的地域特色也不是固守陈法，而是与时俱进的。当下国外现代风景园林普遍尊重自然与可持续发展，注重场地特征、空间塑造、时空效果、地域文化特色，形成简约和个性化设计风格的潮流，而借鉴江南古典园林植物景观的地域特色，应该尽可能地回归其早期样态。江南古典园林植物景观的地域特色的当下借鉴并不存在壁垒，这是因为，由于历史进程之中出现的差异性，江南古典园林不应再被定性为"壶中天地，芥子残粒"的唯一风格，而是具有大尺度的景观追求，如"踏雪寻梅"这一景观，在江南地区就具有植物资源和物候上的独有性，其中深蕴着轻、灵、温、婉的人文韵致，延续了"以素药艳"的江南特色（图1-19）。

　　在城市这一大尺度上，清代的杭州西湖已从十景发展为十八景，其中梅林归鹤、鱼沼秋蓉、莲池松舍、凤岭松涛、天竺香市、西溪探梅等景观，都是在城市/风景区尺度上的

图1-18　小尺度空间的植物景观地域特色再现

（a）鉴湖高尔夫会所；
（b）上海九间堂；
（c）巴厘岛Bvlgary酒店

（a）　　　　　　　（b）　　　　　　　（c）

植物景观规划布局。此外还有南京莫愁湖钟山十八景、扬州二十四景、平山堂八景等，都是在这一大尺度上的积极尝试。事实上，从东晋以降，无论是谢灵运山居，还是桂隐林泉，都是占尽山泽、规模恢宏的江南古典园林，前者占地大概20hm²，后者位于杭州南湖之滨，占地甚大，其中疏朗旷奥的格局猜想起来可能与西方自然式风景园类似。英国自然风景园作为欧洲现代园林的发端，其重要性自然不言而喻（图1-20）。

　　通过对江南古典园林植物景观地域特色的发掘，可以提供如下思路：将城市绿地的植物景观空间分为从大到小的三个尺度，即城市绿地系统构成的植物景观大空间、城市绿地形成的植物景观中空间、城市绿地内部景区或功能区特有的植物景观小空间。

　　对于江南古典园林植物景观地域特色的借鉴，还存在着地域文化层面上的发掘，因而借鉴并非营造程式的高仿，而是厘清其产生的文化根源，认清地域文化发展与植物景观发展之间具有同步性，因而以发展的眼光来进行借鉴才是真正意义上的借鉴；在拒绝墨守成规的同时，对江南古典园林植物景观的地域特色进行提炼，去芜存菁，才能有利于江南古典园林植物景观的地域特色在现代发扬光大。

　　有人认为国人既对外来文化与景观资源缺少深刻理解，又对本土文化和景观资源缺乏全面认识，从而造成目前中国一方面园林建设欣欣向荣，另一方面园林理论与实践水平均十分低下的尴尬局面。这就表明了深入文化层面进行借鉴的重大意义，而对于文化的承载、糅融和表达，正是江南古典

图1-19 踏雪寻梅（图片来源：张一凡）

图1-20 英国自然风景园的植物景观

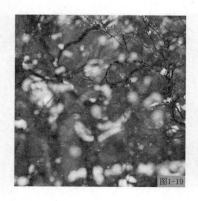

图1-19

图1-20

园林植物景观最鲜明的地域特色。所以，对江南古典园林植物景观的地域特色的借鉴是全方位的整体借鉴。

1.4　江南古典园林植物景观的园艺水平

对于江南古典园林植物景观来说，园艺水平能够提升到什么样的高度，将决定其发展趋势。植物种类的丰富、栽培技术的进步为丰富多变的植物景观营造设计与营造手法提供了必要的双重保障，而植物的大量应用也促进了园艺水平的提高，进而两者之间的互动促使江南古典园林植物景观进入发展的高峰期。

1.4.1　花卉林木谱录的撰录水平

谱录，以记物为主，专门记载某物之产地、形态、类别、特性、逸闻趣事及与之相关的文学作品，间附精美插图，在四部分类法中属子部之"谱录类"。花卉谱录属于农学谱录的一个分支，根据其体例、叙述范围和对象的不同可分为三类：①通谱类花卉专书，收录多种花卉于一书，再分门别类地叙述，如北宋·周师厚《洛阳花木记》、清·陈淏子《花镜》等；②专谱类花卉，只记一种花卉，如宋·欧阳修《洛阳牡丹记》、明·张应文《罗钟斋兰谱》、清·杨钟宝《瓶荷谱》等；③一些农书中收有的花卉内容，如明·王象晋《群芳谱》。不过，与江南古典园林植物景观相关的谱录著述，最早出现的并非花卉谱录。

早在魏晋时期，造园者便对园林中的植物予以了高度关注，因而出现了戴凯撰写的专类植物谱录——《竹谱》，记录了竹类40余种，涉及分类、形态、生境以及地理分布、功用等方面的内容。虽然此时花卉谱录尚未面世，但在文人诗赋中可以窥见对植物的描摹。据笔者整理以及根据对《植物名实图考校释》❶《植物古汉名图考》等的考证，谢灵运的《山居赋》中就出现了有具体名称的乔木23种、灌木4种、竹3种、藤本1种、草本26种，其中果树14种、蔬菜10余种、水草16种，足见其对植物认知的广度，难能可贵的是，《山居赋》还对竹子的形状和生长环境进行了描述和分类❷，由此可见谢灵运山居中植物的丰富性以及植物景观多样层次出现的可能性。

❶（清）吴其濬著，张瑞贤等校释，《植物名实图考校释》，中医古籍出版社，2007年。

❷ 魏晋时期谢灵运在《山居赋》中描写道："其竹则二箭殊叶，四苦齐味。水石别谷，巨细各汇。既修竦而便娟，亦萧森而蓊蔚。露夕沾而凄阴，风朝振而清气。捎玄云以拂杪，临碧潭而挺翠。……竹子可分二箭，一者苦箭，大叶；一者笋箭，细叶。四苦为青苦、白苦、紫苦、黄苦。水竹，依水生，甚细密，吴中以作宅篱。石竹，本科丛生，可作屋椽、立竿。"

❶《梁书·武帝本纪》。

此后，皇宫御苑中也开始培育观赏花卉新品种，"品字莲"这一优秀的荷花品种在南梁就已出现❶。到了隋朝，在江南大兴土木兴建行宫之时，江南各地已成为园苑的花卉供应基地。到唐代，江南花卉已达数十种之多。宋政和年间在平江（今苏州）设"应奉局"、在杭州设"造作局"采办"花石纲"，其中的"花"就是指奇花异草及珍稀林木，可见当时江南地区花木之盛名。一些园主在自己的私园中种植花木，他们颇有心得并撰录为谱，如范成大的《范村菊谱》《范村梅谱》以及王世懋的《学圃杂疏》等。随着宋室偏安此地，江南地区的观赏植物业更趋繁荣，花谱著作也相继大量出现。这些谱录以梅、兰、竹、菊为主，仅宋代便有菊谱四部——史正志的《菊谱》，范成大的《范村菊谱》，沈竞的《菊名篇》，史铸的《百菊集谱》；梅谱两部——张功甫的《梅品》和范成大的《范村梅谱》；竹谱1部，即僧赞宁的《笋谱》。明、清两代出现的花卉林木谱录更为丰富，显现出当时古典园林植物景观的发展已经臻于高峰。除了专谱外，还出现了一些关于综合性花卉通论内容的著作。

在江南花谱中，以菊谱数量最多，所记的菊花品种众多，如宋代史铸的《百菊集谱》是长达六卷的鸿篇巨制，其中记载菊品达163种；范成大的《范村菊谱》记载菊花32种，其中黄花16种，白花12种，粉花1种，红花1种，复色花2种；明代周履靖的《菊谱》所载菊花已达到219种；清代计楠的《菊说》中收入菊花238种。很多江南文人撰写的玩赏、养生、享用类著作中也有对园林植物的细致描写。著名的如高濂的《遵生八牋·四时花纪》共记载花卉种/品种128种，每种都做了详细的性状描述，对栽培方法也有提及；《遵生八牋》中还专辟"花竹五谱"，对园林中最为常用的竹、牡丹、芍药、菊花和兰花进行了记载。此外，《长物志·花木篇》按植物种类，习近者综述之的方法，分42个大类记载时人常用的园林花木；《闲情偶记·种植部》则按生长类型粗略地将常见园林植物分为木本、藤本、草本、众卉以及竹木五大类。两者共记载了101种园林常见花卉种/品种，都是观赏性极强的种类，包括乔木、灌木、草花，从赏姿、赏叶到芳香植物，一应俱全。

从花卉谱录的地域性来说，从宋代到清代，以江南文人撰录的花谱数量多（表1-1）、质量好，如兰谱、菊谱等，

已经提升到引领全国的水平。从江南古典园林中广为栽植的
菊花、梅花、牡丹、芍药、兰花等11种花卉专谱的统计分析
可以看出，伴随着江南古典园林植物景观向着巅峰发展，江
南花卉谱录数量也更为丰硕，在举国之内都占有举足轻重的
地位，可见两者之间的互动关系。

宋代至清代江南主要园林花卉
专谱数及地区分布特征　　　　表 1-1

花卉谱录	总数	存世	江南地区花谱数量				比例[①]（%）
			江苏	浙江	上海	合计	
牡丹谱	29	18	—	3		3	10.3
兰谱	35	27	4	5	1	10	28.6
山茶谱	3	3	1	—		1	33.3
菊谱	64	47	11	11	4	26	40.6
海棠谱	2	2	—	—	1	1	50.0
月季谱	5	5		3		3	60.0
芍药谱	4	3	3			3	75.0
梅谱	8	8	3	3		6	80.0
琼花谱	7	7	7			7	100.0
凤仙谱	3	3	1	1	1	3	100.0
荷花谱	1	1	—	—	1	1	100.0

① 江南地区花谱数与花谱总数之比。
注：本表参照的是《中国农业古籍目录》《中国农学书录》中整理的专
谱数量及其存世状况，综合谱、农书记载不在统计范围内。

花卉谱录的量大质高以及林木谱录的出现，与江南古典
园林植物景观的发展固然分不开，但是更与园艺水平的提高
直接有关。早在魏晋南北朝时，江南古典园林就开始通过积
极引种来丰富园林植物，以提高植物景观的丰富度。南朝齐
武帝时，官员献蜀柳数株，枝条甚长，状若丝缕，齐武帝命
人植于华林苑太昌、灵和殿前，并赞叹"此柳风流可爱，甚
似思曼少年"❶，成就后世"灵和柳""张绪之柳"等以柳
喻人的典故。南宋苏州虎丘玉兰山房从福建移植玉兰，素艳

❶《南齐书·卷三十三·列传
十四·张绪列传》。

如冰雪❶,成为一时名景。明代常熟白茆红豆山庄初名碧梧芙蓉庄,因于嘉靖年间从海南移植红豆树于庄中,遂改名红豆山庄。每逢红豆开花吐艳,园主遍请诗坛名流,赏花吟诗,一时文采风流皆因一棵红豆树熠熠生辉。明代拙政园从上都移好李植于高阜,成珍李坂之景,文徵明"三十一景之一"作画题诗记之❷。西南地区的海棠自宋时就极负盛名❸,明代太仓弇山园中就植有蜀棠。明代吴江谐赏园中有美蕉轩,植有从福建引入的美人蕉,绿苗红萼,簇若朱莲。苏州万华堂从洛中引'玉碗白''景云红''瑞云红''胜云红''间金'等名品牡丹3000余株植于园中,花开时蔚为壮观。《长物志·花木篇》《闲情偶寄·种植部》中也有大量对外地引种花卉,如西蜀之海棠、闽中赣州之兰花等的详细描述,并兼论其栽培、配置之精妙。

❷ (明)文徵明《拙政园图咏》载,"自燕移好李植其上""珍李出自上都,辛勤远移植"。上都,元朝的夏都,位于今内蒙古锡林郭勒盟。

❸ 四川的海棠在唐代开始闻名,宋朝对海棠已经多有记载,如沈立在蜀地作《海棠记》,陈思著有《海棠谱》,蜀地昌洲被誉为"海棠香国"。见:舒迎澜,《古代花卉》,中国农业出版社,140~145页。

　　除从外地引进观赏性状优良的园林植物外,对当地的野生花卉也加以引种利用,如桂隐林泉之中就有专辟的野生花卉观赏区,历代众多的庄园别墅、城居宅园之中都设有花圃、药圃等,对野生植物的驯化发挥了很大的作用。

　　随着中外文化交流的频繁,大量国外花卉、果树被陆续引入国内。江南古典园林中常见的石榴、茉莉、葡萄、栀子等都是从国外引种进来的。广玉兰于清朝同治年间引入国内,苏州残粒园建园之初就购此树栽植,扬州何园庭院中也种有广玉兰来搭配兼具西洋风格的建筑(图1-21)。上海出现了来自海外的花卉,如来自日本的"洋菊",所谓"洋

图1-21 江南古典园林中的广玉兰古树

(a) 环秀山庄有谷堂南侧;
(b) 何园玉绣楼

(a)　　　　　　　　　　(b)

种不教颜色少，画栏秾丽胜堂春"，其独特的花色花形引得
世人追捧❶。

1.4.2　园林植物栽培养护的专业水平

从秦汉到两宋，江南的园林植物日益丰富，出现了春观
牡丹，夏赏碧荷，秋望黄菊，冬会蜡梅这样的四季赏游活
动。按时序进行的江南赏游，依照园林植物生长的物候期进
来区分。到南宋，园林植物的栽培养护技术得到了提高，特
别是花卉的普遍栽种促成栽培养护技术水平不断提升；同
时，由此形成专业性的园艺行业，专门对牡丹、梅花等名花
推行促成抑制的技术栽培，以满足园林赏花的不时需要。

南宋·周密《齐东野语·卷十六》记载了"马塍艺花"
一条❷，详细记载了催花的方法以及对其原理的理解。南宋
名园桂隐林泉的花园中12月能赏兰花，应也属于低温温室促
成开花的结果。随着花卉栽培技术的提高，通过技术提前或
延长花卉的观赏期，打破其固有的时序性，使得全年均有植
物美景可赏这样的"赏心乐事"，已经在园林中成为现实，
造就了一代江南名园。这些促成抑制栽培的技术在江南地区
历代得以延续，清代瘦西湖上各园亭"冬天于暖室中烘培芍
药、牡丹，以备正月园亭之用"❸。

为了延长花卉的观赏期，除了在植物配置上使用花期相
近的植物进行搭配之外，当时的造园者还颇有巧思。在《扬
州杂咏》诗注中提到花园主人为使芍药花期延长，使用了一
种特殊的办法："扬人剪芍药贮筒，以水灌之，埋筒入花丛
中，与真花相错乱。或花未盛，则剪他处之先开者；或花已
残，又剪他处之后落者为之，故花事最久。往岁，宾谷召客
赏雨筱园，曾有此事。❹从此种复杂的插花与真花搭配成
景之事中，可一窥时人那令人叹服的为赏花极尽能事之心思。

盆玩、盆景也是时人一大所爱。园林植物的修剪、蟠扎
技术从南宋起也得以发展。《武林旧事·卷五·湖山胜概》
载，杭州云洞园"花木皆蟠结香片，极其华洁。盛时凡用园
丁四十余人，监园使臣二名"；《梦粱录》亦载"钱塘门外
溜水桥、东西马塍诸园皆植怪松异桧，四时奇花。精巧窠儿
多为蟠龙、飞禽、走兽之状"。可见宋代树桩造型技术的高
超和园内植物景观养护管理之精细。清代扬州瘦西湖周边各
园林"亦皆有花园为莳花之地，临水红霞（即桃花庵）园中

❶ （清）张春华，《沪城岁事衢歌》，诗中所提到的洋种，诗人自注为洋菊。见：张春华，秦荣光，杨光辅，《沪城岁事衢歌·上海县竹枝词·淞南乐府》，上海古籍出版社，1989年，第28页。

❷ 马塍系地名，为临安（今杭州）钱塘门外。

❸ （清）李斗，《扬州画舫录·卷二·草河录（下）》。

❹ （清）王芑孙，《渊雅堂全集》中"渊雅堂编年诗槁"之"扬州杂咏十二首"。见：《续修四库全书》，第1480~1481册，清嘉庆刻本影印本。

❶ （明）萧清泰，《艺菊新编》，见：（明）黄省曾，艺菊书，影印本，商务印书馆，1940年。

❷ （元）郝经，《巧蟠梅行》载"金陵槛梅曲且纤，松羔翠箸相倚扶。紫鳞强屈蟠桃枝，藤丝缴结费工夫……"。见（元）郝经，《陵川集》，文渊阁《四库全书》影印本。（明）王象晋，《群芳谱》载"长干之南七里许，曰华严寺。寺僧莳花为业，而梅尤富，白与红值相若，惟绿萼、玉蝶值倍之。率以丝缚虬枝，盘曲可爱"，这是我国扎制梅桩的最早记载。见：（明）王象晋，《群芳谱·果谱·卷一》。

除多桃花外，亦有花园在大门大殿阶下，养花人莳养盆景，蓄短松、矮杨、杉、柏、梅、柳之类，海桐、黄杨、虎刺以小为贵，花则以月季、丛菊为最。……盆器以景德窑、宜兴土、高资石为上等。种树多用寄生法，剪丫除肄，根枝盘曲而有环抱之势，其下养苔如针，点以小石，谓之花树点景"。

大量花卉谱录中还记载了园林中各种花卉详细、繁复的栽培养护技术。如菊花的"艺菊法"一般包括培根、分苗、择本、摘头、掐眼、剔蕊、扦头、惜花、护叶、灌溉、去蠹等步骤，记载中最复杂的种植、养护技术可达40个要点❶。高濂《遵生八牋》的"兰谱"中也载有详细的"种兰奥诀、培兰四戒和逐月护兰"诗12首，阐述了兰花分种、栽花、安顿、浇灌、浇花、种花肥泥、去除蛾蝨等技术要点。梅花桃本嫁接、缚制蟠梅、扎制梅桩等技术在明代也见于记载，时人谓其"盘曲可爱"❷。文徵明在《长物志·花木篇》的"竹条"中除了论述各类不同的竹子该如何在园林中置景搭配外，还阐述了其"疏、密、浅、深"四种不同的栽培方法，并称"如法，无不茂盛"。

花卉栽培养护技术的进步也促进了植物景观的发展，从这些细致入微的栽培养护技术中可以体察到江南文人对观赏植物之美的欣赏和享受。

第 2 章

江南古典园林植物景观的发展轨迹

2.1　肇始期——从先秦到汉代（公元前620年～220年）

❶ 梳理相关古籍资料发现，历代江南古典园林各类史料中对植物景观有记载、描述的园林中，先秦到汉代8座、魏晋南北朝35座、隋唐时期14座、两宋时期75座、元明清时期418座，由于数量较多，在论述时不宜一概而论，故选取其中具有代表性的植物景观来进行论述。

先秦时期的苑园❶仅仅是从牧业向农业转型过程之中产生的一种生产设施，最早应出现在由游牧转向定居放牧的阶段之后，正所谓园林的设想起源即为牧民以更为稳定的务农为业之时。而吴地居民农耕生产的形成，可追溯到新石器时代初期，但由于缺乏相应的实证史料，故难以断定当时是否也已有了类似于苑园的生产设施。随着社会的发展，苑园也逐步由生产设施向游娱场所转变，甚至与宫殿一样成了强国地位的象征。

2.1.1　皇家园林植物景观

先秦时期，隶属帝王或诸侯的园林体系正在形成和发展。皇家园林因循神话中的园林模式修建，故多选择自然资源丰富、环境优美的临水地带，用于满足宗教活动、农业生产、狩猎饲养及生活的需要。到东周时，台与囿相结合，以台为中心的园林已经比较普遍，观赏对象从动物扩展到植物，甚至宫室和周围的天然山水都已成为成景要素了。

❷（唐）陆广微，《吴地记》，江苏古籍出版社，1999年，第53页。

❸（宋）杨备，《夏驾湖》。

苏州吴趋坊一带吴王寿梦（公元前620年～公元前561年）的"夏驾湖"❷是江南园林中最早见于记载的园林，"凿湖池，置苑囿"，乃皇族盛夏避暑纳凉之所，以山色水景及水生植物景观为胜❸。此后春秋吴国大兴宫苑，在阖闾建都之后的40多年间，吴城附近先后兴建苑囿共计26处左右，集中在今苏州（姑苏）、木渎、常州、绍兴（会稽）、嘉兴等地。其中部分苑名、宫名、景名直接以植物命名，可视为吴越先人植物审美情趣的初期萌芽，如梧桐园（建于公元前505年）、馆娃宫（建于公元前495年～公元前473年）中浣花池和采香泾等。

❹（梁）庾信，《哀江南赋》云："连茂苑于海陵，跨横塘于江浦。"

❺（宋）朱长文著，金菊林校，《吴郡图经续记》，江苏古籍出版社，1999年，第67、71页。

当时负有盛名的长州苑（建于公元前514年～公元前496年）选址于苏州西南山水间❹，是春秋时期宫苑与风景区相结合的实例。《吴都赋》亦云："带朝夕之浚池，佩长洲之茂苑。"（注云有朝夕池，谓潮水朝盈夕虚，因名焉。亦取诸此❺。）可见当时在兴建宫苑时，已很注重对自然山水景色的审美以及对趣味性水景的营造。朝夕池作为苑中胜景之一，为其配置了美丽的水生植物，岸边亦有桃花等观花小乔木配搭成景❶。另一东吴名园消夏湾❷亦是一派"菱茨兼葭，烟云鱼鸟"之江南秀美水景之姿。

建于公元前505年的梧桐园，是吴王在吴地建造的离宫别囿。梧桐园之美景未见详细描述，然从史料中"流水汤汤""横生梧桐"❸的描述可以推测出，梧桐园亦是以植物及水景为主的自然景观游乐场所，展现了一幅"桐阴正茂，凉风吹至，登台作乐"的宫苑生活图景。"梧宫秋，吴王愁"❹的描述则精妙地点出"梧桐瑟瑟吴宫秋"，更是将园中主景——梧桐之秋色与园中赏景之人的情绪联系在一起，体会"以小见大，见一叶落而知岁之将暮"之情。其中"穿沿凿池，构亭营桥，所植花木，类多荼与海棠"，这说明当时的造园活动已经包含建人工池沼，构置园林建筑，园内已有专门栽植花卉的地段，配置花木等手法也已经有了相当高的水平。

馆娃宫宫殿之侧为花园，山顶凿有："玩花池"，池内植四色莲花，夏日怒放，清香四溢；"玩月池"，为临水照影，欣赏月色之用。此外，山之上下还有诸多营建，其中"大园""小园"（大、小晏岭）为吴宫艺花之处。"采香泾"是为西施泛舟前往香山采集香草而开凿的河渠。可以看出，早在先秦时期，江南地区园林中就出现了花卉苗圃——灵岩山艺花之所，可视为以芳香植物为主要游赏对象的植物主题造景专类园雏形。

2.1.2 私家园林植物景观

先秦时期，私家园林还处于萌芽阶段。民间多经营园圃，园圃作为生产基地满足人们的日常生活需要，时人也在园圃内栽种具观赏性的花草树木，使园圃具有了观赏性和娱乐性。园圃大多房舍俭朴，围墙篱笆，树影婆娑。有限的人力和财力使植物在园圃中同时担负了农业生产和景观营造的双重功能，因此植物文化也首先在私家园圃中体现。春秋时期江南历史上最早的私园——苏州武真宅园❺，可视为苏州私园的早期雏形。史料载周宣王时有凤集其园，宅中有池有树，梧桐树上集凤凰❻，故名"凤池"，可见园中花木布置已颇有章法，且有其独特寓意。西汉时张长史在苏州筑五亩园❼，为其隐居植桑之地❼，当时该园所在之地——苏州桃花坞一带已有大片桑林，为蚕农聚居之所。屋

❶ （唐）陈陶，《飞龙引》。

❷ （宋）朱长文，《吴郡图经续记·卷下·往迹篇》。

❸ （东汉）赵晔，《吴越春秋》，江苏古籍出版社，1999年，第69、73页。

❹ （南宋）范成大著，陆振岳校，《吴郡志》，江苏古籍出版社，1999年，第186页。

❺ （清）顾震涛，《吴门表隐》。

❻ 《诗经·大雅·卷阿》中提到的梧桐凤凰模式的典型园林实践，此处梧桐意象带有神话色彩。

❼ （清）谢家福，《五亩园小志》，见：谢家福，《望炊楼丛书》，文学山房汇印本，1924年。

❶ 清同治年间《苏州府志》及《吴门表隐》，都有"笮家园，在保吉利桥南，古名笮里，吴大夫笮融居所"的词条，未作详细描述。该园建于公元189～219年。

舍周围桑树繁茂，绿荫如盖，人们采摘桑叶喂蚕，纺成丝绸，维持生计。且墙外种桑、园内种檀是当时很普遍的植物种植方式。东汉末献帝时佛教人物笮融在苏州造宅园笮家园，记载疏略❶，无从窥其园内之景。

2.1.3　先秦至两汉的植物景观特点

这一时期的园林大致可分为生产性园林（圃）、狩猎性园林（囿）、观田性园林（园或圃）、离宫性园林（囿或其他）、宫苑性园林（台或园）、礼仪性园林（台或辟雍）等。随着社会的发展，"囿"（hunting park）、"苑"（imperial park）、"圃"以及"园"也逐步由生产设施向游娱场所转变，甚至与宫殿一样成了强国地位的象征。春秋时期，江南地区经济、文化的逐渐发展，使春秋后期的吴国，具备了与中原诸侯相抗衡的强盛国力，于是游娱性的苑囿也开始在太湖平原出现。这种有山有水，结合亭台楼榭、植物等多种造景要素组成的游息生活境域成为历代山水园的蓝本。这一时期的江南园林，建园选址、选景多于山水之间，以皇家园林为主；宫苑规模较大，而气势恢宏；建筑类型齐全，而且装饰华丽。水景是园林主景和主要游赏路径所在，园中小品中多见池、泉等形式，山石多是珍稀石材，烘托皇家气派。

从古籍文献中对于园林的记载可以看出，这一时期的园林以硬质景观为主要观赏对象，对植物景观的记载从略，仅对主要植物的种类进行了简略记载，对其应用形式鲜见撰述。由于自然美是早期古典园林的主要特征，以"观生意"为重，园林使用者在园林中观赏自然动物、植物及其他地理气候生生不息、欣欣向荣的景象，是先秦到两汉园林创作的主要意图。因此，这一时期在植物景观的营造上较多的是改造园址所在地的天然植被，同时结合生产，兼顾观赏。

从植物材料的选用上看，由于多为皇家园林，园中植物景观多以名贵品种种植为主，或者选用与宗教祭祀活动关系密切的植物，如梧桐等社木。对荷花、莲等水生植物已有了颜色、品种上的筛选、搭配，也有对芳香植物的收集和栽培，可视为植物专类园雏形的出现。

这一时期的植物景观特点如下：

（1）园林植物造景以利用和改造天然植被为主，以"观生意"为重。

（2）皇家园林使用奇珍异木或与宗教祭祀活动相关的社木点缀园景，大面积栽植的植物以生产实用型为主，兼顾景观性。

（3）景点命名都是直接用所栽植物的名字，对于植物的审美观照是比较朴素的。

（4）有植物专类园雏形的出现。

2.2　转折期——魏晋南北朝（220～581年）

魏晋南北朝时期的三国吴，东晋，南朝宋、齐、梁、陈都建都于建康（今南京），史称六朝，这一时期是江南园林史上一个重要的发展转折期。此时江南私家园林的崛起与寺观园林的出现，打破了皇家园林一枝独秀的局面。中国古典园林三大类别的形成，推动了园林艺术风格的发展。六朝时期，人们在艺术审美上崇尚自然，趋向自然的园林艺术逐步向模拟自然山水的方向发展，这样的园林创作手法，推动了"妙极自然，宛自天开"的人工山水园的修建。这一时期江南古典园林的特点可概括为以山水为园林的理景主体，追求自然美的享受。有学者认为，中国园林真正成为一种成熟的艺术品，实始于以建康为中心的南朝。

2.2.1　皇家园林植物景观

由于东晋定都建康，故园林中心从苏州转移到建康，见于记载的皇家园林有20余处，多借玄武湖和钟山、鸡笼山等自然山水之景；此外，苏州、上虞、杭州等地亦有皇家园囿兴建。这一时期的著名园林有灵芝园（236～290年）、乐游苑（宋）、上林苑（宋）、芳林苑（齐）、博望苑（齐）、芳乐园（齐）、江潭苑（梁）、建新苑（梁）等多处。同时，皇家在兴建宫苑的同时，在城市尺度上结合皇家园林布局，对建康城市园林植物景观规划进行了尝试。

可以看出，这一时期园林的称谓，除沿袭之前的"宫""苑"之外，还出现了较多的以"园"为名的皇家园林。周维权就此认为，大内御苑（皇城）的发展纳入更为规范化的轨道，在首都城市的总体规划中占有重要的地位，成为程式中轴线的空间序列的结束，也是皇帝日常游憩之场所，拱卫皇居之屏障，南朝建康城可谓是规范化皇都模式之代表。

❶（唐）许嵩，《建康实录·卷九》，中华书局，1986年。

❷（清）严可均辑，《全梁文·卷十九》载"谢敕赉边城橘启"，《全梁文·卷六十一》载"谢东宫赐城傍橘启"。可见梁朝的橘树在护城的同时还兼顾生产，用来做贡品和赏赐诸臣。

❸《国语·周语》中鲁襄公曰："周制有之曰，列树以表道，立鄙舍以守道路。"可见，当时道路边所栽植的树种与道路的级别相关。

❹（明）顾炎武著，（清）黄汝成集释，《日知录集释》，岳麓书社，1994年。

通过对史料研究发现，建康城在其总体规划之时，对整体植物景观从功能和景观效果上都做了细致的考虑。六朝建康城可分为宫城（台城）、都城和外郭城三重，外郭城外即是山林郊野。东晋孝武帝在修建建康宫的同时，对台城内外的绿化做了一番规划。于台城外堑内种橘树，宫墙内种石榴；殿庭及三台、三省悉列种槐树，作为外朝王公大臣入班列位的标志❶。其宫南夹路出朱雀门，悉垂杨与槐也，以植物夹道烘托皇家肃穆高贵的氛围。这种城外绕橘，三槐列位，杨槐夹道的皇城"两环一中心"植物景观大格局在六朝历代得到了延续❷（图2-1）。

此时江南皇家园林中出现了"列树表道"的种植形式❸，"以记里至，以荫行旅"❹。六朝时期，自台城南大

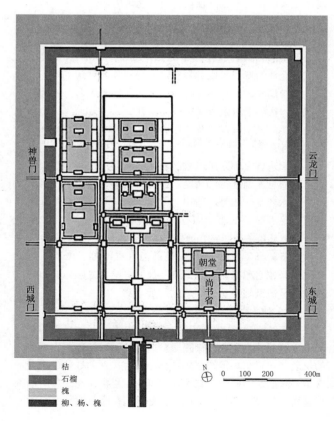

门——宣阳门至朱雀门的御道，又称朱雀大道，是为当时城市主干道。孙吴时期"朱阙双立，驰道如砥。树以清槐，亘以渌水。玄阴耽耽，清流亹亹"❶。《地志》亦云："朱雀门孔对孙吴都城宣阳门，相去六里为御道。夹御沟植柳。"❷从文献记载中可知，建康御道在孙吴时期就已经开始种植槐树和柳树两种行道树，而且掘有水沟。东晋历代都有关于御道行道树栽植的记载，如咸和五年（330年），晋成帝在都城宣阳门至朱雀门之御道五里余，植槐柳为行道树，台城南中门大司马门至宣阳门二里，开御沟，植槐柳；东晋建元元年（343年），康帝于御道旁植槐柳；东晋宁康元年（373年），孝武帝于御道旁开御沟❸，植柳❹。

外郭城篱门外种植桐柏，形成绿带包围城市，亦作为城郊区分的标志❺，外围远郊区域片植柳树❻。同时，六朝建康周边的山林为皇家园林提供了良好的山水背景，其中以钟山地位最为显要。皇家园林在大兴土木的同时，也注重对自然植被的保护，六朝统治者对钟山也重点进行了绿化。东晋咸和五年（330年）晋成帝和南朝宋武帝刘裕于420年都曾分别下令命刺史罢返京栽松百余，郡守五十株于钟山❼。可见从东晋时期开始，封建政府就命令从外地回京的官员在钟山种植一定数量的树木。通过长期不断的有意识种植，到萧梁时期，钟山已是树木葱茏，环境优美，为皇家园林、寺观园林的出现打下基础。

如此通过有意识的植物景观规划和种植行为，使得建康城具有了"一轴两环一中心"的绿地格局（图2-2），加上周边山水形胜的楔形穿插，为建康奠定了良好的整体环境基础。

在建康整体良好的山水格局和植物景观规划下，各皇家宫苑的修建十分兴盛。华林苑是与南朝历史联系紧密的一座重要的皇家园林，始建于吴，历代不断经营，梁代达到顶峰。孙吴芳林苑❽"……又攘诸营地，大开园圃，起土山作楼观，加饰珠玉，制以奇石，左弯崎，右临硎。又开城北渠，引后湖水激流入宫内，巡绕堂殿"❾，为宫苑园林化创造了良好的生态条件。除园林建筑规模宏大而奢侈外，梁武帝萧衍（464～549年）《首夏泛天池诗》云："薄游朱明节，泛漾天渊池。舟楫互容与，藻苹相推移。碧沚红菡萏，白沙青涟漪。新波拂旧石，残花落故枝。叶软风易出，草密路难

❶（唐）许嵩，《建康实录·卷四》，中华书局，1986年，第98页。

❷《六朝事迹编类·卷二·形势门》有载，见：（南宋）张敦颐撰，王进珊校点，《六朝事迹编类》，南京出版社，1989年。

❸ 御沟，即流经宫苑的河道。

❹（唐）许嵩，《建康实录·卷七》，中华书局，1986年。

❺《裴邃之传》，见：（唐）李延寿撰，《南史·卷五十八·列传四十八》，中华书局，1975年。

❻《世说新语校笺·卷一·言语第二》，见：（南朝）刘庆义撰，徐震鄂校注，《世说新语校笺》，中华书局，1984年。

❼《金陵地记》，引自《太平御览·卷四十一·地部六·钟山》，见：（宋）李昉，《太平御览·卷八百二十四》，中华书局，1960年。《舆地志》，引自《六朝事迹编类·卷二·形势门·钟阜》，见：（南宋）张敦颐撰，王进珊校点，《六朝事迹编类》，南京出版社，1989年。

❽ 三国曹魏避齐王芳讳，改芳林苑为华林苑，后文献所载华林苑即为芳林苑。

❾（唐）许嵩，《建康实录·卷四》，中华书局，1986年，第98页。

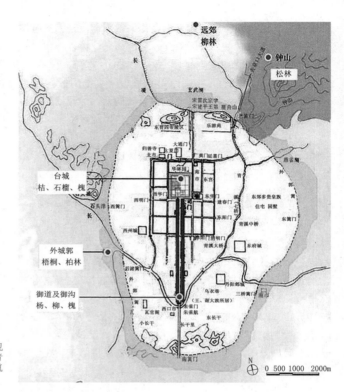

图2-2 魏晋时期建康植物景观格局示意图（图片来源：作者改绘，底图引自《中国建筑史》）

报。"该诗生动描绘了华林苑动人的水生植物景观。

南朝刘宋时规模宏大的乐游苑，载其"……在覆舟山南。晋之芍药园也。义熙中，即其地筑垒，以拒卢循，因名药园垒"❶。可见，乐游苑原是种芍药、药草的专类园圃，后为刘宋皇帝饮酒作乐的场所❷。南苑位于南京西南凤台山瓦官寺之东北，水木湛清华，绿筿红藕，杨柳依依，香风十里❸。

萧齐时兴建了沿青溪的青溪宫、娄湖苑、新林苑，钟山脚下的博望苑，落星山桂林苑，以及江边的灵丘苑、江潭苑、芳东圃、玄圃等，可见园林宫苑选址择地更加丰富。位于建康子城北的芳乐苑，其园内植物景观史书中亦有记述："于是大起诸殿又以阅武堂为芳乐苑，穷奇极丽。当暑种树，朝种夕死，死而复种，卒无一生。……划取细草，来植阶庭，烈日之中，便至焦躁。纷纭往还，无复以极。山石

❶（清）顾祖禹撰，贺次君、施和金点校，《读史方舆纪要·卷二十》，中华书局，2005年，965～967页。

❷（南朝宋）范蔚宗，诗《乐游应诏》，见：萧统编，《昭明文选·附考异》，中州古籍出版社，1990年，第273页。

❸（北宋）杨备，《古南苑》，见：《全宋诗·卷一》。

皆涂以采色，跨池水立紫阁诸楼……。"❶除宫苑建筑一如
既往的金碧辉煌、富丽堂皇之外，还可见对于园林种植的要
求极高。园内乔木以杨柳为主❷，"划取细草，来植阶庭"，
可见对草本地被景观的重视。栽植大规格的乔木以期为苑内
提供足够的荫蔽，这也造成从种植到后期维护的极度困难，
"于是征求人家，望树便取，毁彻墙屋，以移置之。大树合
抱，亦皆移掘，插叶击华，取玩俄顷"❶。宫廷营建的穷奢
极欲可见一斑，但也足见对植物景观的重视。萧齐文惠太
子"开拓玄圃园与台城北堑等，其中起出土山池阁楼观塔
宇，穷奇极丽，费以千万。多聚异石，妙极山水。虑上宫中
望见，乃旁列修竹，外施高鄣。造游墙数百间，施诸机巧，
宜须鄣蔽，须臾成立，若应毁撤，应手迁徙"❸。及至萧梁
时，昭明太子萧统"性爱山水，于玄圃穿筑，更立亭馆，与
朝士名素者游其中。尝泛舟后池，番禺侯轨称此中宜奏女
乐。太子不答，咏左思《招隐诗》云：'何必丝与竹，山水
有清音。'轨惭而止"❶。可见玄圃可泛舟游赏，并使用竹
子作为其周界种植材料。萧梁江陵子城中湘东苑，"造穿池
构山，长数百丈，植莲蒲缘岸，杂以奇木。其上有通波阁，
跨水为之。南有芙蓉堂，东有禊饮堂，……北有映月亭、
修竹堂、临水斋。前有高山，山有石洞，潜行宛委二百余
步。山上有阳云楼，极高峻，远近皆见。北有临风亭、明月
楼"❹。描述出一派林泉葱茏之景，滨水植物种植已颇具章
法，使用莲、蒲等浮水、挺水植物，并注重滨水岸际景观，
形成了凭水临风、登高赏月等游赏模式。

2.2.2　私家园林植物景观

　　魏晋以前，江南地区的私家园林鲜见，魏晋时期江南私
家园林和寺观园林的出现，打破了先秦以来皇家园林一枝独
秀的局面。童寯认为"吾国历代私园，每步武帝王之离宫别
馆"。可见江南历代私园也是继承了吴国皇家苑囿的一些特
点的。
　　魏晋六朝动荡不安的社会环境使崇尚玄谈的士大夫们走
上了雅好自然、寄情山水之路。把自然山水融入日常生活
起居，能日日与山水做伴。于是，官僚士大夫纷纷营建园
林——或封山占泽，营建庄园别墅；或在城市内结合住宅建
造城居宅园。

❶（唐）李延寿撰，《南史·卷五》，中华书局，1975年，153～154页。

❷《六朝事迹编类·楼台城》，见：（南宋）张敦颐撰，王进珊校点，《六朝事迹编类》，南京出版社，1989年。

❸（唐）李延寿撰，《南史·卷四十四》，中华书局，1975年，第1100页。

❹（宋）李昉，《太平御览·卷八百二十四》，中华书局，1960年，第946页。

首先，就庄园别墅而言，东晋时部分士族文人有感于八王之乱以来的种种社会动荡，厌倦官场仕途的竞逐争斗，远离权力中心建康，寓居于会稽（治所在山阴县，今浙江省绍兴市）、永嘉（治所在永宁县，今浙江省温州市）诸郡。东晋有名的是河南陈郡谢氏与山东琅邪王氏在会稽的庄园别墅。此类私家园林与庄园生产相结合，同时也栽培一些花木、果蔬、药材。庄园别墅大多为达官贵人所建，多选择在依山傍水之地，依自然地形而略加整理，具有天然山水园与人工山水园相结合，生活居处与生产活动相结合的双重特点，亦是自然山水园的新形式。

谢灵运（385～433年）建造的谢灵运山居位于浙江会稽，又称始宁墅。谢灵运山居是一规模较大，依托自然山水而建的庄园别业。整个庄园分为湖、田、园、山四区。巫湖汇聚山居溪流，是全园之中心。山麓低丘建园立墅"建筑因山构室"，江边"夹渠二田，阡陌纵横，塍埒交经"，农田景观"田连冈而盈畴"，园区"百果列备"❶。从《山居赋》中可以看出，山居所在山体森林茂密，古木参天，以松、柏、檀、栎等常绿落叶混交林及竹子为主，湖泊中种植菱、荷花，江畔堤岸上长满茂密的芦苇、菰、蒲等各种草本，部分河滩地种植桑树。河谷平原已开辟成农田，山麓及低丘被充分利用建成果园菜圃，列形布株。"春秋有待，朝夕须资。既耕以饭，亦桑贸衣。艺菜当肴，采药救颓。自外何事，顺性靡违"❷。可见，该庄园基本按农业生产经营布局，以竹为主，水与竹结合，水中有草，园中栽药，极具山水田园之趣。庄园生活所需的衣食、蔬果、药物均自给自足，人们流连于美丽的湖光山色，过着优哉游哉的生活，一切不用外求。

此外，南朝还有吴姓士族，会稽山阴人孔灵符别墅，占地广大。除供玩赏外，还经营产业，而普通百姓不得入其内樵采、渔猎❸。吴郡钱塘人士朱异在东陂自建宅园，并云"清晨和傍晚景致各不同，山景、水景、林景、田间劳作之景都是欣赏的对象"❹，足见其山居生活的野趣、闲适。

就城居宅园而言，魏晋以降，江南地区经济发达，豪门大族较多，城市私人造园亦趋于兴旺。按照其修建的风格可大致分为两类，一类为当朝权贵或门阀士族、富商巨

❶（南朝）谢灵运，《山居赋》，见:《嘉泰会稽志》，清嘉庆戊辰重镌，采鞠轩藏版。

❷（南朝梁）沈约，《宋书·卷六十七》，中华书局，1974年，第1768页。

❸（南朝梁）沈约，《宋书·卷五十四》，中华书局，1974年，第1533页。

❹（南朝梁）朱异，《还东田宅赠朋离诗》，见：逯钦立辑校，《先秦汉魏晋南北朝诗》，中华书局，1995年，第1860页。

贾修建，耗费巨大，以奢侈豪华著称；另一类为志趣高雅的文人名士或亲近自然的隐逸高士所建，不尚奢华，自然淡泊，都是充分利用自然与回归自然，力求韵味雅致，对后世园林营建产生了深远的影响。

豪华型城居宅园，亦可称为官宦宅园，其中最为人称道者有东晋会稽王司马道子之宅院，其"开东第，筑山穿池，列树竹木，功用巨万"❶。以人工堆筑土山，费用巨大。刘宋时，竟陵王诞"造立第舍，穷极工巧，园池之美，冠于一时"❷，史书载会稽徐湛之在扬州的私宅"贵戚豪强，产业甚厚，室宇园池，贵游莫及"❸。可见当时建筑华美，园内置池已是一固定造园模式。南齐时，豫章王萧嶷"于邸起土山，列种桐竹，号为桐山"❹。吕文度"既见委用，大纳财贿，广开宅宇，盛起土山，奇禽怪树，皆聚其中，后房罗绮，王侯不能及"❺。茹法亮"广开宅宇，杉斋光丽，与延昌殿相埒。……宅后为鱼池钓台，土山楼馆，长廊将一里。竹林花药之美，公家苑囿所不能及"❻。可见，当时权贵们在造大宅，聚山开池的基础上，更为重视对植物景观的营造，使用乔木、竹类、草花等营造多层次的景观，为园景添色。萧梁时期萧伟的园宅植有"嘉树珍果"❼。

雅致型宅园亦可称为文人宅园，于东晋始出，而苏州顾辟疆园为此时江南最有名的私家宅园，其为宅第园林、山水园，堪称这一时期在追求自然的造园实践中最成功的一个实例，有"池馆林泉之胜，号吴中第一"❽之誉。从"辟疆东晋日，竹树有名园"❾"柳深陶令宅，竹暗辟疆园"❿以及"前闻富修竹，后说纷怪石。入门望亭隈，水木气岑寂。……池容淡而古，树意苍然僻"⓫"入门约百步，古木声窸窣。广槛小山欹，斜廊怪石夹。白莲倚阑楯，翠鸟缘帘押。地势似五泻，岩形若三峡"⓬等对园景的描述中可以看出，园中之景以怪石假山闻名；入口处曲折弯绕，古木萧深，似无尽处；园内修竹成林，白莲浮水，地势变化多端，有若城市山林。同一时期的纪瞻宅园亦是"馆宇崇丽，园池竹木，有足赏玩焉"⓭。

刘宋时高士戴颙宅园"聚石引水，植水开涧，少时繁密，有若自然"⓮。"有若自然"四字道尽戴颙宅园的园林特色和精美。因其园后为北禅寺，可从唐代诗人皮日休和陆龟蒙《松陵集》中对北禅寺的题咏中看出园内的大致规模：

❶（唐）房玄龄，《晋书·卷六十四》，中华书局，1974年，第1734页。

❷（唐）李延寿，《南史·卷十四》，中华书局，1975年，第397页。

❸（唐）李延寿，《南史·卷十五》，中华书局，1975年，第436页。

❹（唐）李延寿，《南史·齐高帝诸子》，中华书局，1975年。

❺（唐）李延寿，《南史·卷七十七》，中华书局，1975年，第1928页。

❻（唐）李延寿，《南史·卷七十七》，中华书局，1975年，第1929页。

❼（唐）李延寿，《南史·卷五十二·梁宗室传（下）》，中华书局，1975年。

❽（南宋）范成大著，陆振岳校，《吴郡志》，江苏古籍出版社，1999年，第186页。

❾（宋）朱长文著，金菊林校，《吴郡图经续记》，江苏古籍出版社，1999年，第67、71页。

❿（唐）李白，《留别龚处士》，见：《全唐诗》。

⓫（唐）陆龟蒙，《奉和袭美二游诗·任诗》，见：《全唐诗》。

⓬（唐）皮日休，《二游诗·任诗》，见：《全唐诗》。

⓭《纪瞻传》，见：（唐）房玄龄，《晋书·卷六十八》，中华书局，1974年。

⓮（梁）沈约，《宋书·卷九十三》，中华书局，1974年，第2277页。

"林木众多，有杉、桂、柏、桧树和竹林。石壁上古藤悬垂，风廊外鸟语花香。还有鱼池石涧，形成洲岛风光。建筑有月楼风殿，草堂玄斋，北望有齐门古城堞借景。"徐勉的东田小园经过多年经营，园中"桃李茂密，桐竹成阴。……湖中并饶菰蒋，湖里殊富芰莲，……其陆卉则紫鳖绿葹，天著山韭……"❶。

2.2.3 寺观园林植物景观

佛教自东汉末年传入中国后快速发展。魏晋时期佛学的输入与本土宗教道家的思想流行推动了佛寺、道观的出现，使寺观园林作为主角出现在园林舞台上。这一时期寺观园林按照其地理位置和建造情况大致可分为如下几类。

其一是由宅院演变而来的寺观园林。佛教号召世人舍宅佞佛，及至东晋，贵族、官僚以及士族大家"舍宅为寺"的行为在江南地区蔚然成风，以至于大量府宅在瞬息之间就转化成了佛寺，园宅的花木环境也由此成为寺庙之景，如前文所述戴颙宅园、张融宅❷、顾彦先宅❸等。顾彦先宅中竹林茂盛，后又被称为竹林寺，其内"密竹行已远，子规啼更深。绿池芳草气，闲斋春树阴。晴蝶飘兰径，游蜂绕花心"❹。可见植物景观以绿竹为盛，并植有大量芳香植物，其可视为私园演化为寺院植物主题性栽植的范例。南京鸡笼山栖玄寺由建平王刘宏府第捐为寺，其中芳竹成列，嘉树如积，长松印水❺。此类舍宅而建的寺观园林脱胎于私家园林，实际上是将宗教生活与士大夫园林相结合，沿袭了私园庭院的园林风格。

其二是建于城市内或者近郊的寺观园林，其寺观本身高度园林化，以其园景闻名，园内一派"花果蔚茂，芳草蔓合，嘉木被庭"之景，同时承担一定的生产功能。这类寺观中的典型模式是巍峨的殿堂，高耸的佛塔，庭观之间巧妙设计植物景观，各座建筑间巧妙构连，曲径通幽，使得寺院本身就是一座精心设计的园林。如建于东吴赤乌二年（239年）的报恩寺，楼台如画，岩壑参差，绿荫环抱❻。萧梁佛寺园林同泰寺，"兼开左右营，置四周池堑、浮屠九层、大殿六所、小殿及堂十余所。宫各象日月之形，禅窟禅房山林之内，东西般若台各三层，筑山构陇，亘在西北，柏殿在其中。东南有璇玑殿，殿外积石种树为山，有

❶ 《徐勉传》，见：（南朝）姚察，《梁书·卷二十五》，中华书局，2003年。

❷ 《吴郡图经续记·卷中·寺院篇》词条"宴坐寺，张融之宅也"。

❸ 后苏州永定寺。

❹ （唐）韦应物，《与卢陟同游永定寺北池僧斋》，见：《全唐诗》。

❺ （南朝齐）王融，诗《栖玄寺听讲毕游邸园七韵应司徒教》，见：逯钦立辑校，《先秦汉魏晋南北朝诗·齐诗·卷二》，中华书局，1995年。

❻ （唐）李绅，《开元寺诗并序》。

盖天仪，激水随滴而转"❶，除恢宏的主体建筑群外，极力通过山石堆砌和植物景观来营造一派山林清幽之境。梁朝重元寺除建筑雄伟，列怪石，庭院清幽，竹径森森外，在园内辟有药圃❷，进行一定的生产性活动。同此如报恩寺内设有种植柿树等的果园❸、笋园❹，顶山禅院辟有碧菽园以自给。

其三是建于郊野山林之中的寺观园林，即"深山藏古寺"者，寺观完全融入自然风景中。此类宗教寺观大多选址在远离城市，风景绝美的名山幽岩，注重寺观建筑与周边自然风景的融合，正所谓"山在寺中，门垣环绕，包罗胜概"❺。在整体布局上，无论规模大小，其寺观建筑都与周边景区有机交融，依山就势，因势就形，因山就水，安排殿宇僧舍，使之曲折幽致，高低错落。如东晋沙门康僧渊于豫章山"去郭数十里立精舍，旁连岭，带长川，芳林列于轩庭，清流激于堂宇。乃闲居研讲，希心理味"❻"去邑数十里带江傍岭林竹郁茂"，佛寺园林内部与周边环境组成了一道优美动人的风景。除于深山择址新建的寺观外，占尽一方美景的郊野庄园山墅后也舍宅成为著名的深山寺观。此类深山古寺除有着秀美的周围环境外，其内部也沿袭了庄园山墅的园林风格，通过与佛教教旨融合，园林由粗放变为秀美且富有禅意。如东晋虎丘云岩寺❼，"粉垣回缭，外莫睹其崇峦，松门郁深中回藏于嘉致"❽，可谓"疏围十里裹青山"，将虎丘山一切自然和人文景观全都囊括在"云岩寺"中。南朝常熟虞山北麓兴福寺❾景物清幽，"清晨入古寺，初日照高林。曲径通幽处，禅房花木深。山光悦鸟性，潭影空人心。万籁此皆寂，惟闻钟磬音"❿的描写最能道出其林泉之趣。其内植物茂盛，繁茂花木簇拥着禅房，人与动物和谐共处，烘托出禅意深深。梁天监二年（503年）所建之名寺——寒山寺，初为供养妙利普明菩萨舍利的一个塔院，规模不大，但亦是"斜泾道采香，远岫对栖虎。岩靡横野桥，塔影落前浦。霜楼鸣晓钟，夕舸轧双橹……何必深山林，峰峦绕轩户"⓫。

茅山是魏晋六朝江南道教活动中心，绿树蔽山，青竹繁茂，奇岩怪石林立，大小洞穴深幽。道教认为秀丽山川是神仙居住的地方，故而通常选取地理环境优美险要之地，求雄、奇、险、秀、幽、旷的山景。南朝陶弘景在茅山弘扬上

❶ （唐）许嵩，《建康实录·卷十七》，中华书局，1986年，第681页。

❷ （唐）皮日休，《重玄寺元达年逾八十，好种名药，凡所……余奇》，见：《全唐诗》。重玄寺即重元寺。

❸ （唐）韦应物，《游开元精舍》，见：《全唐诗》。（唐）皮日休，《开元寺客省早景即事》，见：《全唐诗》。

❹ （唐）皮日休，《闻开元寺开笋园寄章上人》，见：《全唐诗》。

❺ （元）高德基，《平江记事》，商务印书馆，1939年。

❻ （南朝）刘庆义撰，徐震鄂校注，《世说新语校笺，》中华书局，1984年，第67、360页。

❼ 由东晋时王珣、王珉兄弟之虎丘别业舍宅为寺而成。

❽ （宋）王随，《姑苏虎丘云岩寺记》。

❾ 南朝齐延兴或中兴年间（494~502年），邑人郴州牧倪德光舍宅兴建。

❿ （唐）常建，《题破山寺后禅院》，见：《全唐诗》。

⓫ （宋）张师中，《枫桥寺》，见：（民国）叶昌炽撰，张维明校补，《寒山寺志》，江苏古籍出版社，1999年。

❶（唐）刘言史，《题茅山仙台药院》，见：《全唐诗》。

❷（唐）陆龟蒙，《洞宫夕》，见：《全唐诗》。

❸（唐）李端，《宿华阳洞》，见：《全唐诗》。华阳洞药院附近植有杏树，而"杏林"有歌颂医家、医生医德高尚之意。

❹（唐）李德裕，《春暮思平泉杂咏二十首·芳荪》，见：《全唐诗》。

❺（南朝齐）陶弘景，《答诏曰》。

❻（南朝宋）刘义庆，《世说新语·言语》，中华书局，1984年。藉卉，席地而坐，坐在草地上，可见当时新亭亦有园林环境的雏形。

❼（唐）房玄龄，《晋书·卷八十》，中华书局，1974年，第2102、2099页。

清经法，建造华阳上、中、下三馆，使茅山成为当时江南地区道观园林最集中的名山。后又相继建成郁岗玄、清远馆、燕洞宫、林屋馆等，观内设有药圃❶，从唐代题咏中可以大致推测当时园内植桂花❷、杏林❸及芳香植物❹。"山中何所有，岭上多白云，只可自怡悦，不堪持寄君"❺，可以看出茅山道观景观对于"明月清风本无价"的质朴之美的追求。

2.2.4　公共园林植物景观

　　魏晋时期江南地区还出现了公共园林的另一种形式，"去城不数里，而往来可以任意"的邑郊游览地在这一时期亦有发展，典型实例如南京新亭、绍兴兰亭。新亭由于西临大江，自古便是饯送、迎宾、宴集之所，"过江诸人，每至美日，辄相邀新亭，藉卉饮宴"❻。东晋永和九年（353年）三月三日上巳，王羲之"尝与同志宴集于会稽山阴之兰亭""群贤毕至，少长咸集。此地有崇山峻岭，茂林修竹，又有清流激湍，映带左右，引以为流觞曲水，列坐其次"❼，足见当时兰亭清幽的环境，山石为伴，修竹篁篁，流水潺潺。"暮春之始，禊于南涧之滨，……乃藉芳草鉴清流，览卉物观鱼鸟，具类同荣，资生成畅"，兰亭雅集也将民俗活动、自然审美和文化生活有机结合了起来（图2-3）。

图2-3　绍兴兰亭竹林雅集（图片来源：引自《中国美术全集》）

在广陵（即扬州）蜀岗之"宫城东北角池侧"营构"风亭、月观、吹台、琴室"，正如所述："广陵旧有高楼，湛之更加修整，南望钟山。城北有陂泽，水物丰茂，湛之更起风亭、月观、吹台、琴室，果竹繁盛，花药成行，招集文士尽游玩之，适一时之盛也。"❶

❶（梁）沈约,《宋书·卷七十一·列传第三十一》。

2.2.5　魏晋南北朝的植物景观特点

魏晋六朝是江南地区古典园林的一个重要转折期，当时顺应政治、经济、文化的发展，园林营建活动也蓬勃发展起来，新的园林类型也开始出现。园林数量的增加也使造园技法产生了质变，凿池引泉，莳花栽树，叠石（垒土）造山的造园手法使当时的园林基本上具备了鼎盛时期江南私家园林的景观元素特质。

这一时期的植物景观特色主要如下所述。

（1）出现了较大尺度的植物景观规划实践和种植行为。

（2）植物景观空间丰富，开始有意识地以植物塑造收、放空间，根据特定的园林类型，烘托特定的环境气氛。

（3）植物材料的应用更为丰富，植物种植的手法比较简朴，但较秦汉时期更为多样，除列植外，多见林植、密植；植物结构层次也更丰富，乔、灌、草、藤本兼备；植物种植密度较高，"树意苍然"是评价园林植物景观的标准之一。

（4）植物专类园出现。

（5）植物造景具备主题性，芳香主题造景程式在这一时期更为普及和流行，此外还出现了四季主题、专类花卉主题（蔷薇等）。植物景观与动物之间的微妙互动也成为园林欣赏的主题，如"晴蝶飘兰径"就是一个典型的造景模式。

（6）植物除其自然属性外，还具有了社会属性。园林植物种植时，通过植物比喻社会文化哲理，反映社会礼教纲常。

（7）出现对特定植物的审美偏好，比德观和比德手法在园林植物景观中开始应用，植物成为一种精神寄托，一种阶层文化象征。

（8）植物景观与园林活动更多地结合在一起，"竹林之游"是当时在士族大家中流行的雅集模式。

（9）园林普遍兼具一定的生产性，园内果树、粮食、蔬菜、香料、蜜源、药用植物等经济作物的种类所占比例较高。

2.3　过渡期——隋唐五代（581～960年）

隋唐时期，政治中心北移。随着隋朝（581～618年）运河的修建，运河沿线的江都（今扬州）、京口（今镇江）成为人文荟萃的繁华都市。统治者对运河两岸的植物景观也进行了规划，运河全线御道两侧植以榆、柳，树荫相交❶，河堤上的杨柳依依之景也在后朝得到了延续❷。

2.3.1　皇家园林植物景观

隋炀帝不断游幸江南，使得当时的江南皇家园林也有所发展。隋炀帝于扬州蜀岗、雷塘兴建皇家园林，辟江都宫、隋苑（上林苑）、长阜苑、萤苑、迷楼等，并造有澄月、悬镜、春江等亭。长阜苑宫苑规模庞大，内有十个著名宫殿❸，是当时最为著名的园林，其依据蜀岗山势，有松林、枫林等以群体性植物景观为胜的松林宫、枫林宫❹，池边摇曳的柳树和园中森森竹景也是一胜❺。萤苑因其为"观萤佳地"而得命，隋炀帝在这座萤苑中赏的是奇花异草之间隐现的萤光点点❻，不论这一景观形成背后的穷奢异欲，此可视为古人对动物与植物景观结合的一种尝试。

五代南唐在南京建有宫苑，其中避暑宫位于南京城西清凉山，为南唐小朝廷夏日游乐之所。避暑宫就清凉山而建，山林翳翳陂路静，鸟鸣鱼游园树深，颇具山林真趣，山上建暑风亭。

2.3.2　私家园林植物景观

隋唐时期，政治中心北移，在隋代及其以后的有唐一代，全国的经济重心实际已移到了江南，但社会动荡，私家园林已非六朝之鼎盛，主要类型为城市宅园和郊野庄园。

扬州也成为这一时期的江南园林中心，私家园林也得到了发展。这一时期城内杨柳翩翩，花木繁多，"园林多是宅"，宅园不分，数量可观；且"有地惟栽竹"，极为重视竹子的应用❼。著名如樱桃园，其内"楼阁重复，花木鲜秀，似非人境，烟翠葱茏，景色妍媚，不可形状"❽，植物景观秀美，观赏性强。郝氏林亭❾"鹤盘远势投孤屿，蝉曳残声过别枝，凉月照窗欲枕倦，澄泉绕石泛筋迟"，寄情于山水之间的宅与园结合的住宅园林，成为唐代以后扬州私家

❶（唐）杜宝，《大兴杂记》。

❷（唐）韩偓，《开河记》。

❸《寿春图经》，见：刘纬毅辑，《汉唐方志辑佚》，北京图书馆出版社，1997年。

❹《太平寰宇记·淮南道》。

❺（唐）鲍溶，《隋炀帝宫二首》。

❻《隋书·炀帝纪》。

❼（唐）姚合，《扬州春词三首》，见：《全唐诗》。

❽（唐）李复言，《续玄怪录·裴湛》。

❾（唐）方干在，《旅次洋州寓居郝氏林亭》，见：《全唐诗》。

园林的显著标志。

苏州城在隋军灭陈之后，曾遭到较严重的破坏，并将州治移到故城东南，建造了"新郭"，但入唐后不久，又复迁故城。由于隋朝的统治时间不长，所以见诸记载的园林也极少，只有在《红兰逸乘》中载有"孙驸马园，在间邱坊，为隋朝孙驸马园第"等数条。孙驸马园中有体量较大的古树一棵，是为庭院的中心景观，也是隐匿游乐之处❶。唐时孙园，园内春季花动，夏季柳堤荷荡，其园景可与顾辟疆园、虎丘、镜湖媲美，其胜概可知❷。

陆龟蒙吴县（今苏州市吴中区）宅园天随别业中有白莲堤、双竹池、杞菊蹊❸、垂虹桥、白莲池、桂子轩诸多以植物景观为胜的景点，可推想其林泉之胜❹。松江江畔的褚家林亭借园外水景，芦苇荡漾❺，园中有竹岛，庭院里有桂❻。颜家林园中的兰花、木兰等芳香植物❼和水生植物也颇为丰茂❽。孙承裕池馆"积土成山，因以潜水""积水弥漫数十亩，傍有小凼，高下曲折，与水相萦带"❾，可推测其内的水生植物景观也是颇美的。

到唐代后期，较为清新的"山居"别业开始逐渐进入城乡之间，典型的如晚唐诗人陆龟蒙宅。陆龟蒙苏州宅园"旷若郊野""百树鸡桑半顷麻"❿"篱疏从绿槿，檐乱任黄茅"，显示了其粗犷的田园风光，但"一方潇洒地，之子独深居。绕屋亲栽竹，堆床手写书"，又极具文人情趣。"趁泉浇竹急，候雨种莲忙，……，与杉除败叶，为石整危根。薜蔓任遮壁，莲茎卧枕盆"⓫，可见宅园内生活闲适，晴耕雨读，与友人对饮相醉，自在畅快。园内植物材料丰富，景观多样，杉树成林，修竹摇曳，莲叶田田，薜荔满壁，另有绿槿做周界栽植。

五代（907～960年）时期北方纷争扰攘，江南尤其是吴越之地却相安太平。钱氏三代治吴的80余年，兴建了大量的府宅、园林。这一时期最著名的私家园林是苏州钱元璙修建的南园，为当时占地最大的江南园林。园内亭宇台榭，三阁八亭二台，值景而造；醽流以为沼，积土以为山；求致异木，名品甚多。比及积岁，皆为合抱⓬。可见对植物景观的重视，采用的皆是名品和干径较大的大树⓭。园内"叶长春松阔，科圆早薤齐。雨沾虚槛冷，雪压远山低。竹好还成径，桃夭亦有蹊"，从这番描述中可以看出，园内有田，种

❶（清）张紫琳，《红兰逸乘》，见：（清）张紫琳辑，《红兰逸乘》，上海书店出版社，1994年。

❷（唐）元稹，《戏赠乐天复言》；（元）徐大焯，《烬余录》；（清）也咏，《孙园》。

❸（唐）陆龟蒙，《杞菊赋并序》《后杞菊赋并序》。

❹（清）翟灏等辑，《湖山便览·卷一》，上海古籍出版社，1998年。

❺（唐）陆龟蒙，《和袭美褚家林亭》，见：《全唐诗》。

❻（唐）皮日休，《褚家林亭》。

❼（唐）陆龟蒙，《袭美病中闻余游颜家园见寄·次韵酬之》，见：《全唐诗》。

❽（唐）皮日休，《闻鲁望游颜家林园病中有寄》，见：《全唐诗》。

❾（南宋）范成大著，陆振岳校，《吴郡志》，江苏古籍出版社，1999年。

❿（唐）陆龟蒙，《奉和夏初袭美见访题小斋次韵》，见：《全唐诗》。

⓫（唐）皮日休，《临顿为吴中偏胜之地陆鲁望居之不出郭郛旷若郊野》，见：《全唐诗》。

⓬《吴郡图经续记·卷上》，见：（宋）朱长文著，金菊林校，《吴郡图经续记》，江苏古籍出版社，1999年。

⓭（唐）罗隐，《南园题》。

有薝、松、竹、桃，园景广袤、空旷，充满野趣。此外，其还在杭州、嘉兴多处置业，著名的如嘉兴烟雨楼，为一烟波浩渺"登眺之所"，从明人绘画中来看，其楼畔以杨柳之景为胜。

2.3.3　寺观园林植物景观

隋炀帝扬州宫苑后舍宫为寺，即禅智寺，又名上方寺、竹西寺，寺庙周围翠竹繁生，曲径通幽。寺中共有月明桥、竹西亭、苏诗石刻、三绝碑、吕祖照面池、昆邱台、蜀井、芍药圃❶八景。

2.3.4　公共园林植物景观

苏州大酒巷是一处有园林特色的高级酒店，是唐时吴地公共园林景观，其中"植花浚池，建水槛风亭"❷，有"螺杯浅酌双花饮，消受藤床一枕凉"❸之咏。

湖州辟南雪溪馆、白蘋洲，以浮萍丛生、莲花飘香等水生植物景观为胜，园内还以千叶莲闻名❹（白居易对此处公共园林景观多有描写）。经唐人扩建，形成四渠、三池、三园、五亭的格局，园内植有卉木荷竹，白蘋亭跨长汀，赏浮萍丛生、莲叶田田，集芳亭阅百卉，览花木森森。碧波亭，每至汀风春、溪月秋，花繁鸟啼，莲开水香❺。

杭州西湖在当时成为唐人春游的一处公共园林胜地。水中浮萍漂荡，岛上松树重翠，堤上杨柳摇曳，岸边山花烂漫，绿草盈盈，还有大片的橘林、稻田，一派清新自然、磅礴大气的开阔之景❻。

2.3.5　隋唐五代的植物景观特点

由于隋朝和五代的战乱对江南地区的破坏性很大，这一时期的江南园林遭到了一定程度的破坏，不及西安、洛阳一带发达。虽然唐代江南园林得到了一定程度的恢复，但总体而言，隋唐时期江南古典园林植物景观较魏晋六朝而言发展进步不大，是一个平稳过渡期。皇家园林植物以大体量取胜，风景林的应用形式普遍。一些望族的奢华型私园基本承袭六朝以来的遗风，广府大宅，豪奢绮丽。南朝的徐勉提出私园"以小为好""不存广大"❼的理论，是最早的宅园规模小优于大的论述。从史料中可以看出，这一时期宅、园结

❶（清）李斗，《扬州画舫录》。

❷（宋）朱长文，《吴郡图经续记·卷下》，"大酒巷"条。

❸（清）袁景澜，《姑苏竹枝词》。

❹《太平寰宇记》。

❺（唐）白居易，《白蘋洲五亭记》。

❻《钱塘湖春行》《西湖晚归回望孤山寺赠诸客》《春题湖上》《西湖留》《早春西湖闲游怅然兴怀忆与微之同赏……偶成十八韵寄微之》《新唐书·白居易传》《西湖游览志》《西湖志》《湖山便览》。

❼《南史·卷六十·徐勉传人戒子崧书》。

合更加紧密，雅致型的私园规模逐步缩小，园林与生活的联系更为紧密。

唐代文人园林得到了进一步的发展，经过六朝山水文化的发展，到了中唐，山水文学兴旺发达，出现诗画互渗的自觉追求，文人开始直接参与造园，追求心理空间与外在空间的交汇，正所谓"不是对君吟复醉，更将何事送年华"，为宋朝的江南园林的跨越奠定了基础。这一时期的园林植物景观风格出现了两种分化，其一是清新粗犷的"篱疏檐乱"质朴田园风格；其二是以色调鲜艳的植物，如桃花、菊花、荷花等花繁大叶的植物形成主题的造景程式，体现了唐朝比较戏剧化的"繁花盛世"的审美倾向。种植设计中注重以列植、林植形成大体量的植物景观，对园路两侧的植物景观尤为重视，形成了杞菊蹊、竹径、桃花径等比较流行的植物景观造景模式。

这一时期的植物景观特色如下所述。

（1）隋唐时期的江南植物景观是一个平稳发展期，较魏晋六朝没有太大的发展。

（2）出现了杞菊蹊、桃花径等以色彩鲜艳的花卉进行搭配的植物主题造景程式，审美倾向较前朝有戏剧化的倾向。

（3）对竹的偏好进一步加重，私家园林中更是"有地惟栽竹"。

（4）植物景观与动物之间的关系受到了人们的重视，在园景中巧于因借。

2.4　成熟期——两宋时期（960～1279年）

两宋是中国历史上的重要阶段，陈寅恪对此评价道"华夏民族之文化，历数千载之演进，造极于赵宋之世"。两宋之际，完成了经济重心从中原向江南的转移。特别是南宋偏安临安（今杭州），江南各地园林之兴盛超越六朝，推动了江南古典园林走向明清的辉煌。

2.4.1　皇家园林植物景观

南宋（1127～1297年）建都临安。南宋江南园林在整个中国园林史上达到了新的艺术与技术的高度。这一时期临安皇家花园多达10处，私园遍布城内外，据《都城纪胜》《梦

图2-4 南宋临安皇家园林梅堂景观（图片来源：引自《中国美术全集》）

❶ （元）陶宗仪，《南村辍耕录》，引陈随应《南度行宫记》。

❷ 即薝卜，古人有说为栀子花，见：（明）文震亨，《长物志·花木篇》。又据华南农业大学欧贻宏考证，其应为黄兰，见：《'薝卜'考》，《园艺学报》，1988年第4期。笔者就前后文推测，本处文中所指应为栀子。

❸ （宋）周密，《武林旧事·卷三》，"禁中纳凉"条，见：《武林旧事——中华经典随笔》，中华书局，2007年。

❹ （宋）周密，《武林旧事·卷三》，"重九"条，见：《武林旧事——中华经典随笔》，中华书局，2007年。

❺ （南宋）马远，《华灯侍宴图》题诗。

梁录》载约50处，在杭州西湖沿岸，大小园林、水阁、凉亭逐渐兴建起来。大内后苑和德寿宫后苑是当时规模最大、布局最精巧、建筑最华丽的两处"内御园"。

临安凤凰山属于皇城的分布范围，建有大量的宫殿。东宫是其庞大宫殿群之一，宫殿部分入门，垂杨夹道，间芙蓉，正殿向明，以竹林环绕。沿着轴线往北，慈明殿北侧是一个内花园，"万卉中出秋千。对阳春亭、清霁亭。前芙蓉，后木樨。玉质亭，梅绕之"。

后苑因山就势而成山水园，是供帝王四时享乐之地，景致更加优美，在植物景观的营造上也颇有巧思，以赏花为园景主题。园内植有梅花、牡丹、芍药、杏、桃、山茶、丹桂、柑橘、木香、松、竹、茅等，并以四时花木之名作为点景名称❶。春至芳春堂赏杏、桃源观桃、照妆亭赏海棠；春暮至稽古堂、会瀛堂赏琼花，静侣亭、紫笑静香亭挑兰采笋；夏至翠寒堂松下纳凉，赏长松修竹，红、白荷花静心，同时摆置茉莉、素馨、建兰、紫藤、朱槿、玉桂、红蕉、薝葡❷等芳香花卉数百盆于广庭，鼓以风轮，清芬满殿❸；秋季人人泛萸簪菊，于倚桂阁赏月延桂，清燕殿、缀金亭赏橙橘，庆瑞殿赏万菊分列，灿然眩眼❹；冬于梅堂、梅岗亭、冰花亭赏梅花千树绕亭❺（图2-4）。

特别值得一提的是，后苑内的钟美堂以"赏大花"为极盛，从殿外到殿内的植物景观布置皆切合此题。堂前三面各设有三层式样的花台，台内种植花繁、花大的各类名品花卉，并以象牙牌标注上品种名称；台后置白色花的玉绣球数百株形成背景，用以突出前景。堂内设有花架，使用大量'姚魏'牡丹、'御衣黄'牡丹、'照殿红'山茶等进行室

图2-5　南宋江南皇家园□中的
观花花卉（图片来□□引自
《中国美术全集》）

内插花装饰，殿内四周再分列置以盆栽千百❶，一派热闹非
凡，繁花盛景。

德寿宫在内苑以北，是仿湖山真意，叠山浚池而成，园
内花卉竹木胜景较多，并在栽植时注重搭配，取其美善之
意。梅堂植梅环绕，路旁栽菊、间芙蕖、竹下有榭，号"梅
坡、松竹菊三径"。此外还种植有大量荼蘼、木香、郁李、
木槿、牡丹、海棠、椤木、苹果等观花乔灌木，并形成了多
处以这些植物为名的主题景点❷（图2-5）。

除以上三处主要宫苑外，皇族占尽西湖美景，设有众多
外御苑，园内花明水洁，在此不一而足。

2.4.2　私家园林植物景观

江南园林经过隋唐五代的发展之后，到两宋时期，其繁
盛之状超过以往。南宋以来，园林之盛，首推四州，即湖、
杭、苏、扬也，而以湖州、杭州为尤。吴兴（今湖州）、苏
州等地修建了大量的私家园林，多达30余处。

吴兴赵氏园号芙蓉城，依城曲折，在其周界群植木芙
蓉，使用植物量大，在配置手法上也求"乱植"以取自然之

❶（宋）周密，《武林□□·卷
二》，"赏花"条。

❷（宋）吴自牧，《梦□□·卷
八》，"德寿宫"条，见□□梦梁
录》，西安三秦出版社，□□□年。

❶（宋）周密，《吴兴园林记》。

❷（宋）王安石，《示蔡卞（元度）营居半山园作》，见：（宋）王安石，《王安石全集·卷一》，上海古籍出版社，1999年。

❸（宋）蒋堂，《隐圃咏》，其中"溪馆二首""南湖台三首"以及"和梅挚北池十咏"等对园内景观有细致的描述。

❹（宋）程俱，《北山小集·卷三》载，"迁居城北蜗庐"；《北山小集·卷四》之"红苋""菊"等。

❺（宋）李光，《水调歌头·罢政东归》，十八日晚抵西兴》，见：唐圭璋校注，《全宋词》，中华书局，1965年。

❻（宋）苏舜钦，《沧浪亭记》。

❼（民国）曹允元，《吴县志》。

❽（宋）范成大，《范村菊谱》，见：（宋）范成大，《范村菊谱》，上海商务印书馆，铅印本再版，1930年。

❾（宋）姜白石，《梅花令》。

❿（宋）欧阳修，《朝中措·平山堂》。

⓫（清）谢家福，《五亩园小志》，见：谢家福，《望炊楼丛书》，文学山房汇印本，1924年。

⓬（宋）苏轼，《寄题梅宣义园亭》。

⓭（宋）袁学澜，《适园丛稿》载，"同乐园并序"。

意。吴江赵氏菊坡园苑前有大溪穿过，则植芙蓉、杨柳夹岸，中岛疏浚地形遍植菊花百余种，成菊坡之景，是菊花大规模应用的典范。莲花庄"四面皆水，荷花盛开时，锦云百顷"❶。

南京有名家王安石宅园半山园，园以山水形胜，以植物造景为主，景点因势布置。园内松竹繁茂，梅花扶疏，楸、楝、梧蔽日，渠池芰荷辉映❷。

苏州蒋堂隐圃以水景胜，园内有烟萝亭、风篁亭、香岩峰、古井、贪山诸景，又有溪池、水月庵、南湖台等诸多水景，圃之南端有小溪，溪水碧绿，游鱼可见，岸边竹树成荫。园内植有桃花、葵、桂花，水池岸边植有梅花、竹、菊花、芦苇、柳、桧，池中植有菱角、荷花，"小园香寂寂，一派晓泱泱，种柳待啼莺，粉蝶得幽栖"❸。蜗庐是一个"有舍仅容膝"的小巧玲珑之园，园内种有竹、菊、凤仙、红苋、芭蕉、冬青等，辟有以"松竹梅"为主题的三条蹊径。园主程俱对其园内植物景观多有咏诵❹，通过植物抒发其内心的幽独情怀，折射出物质层面的困顿与精神追求的超逸之间的矛盾❺。沧浪亭承前朝孙承祐池馆，早期园内"草树郁然，崇阜广水，不类城中""前竹后水，水之阳又竹，无穷极，澄川翠干"❻，是一处以竹为胜，风格清淡野趣的园林。改建后增加了"瑶华境界"之梅亭、"翠玲珑"之竹亭、"清香"之木樨亭❼。范成大范村在既有梅岭的基础上，莳花植木，最后形成一个杂植群芳、梅菊尤盛❽的梅、菊专类园，在收集品种资源的同时也注重园景。园内1/3的面积遍植梅，可谓"梅开雪落，竹园深静"❾。

邑郊别墅在这一时期也十分兴盛，风格较城市私园更为质朴。北宋庆历八年（1048年）欧阳修（1007～1072年）建平山堂于扬州蜀岗，并在堂前种植柳树❿，体会"别来几度春风"。苏州桃花坞别墅旷达700亩，其内辟池沼，旁植桃、李，曲折凡数十里⓫，吴郡人春游多看花于此，可见到了宋代，私家园林也对公众有一定程度的开放。其旁之五亩园柳堤花坞，柑橘、梧桐繁多⓬。朱勔同乐园其大一里，园植牡丹千本，花时彩缯为幪，每花以金标其名⓭，水阁作九曲路以入，春时纵士女游赏。乐圃占地广大，可分为堂、岗、溪、圃、丘等区，地形变化丰富。园内林木葱郁，西丘上有松、桧、梧、柏、黄杨、冬青、椅桐、柽、柳之类，柯叶相幡，与风飘扬，高或参云，古树盘根抱柯，极有雅致；另有畦圃，栽培四时名花、日用药草以及时蔬鲜果。园内花卉春繁秋孤，冬曝夏茜，多兰、菊，水生植物有芦苇、荷花、慈姑等；圃内植桑、柘、麻、果梅、李等以自给❶。扬州朱氏园其园大一里，以万株芍药景观闻名，与万华堂类似，可视为是一芍药主题植物景观专类园❷。也有风貌更为清净素雅的庄园，如林逋的杭州孤山巢居梅圃，植梅三百本，"疏影横斜"，花姿、湖水、月影交融。南园园内潴水艺稻，农田景观成为园景重要的一部分，此外还以植物景观命名景点，如夹芳、鲜霞、岁寒、照香、多稼等❸。

　　杭州张镃的桂隐林泉是南宋私家园林植物景观之集大成者。桂隐林泉位于南湖之滨，占地甚大，可分为东寺、西宅、北园、南湖、山体（众妙峰山）五个部分，占尽湖光山色。园内有樱花、茶花、桂花、梅花、桃、苹果、月季、荼蘼、芍药、玫瑰、杨梅、荔枝、杏、鸡冠花、黄葵、萍、睡莲、蜡梅、垂柳、吉祥草、沿阶草、棣棠、竹等68种，巧妙搭配，无论建筑或小品，都掩于果木花卉中。在《赏心乐事》以及《桂隐百课》中，张镃参照花信风❹之意，按照农历盘列的一年12个月的各月游览次序，细致地罗列了每月于何处赏何景，植物景观次第行来，欣赏涉及的对象包括花、叶、果等实际景象，也包括香味、浓荫等衍生景致，园内四季景色各异，以植物的自然物候为节律，巧妙地将园居、游赏融入其中（图2-6）。

❶ （宋）朱长文，《乐□□》。

❷ （宋）王观，《扬□□芍药谱》，见：清顺治丁亥□□年）两浙督学李际期刊本。

❸ （宋）周密，《武林□□·卷五》载，"南园记"（陆□□）。

❹ 我国古代以五日为□□三候为一个节气，所谓"□□风"即每个节气里所对应的□□花物候，如小寒：一候梅花□二候山茶、三候水仙；大寒□一候瑞香、二候兰花、三□□矶；立春：一候迎春、二候□桃、三候望春；雨水：一候□□花、二候杏花、三候李花□□蛰：一候桃花、二候棠梨、□□蔷薇；春分：一候海棠、□□梨花、三候木兰；清明：□□桐花、二候麦花、三候柳□谷雨：一候牡丹、二候荼□□三候楝花。

图2-6 宋代江南古典园□□□四季植物景观（图片来源□□□自《中国美术全集》）

2.4.3　寺观园林植物景观

宋朝江南寺观园林花木森森，多以专类植物景观闻名，如芍药、牡丹、琼花等。

由于在西湖山水间建置了大量佛寺，临安成为江南一带的佛教圣地，这些佛寺也大都有单独建造的园林。灵隐寺经历代兴建，此时已是西湖一方名刹。其中冷泉亭周围草熏木欣，整个寺周环境"郁郁然丹葩翠蕤，蒙幂蓊翳，冬夏常青，烟雨雪月，四景尤佳"❶，从描述中看来，是一处以自然山湖景观为胜的寺庙园林。与此相似的是其附近的天竺寺、韬光庵等，文瀑袅袅，木石参天，寺内景观十分自然，与前朝深山古刹类似。

此时，还出现了另外一种风格的寺观园林，一别以往的清净，极尽热闹之能事。如宋代扬州寺观园林盛栽芍药，图禅智寺内栽培芍药千畦，荷花三十里，植物景观规模宏大且主题突出，其内芍药闻名天下❷。龙兴寺内山子、罗汉、观音、弥陀之四院也都盛栽芍药，前述朱勔同乐园位于寺后，两园的数万芍药连成一片，形成了花海之景❸。好事者纷纷著谱记载："刘攽著谱，花凡三十二种，以冠群芳为首；其后王观、孔武仲、艾丑各有谱，观之谱如攽而益以御衣黄等八种，武仲之种三十有二，丑之种二十有四，皆首御衣黄；绍熙广陵志种亦三十二，而首御爱红，其品具各谱不可殚记。"各谱不仅记载品种特性，还为我国芍药的分类奠定了基础。每逢花时，郡人纷至沓来，赏花游乐，逾月不绝，可视为我国专类花卉展览的雏形。

道观的植物景观风格稍清淡一些。扬州蜀岗后土庙建双亭，观赏"天下无双"之琼花，取宋"维扬一枝花，四海无同类"❹之意，一时扬州"琼花芍药世无论"，赏琼花"二月轻冰八月霜"❺之姿。洞庭西山林屋齐物观中有驾浮亭，周边植大梅数十本。

2.4.4　公共园林植物景观

邑郊游览地在当时也十分盛行，西湖经前朝开发，到南宋时已成为一个风景名胜游览地，也相当于一座特大型公共园林——开放型天然园。湖周散布的皇家、私家及寺观园林成为园中之园。此时西湖已有平湖秋月、苏堤春晓、断桥残

❶（明）田汝诚，《西湖游览志》。

❷（清）宋元鼎，《拟韩魏公扬州芍药画宴客歌》。

❸（宋）苏东坡，《东坡志林》（苏东坡时任扬州太守）。

❹（宋）韩琦，《后土庙琼花诗二首》。

❺（宋）王禹偁，《后土庙琼花》。

雪、雷峰落照、南屏晚钟、曲院风荷、花港观鱼、柳浪闻莺、三潭印月、两峰插云十景之胜❶。平湖、苏堤、断桥、雷峰、南屏、曲院、花港、柳浪闻莺、三潭、两峰，所指都是湖上某一山水地理或景物的实体，配合风、花、雪、月搭配成景，正所谓"盖湖际秋而益澄，月至秋而逾洁，合水月以观，而全湖之精神始出也"（图2-7）。可见，当时西湖的格局已经初成，经后朝历代踵事增华，终成为江南古典园林的代表作之一，直至当今也发挥着巨大作用。此外还有如常熟虞山光禄亭，亭前有大杏一本，花特茂异，得以"杏花亭"之名，花时邑人游赏不绝。

　　这一时期官家园林比前朝兴盛，郡圃等对世人开放，具有一定的公共园林性质。宋代咏诵郡圃的诗词十分多，郡圃春晚、郡圃赏牡丹是当时较为流行的活动。此外，衙署里也多辟有园林。苏州长洲县治内设有岁寒堂、蟠翠亭等以植物命名的景点。其内主建筑的茂苑堂南侧移嘉木、修竹、植奇芳蕙草，上层乔木十分荫蔽；百花亭与茂苑堂中轴相对，周围遍植花木；南侧有竹径，通往绿筠庵，景色十分优

❶（南宋）祝穆、祝洙，《方舆胜览》，"西湖"条，见：（南宋）祝穆、祝洙，《方舆胜览》，上海古籍出版社影印上海图书馆藏宋咸淳二至三年（1266~1267年）刻本，1991年，第47页。（宋）吴自牧，《梦粱录》，见：（宋）吴自牧，《梦粱录·卷十二》，浙江人民出版社，1984年，第106页。

图2-7 宋代西湖十景（图片来源：作者改绘，底图引自网络）

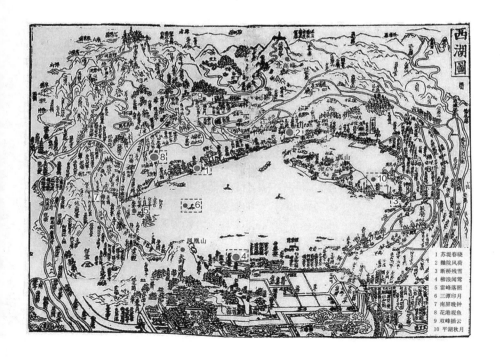

1 苏堤春晓
2 麯院风荷
3 断桥残雪
4 柳浪闻莺
5 雷峰落照
6 三潭印月
7 南屏晚钟
8 花港观鱼
9 双峰插云
10 平湖秋月

（宋）米友仁，《茂苑堂记》。

（宋）《延射亭记》。

清圣祖敕撰，《广群芳谱·
四十五》。

（宋）朱长文，《学校记》。

（宋）范成大，《行春桥记》。

美❶。吴县治主建筑西侧小山植松、桂，其上亭名为"松桂"以及"高荫"，点出此景之精髓。园内有圃，荫以佳木之清，畦以杂花之英，春华、暑风、秋英、冬霰皆有所宜，景致十分动人❷。扬州官家内有芍药厅，聚一州之绝品，丝毫不亚于龙兴寺和朱氏宅内芍药胜景❸，是一个芍药收集和展示专类园。

　　当时一些学校的园林化倾向也十分明显，如苏州府学植物景观十分精致，有以植物命名的十景，如辛夷、白干黄杨、公堂槐、鼎足松、双桐、石楠、龙头桧、蘸水桧等十景❹。从景名可以推测植有玉兰、瓜子黄杨、槐、梧桐、石楠、桧柏等主景植物，其中槐树、梧桐、松树对植于堂前，衬托学校治学严谨之氛围。园内有水景，旁植纵恣苍劲之桧柏，拂水而过，天趣横生。

　　一些私家别墅除每岁春月放人游玩❺，赏园内桃花、芍药、牡丹花繁盛景外，还在城内辟一些以花卉为主题的专类园供世人游赏，如朱勔在苏州阊门内北仓附近开设种植园，内栽盆花数千，供人游观。

2.4.5　宋代的植物景观特点

　　宋代是江南古典园林的成熟前期，这一时期在造园手法上趋于纯熟，特别是在植物景观的营造上，在前朝基础上出现了很多新的配置手法和造景手段，体量更为宏大，细节也更加精致，入景的元素也更多样化。

　　皇家园林承袭前朝自然山水园的手法，将更多的诗情画意写入山水园林。规模宏大的皇家园林占尽湖光山色，在这一时期的园内景观营造上多以观赏性强的主景植物作为景点，花木的季节变化成为组景的一个切入点，植物景观与游园活动广泛地联系了起来。宫闱花木，靡不荣茂，偏好花大、花繁、色艳的花卉，审美情趣更为戏剧化。以"赏大花"为主题的植物景观当时颇为流行，并针对这一造景主题出现了花台的展现形式，以一种隆重而焦点式的展示凸显其花卉之美，并对特定的花卉珍稀品种附名牌，可见自然美和人文美并重。重视植物的自然之美并注重情境的打造，常用的植物景色-情境手法是梅取"冷香"，桂取"清旷"，牡丹取"伊洛传芳"，芍药取"冠芳"，木香取"架雪、清新、香远"，竹取"赏静"，松取"天陵偃盖"，荷取"净心、载忻"之意，通过景点建筑题榜点景和提高植物景观的内涵。
对芳香主题植物的使用又达到新高度，除芳香植物种类上的
增多外，还以盆栽的形式结合风轮等来营造凉夏静心的氛
围，颇具巧思。植物景观的营造层次更加分明，如在"大
花"的主题营造上，有明显的庭院—建筑周边—室内的序
列，通过花台—盆花—室内插花逐步烘托主题，营造繁花盛
世的气氛（图2-8）。配置手法也十分细腻，花台赏景面后
方栽植白色花卉形成素雅的背景，突出花大色艳的前景；建
筑四周及墙角以整齐排列的盆花过渡；在近人尺度范围内通
过三层博古架插花将室外美景引入，层次分明，手法丰富。
此外，清雅的植物景观主题也在皇家园林中出现，如梅坡、
松竹菊径是常见的植物造景程式。

　　私家园林植物景观在这一时期也有较大的发展。文人造
园更成风气，这种园林一改以往府宅园林追求华丽壮观的旧
习，将隐逸山居的纯朴、雅致引入城市居宅。这个时期的城
市私园精致，郊野别墅相对粗犷而质朴。郊野别墅内的田园
风光是其独特的景致，不过生产性园圃较前朝更有景观化的
倾向，结合置亭、辟沼等提升其观赏性，并转设游赏道路。
园圃中除了种植经济性果林外，牡丹等观赏性花卉也广为栽
植，同时每花标其名，兼具科普性❶。对竹的偏好延续了下
来，周密《吴兴园林记》所描述的吴兴的宅园都是"园园
有竹"的。这一时期的私园几乎无园不有松亭（径）、竹径
（林）、梅岭（亭）、菊坡（蹊）等代表性植物景观程式，以
比德的手法彰显主人高尚的人格和人生之雅趣。与皇家园林
类似，题榜在这一时期成为园林风尚，不过私园建筑题榜的

❶ （元）陆友仁，《吴中旧
事》，见：《景印文渊阁四库全
书》第590册。

图2-8 南宋江南古典园林室内
插花作品（菊花、海棠、杏
花、芍药、牡丹、百合等）
（图片来源：引自《中国美术
全集》）

文化意蕴更为雅致，体现冲澹闲远之美，或达观豪迈、笑对人生的风范，或嘉遁而无忧之意。植物景观的命名上多以植物所内蕴的独特品质含蓄地点出景点主题，如凌寒（梅）、双清（松梅）、锦霞（海棠）、占春（四季花木）、霜林（柑橘）、云锦（荷）、碧琳（竹）、岁寒（松）等，不再以植物名称直接命名。除注重对植物人文内涵的阐发外，南宋私家园林的植物景观风格上较前朝更为雅致、空灵，在写实的基础上更为追求诗意，形成了诗化的写意风格，如梅花照水到"疏影横斜"的诗意描摹，可视为这一时期江南植物景观审美风尚的典型❶，将纯洁高雅的神韵、疏朗妩媚的画境都巧妙地通过梅花表达出来（图2-9）。

　　南宋江南植物景观特色及风尚的代表之作"桂隐泉林"的植物景观设计充分考虑到植物的生态特征、观赏性、时序性以及文化意蕴，配置手法多样而细腻。从整个庄园的植物配置来说，每个景点的主景植物突出，配景植物丰富；每个景点基本做到两季有景，个别景点的植物景观持续时间能达到6个月；突出对黄色、白色、红色等色系花的集中配置，突出色彩主题，同时也对同种花卉的不同花色的品种进行搭配，形成五色斑斓之景；对梅花、菊花等重点花卉，使用早花品种、中花品种到晚花品种的合理搭配，尽可能地延续观赏时间；使用了大量花相、花期近似的植物进行搭配种植，使整个景点的赏景时间延长；除了人工选育的观赏性很强的

❶ （宋）林逋，《山园小梅》。

图2-9 江南古典园林中梅花照水的意境（图片来源：引自《中国美术全集》）

花木外，对野生花卉辟专区，体现自然之趣；植物赏景层次丰富，从芽、叶、花、果到色、香、味再到意，是一个"景—情—境"逐渐升华的过程。

除了沿袭前朝深山古刹、幽静旷达之景外，城市寺观的园林化程度更高。个别寺院更成了专类花卉主题展示园，成为世人踏春赏花之胜地。植物景观在布置时以盛大、绝品为两个突出的特色：其一植物使用量以万计，占地规模以里（亩）记；其二对花卉名品的收集、培育、展示三者兼顾。这一时期的寺观园林面貌与前朝已大有不同，植物景观与私家庄园类同，更加世俗化，多以特色植物为重点观赏对象，以特定的植物营造"极乐世界"鲜花满地之感。从某种程度上来讲，寺院已经成为培育、保存、展示珍惜、观赏性强的园林植物的重要场所❶。

公共园林在这一时期的形式更为丰富。西湖已通过集称文化❷对风景名胜归纳、提炼，形成十景，其中植物景观占据了大多数，极具代表性，对后世直至今日也产生了深远的影响。其他如郡圃、衙署园林的植物景观特色与这一时期私园植物景观风尚类似。

这一时期，植物栽植、使用的方式更为多样，从地载、盆栽到室内插花、佩花❸都在园林中有所应用、实践，植物景观从视觉美、嗅觉美、听觉美、味觉美等多个角度融入整体景观以及赏园活动中。同时，江南地区还出现了专门的花卉交易市场，进行牡丹、芍药、梅花等名花的交易。植物栽培、养护技术的提高极大地促进了植物景观的发展❹。

宋朝江南园林中高堂广宅式的府宅园林仍在流行，园林景观完成了从自然山水园到写意山水园的转变，时人在或大或小的宅旁地里，就低开池浚壑，理水生情；因高掇山多致，接以亭廊，表现山壑溪涧池沼之胜。探园起亭，揽胜筑台，茂林蔽天，繁花覆地。这一时期的园林多以人与自然之亲切愉悦幽静的关系为意境，追求以"吟风弄月，饮酒赋诗，探梅煮雪，歌舞侍宴"为乐的风雅生活。在自然美的表现上，无论是园林布局，叠石掇山理水，还是植物造景，均有很大进步。造园者多根据对山水的艺术认识和对生活的追求，因地制宜地表现山水之真情和诗情画意的境界，注重园景的意、态、风、神，而非对于景物的细致写实的照搬。至此，写意山水园在江南地区得到了发展，植物景观营造中的

❶ 清圣祖敕撰，刘野校注，《御定广群芳谱》，吉林出版集团，2005年。

❷ 陈明松，《中华风景名胜集称文化的概念、源流与发展的研究》，见：日本国立环境研究所，《八景文化讲学》，2000年。

❸（宋）周密，《武林旧事·卷三》，"重九"条。在私家园林中，佩花也成为赏园活动的一项内容，如扬州韩琦、王珪和王安石、陈升之"四相簪花"以及欧阳修平山堂"坐花载月"。

❹（宋）周密，《武林旧事·卷五·湖山胜概》载，"杭州云洞园"；（宋）吴自牧，《梦粱录》载："钱塘门外溜冰桥、东西马塍诸园皆植怪松异桧，四时奇花。精巧窠儿多为蟠龙、飞禽、走兽之状。"可见树桩造型技术的高超和园内植物景观养护管理之精细。（宋）周密，《齐东野语·卷十六》专门有一条"马塍艺花"，说到堂花术，即通过花期调控，使牡丹、梅花提前开放。张镃的花园12月能赏兰花，应也属于低温温室促成开花。（宋）王观，《扬州芍药谱》载："朱氏当其花之盛开，饰亭宇以待，来游者逾月不绝。扬之人与西洛不异，无贵贱皆喜戴花，故开明桥之间，方春之月，拂旦有花市焉。"

景、情、境在具体实践中进一步得到了关注。

这一时期植物景观的主要特点如下：

（1）植物景观设计有从全园视角切入的成功尝试，按照时序性主题对全园植物景观进行了统一规划，各景点植物景观设计突出主题、意境。

（2）植物景观规模偏大，植物量少则百计多则万计；占地面积都甚为广大，多以亩计，注重成片效果。植物配置以丛植、群植成林为主，林间留隙地，奥幽见旷朗。

（3）植物景观设计中"比德"手法运用纯熟，以植物寓情，植物选择上注重"美善结合""高雅脱俗"。植物景观的设计多"物与神游，托物言志"，表达园主的知止知足，体现了园主自我欣赏、优游自足之情，抑或以山水自然来抚平其遭受的不公，这其实已超越了园林乃至植物景观本身的物质特性，植物景观的景、情、境兼顾。

（4）借助景物题署的"诗意化"获得植物景观的内涵和深意，常用的如通过建筑题榜升华植物景观的意境；结合植物的观赏特征进行诗意的主题命名。不同植物在这一时期拥有了特定的意境代名词，对后世产生了深远影响。

（5）植物景观中出现了一些程式化的设计，在园林中反复出现，其主题、形式及表达都已经相对固定。如突出格高韵胜的"松、竹、梅、兰、菊"主题植物景观；以某种植物的群体性栽植为主景或使用大规格、姿态奇峻者点景，如松亭（径）、竹径（林）、梅岭（亭）、菊坡（蹊）等模式；此外，如时序性，讲求佳美花木，四时皆有可观；芳香主题植物景观的表现形式在这一时期也有了精进。

（6）出现了花台的展示形式以及专类园（专类花卉主题展示园）——主题植物景观专类园，并有科普的功能。

（7）已有归纳提炼风景名胜的文化集成，植物景观占据很大的部分，如"西湖十景"。

（8）观赏植物成为造景主体，经济型植物所占比例缩小，生产的同时更注重游赏性。

（9）对野生花卉也进行了引种、利用和造景。

2.5　全盛期——元明清（1271～1911年）

经先秦两汉肇始，历经魏晋、隋唐、两宋的逐渐发展，江南园林在元明清三代终于进入全盛时期，特别是对私家园林而言，不仅数量空前，其园林风格、造园手法都日臻完善。进入元代以后，虽然受到政治动荡的影响，江南地区出现的园林仍然不少，但大多建于乡村，城市园林较少。究其原因主要在于当时元朝统治对城市的控制较严，而文人们又不愿生活在倍受歧视的环境之中，于是"山林隐逸"的思想将他们带到了城镇和乡村。到了明清时期，江南地区虽不是政治中心，但其经济中心的地位已不可动摇，此时，江南园林达到了最璀璨的全盛期，呈现出蓬勃发展的态势。明初，明令禁止修建园林，上行下效，明前期各地确无造园记录❶。明中期，禁令松弛，南京、苏州、杭州、绍兴等地兴起造园之风。明末，江南造园之风达到鼎盛，据记载，上海、吴县、太仓、昆山、嘉定、南京❷的园林不下50处，苏州累计260余处，绍兴园林近200处，未见著录的应远胜于此。清朝是江南古典私家园林走向成熟的时期，清前期扬州❸是园林兴盛之地，沿着瘦西湖布置有从市肆到山林的连串园林，无锡、苏州、杭州也多兴建园林。在同治、光绪年间江南古典园林中心逐渐转移到苏州❹，建造名园百余，且现存古典园林最多。

　　元明清三代的古典园林，建造量大，文献较多，又有园林可考，今人了解比较详细，因而在此主要是对植物景观研究进行较为完整的梳理，然后重点考察以植物景观为胜的名园，由此展开以点带面的深入研讨。

2.5.1　皇家园林植物景观

　　元明清三代，除明初定都南京外，其他时期政治中心均在北方。这一时期，江南皇家园林并不兴盛，主要是明初南京皇城的修建以及后朝皇帝巡幸江南时修建的行宫别苑，在此不做过多赘述。

　　明代南京徐达东园乃中山王徐达别业，明初为朱元璋禁私园。入口处以榆、柳等相夹，周围赏农田麦浪，沿路行复而开朗，植物风格较为质朴，通过建筑小品体现其繁复奢华。园内还有以柏树形成的柏门之景；竹林葱郁峭倩，夹峙成竹径；池边古树深深，"园之衡袤几半里，时时得佳木"❺。

❶《大明会典》《明史》《明太祖实录》等记载，"凡诸王公室，并不许于离宫别殿及台榭游玩去处；功臣宅舍，更不许于宅前后左右多占地构亭馆"。

❷（明）王世贞，《游金陵诸园记》载，明末寓居于此的士大夫营建的第宅园林就达36处之多。另据（民国）陈诒绂，《金陵园墅志》载，明朝南京有园林114座，清朝168座，极为可观。

❸《扬州画舫录》《浮生六记》。

❹ 据清同治年间《苏州府志》统计，清代的府宅园林就不下130余处，而仅以花木峰石稍加点缀的小型庭院，更是遍布街巷，多不胜数，故有"城中半园亭"之誉。

❺（明）王世贞，《游金陵诸园记》。

2.5.2 私家园林植物景观

私家园林在元明清三代的发展，仍可分为庄园别墅与城居宅园两大类，只不过，其风尚一洗奢靡之气，而转向淡泊闲适。

在庄园别墅营造方面，更加注重植物景观的多样化。元代由于政治原因，江南私家园林多建于郊野，府城中筑园者较少。苏州静春别墅，其幽闲佳胜，撩檐四周尽植梅与竹，珍奇之山石、瑰异之花卉，中有白花坊、春草池、浣花馆等诸景，其周田畴沃衍，一派田园风光；全园扶疏之林，葱蒨园圃，松筠橘柚，梅花万树，以粗朴之园景求"君子攸居"❶。卢氏山园中以"八景"为胜，以植物景观直接命名的有三处，如"柳涧啼莺""城湾古桂""吴岭梅开"。吴江同里万玉清秋轩轩间起楼阁，竹子是全园的种植基调。园内岁寒屏苍松劲郁，橘圃橘柚千株环绕，水面芳荷遍布；碧桐冈满庭荫绕，梧下结室读书偃息❷。常熟梧桐园中植梧桐百本，内有荷花池、海棠园，花木众多，青竹葱郁。花卉的展示方式也别具巧思。其中庭为下沉式，深四尺，通以小渠。无水时为庭，待荷花盛开时，蓄盆荷数百置于庭中，花满决水灌之，复入珍禽野草，一派荷塘美景❸。上海松江陶宗仪南村草堂颇具渊明遗风，草堂周围种菊花百本取"采菊东篱"之意，宅前屋后种桑、麻、竹，园中还有竹主居、蕉园、来青轩、蓼花庵、丰杨楼❹等以植物景观为胜的景点（图2-10）。其时，还有一些以植物景观为胜的私园，其内景观不再一一描述。

明代庄园别墅也颇为发达。苏州寄傲园颇具多处幽胜，尝厘为"十景"，其中以植物景观为胜的包括"问树乃称奇"的扶桑亭，花扉深不测的众香楼，隙地留移竹四婵娟堂，可从景名窥其园中植物之景，但雅趣尚欠❺。太仓陈符西畴园

❶（元）倪瓒，《耕渔图题赞》，见：（明）徐达左辑，《金兰集》，齐鲁书社，1997年。

❷（明）周叙，《题宁氏万玉清秋轩》。

❸（元）陶宗仪，《南村辍耕录》。

❹（元）陶宗仪，《南村辍耕录》《南村别墅十景咏》。

❺（明）刘珏，《寄傲园小景十幅仿卢鸿一草堂图诗自题》。

图2-10 元代南村别墅植物景观（图片来源：引自《中国美术全集》）

(a) 竹里居；
(b) 丰杨楼；
(c) 来青轩

(a)   (b)   (c)

内号有"八景"，望绿堂、玩莲溪、金橘圃、晚翠亭、梅花坞五景以植物为胜；其另辟居所南墅斋居亦有"八景"，植物为胜的景点与西畴不类，如耕耘亭、映雪斋、含香涧、宜秋径、万玉坡等，其名字更为诗意化，且注重植物与园内道路、溪涧等线状元素以及亭、斋、坡等点状元素的搭配。安隐园和且适园为大学士王鏊兄弟二人之园，都以橘作为全园栽植的基调，体现了趋同的个人植物审美情趣。安隐园场地基为农田，浚池理地，凿低做池，疏旁做堤，高处成园，景观颇具田园风光。且适园更加园林化，以楚颂亭赏橘，观稼轩临田，另有浣花泉、菱庵港、蔬畦、柏亭、桂屏、莲池、竹径等植物景观之胜参峙汇列。可见在园内植物景观的层次上，有主有次，有基调与特色植物之分，从借景农田景观到有意识地设计竹径，密植桂花成屏等，风格各异的植物景观兼备。唐寅桃花坞别墅四周开筑花圃，遍植桃花数亩，以大规模的桃花为全园基调植物，并营造出"花开烂漫满树坞，风烟酷似桃源古"的环境氛围。

弇州园植物景观一览			表 2-1
分区	景点	植物材料	配置手法
入口区	惹香径	竹、花木	密植
	楚颂（橘圃）	橘	列植
	小祇林此君亭	竹	密植
	清凉阁	榆、松（古树）	林植
	会心处	花木	群植
西弇	含桃坞	桃	群植
	弇山堂	花木	群植
	莲池	荷花	—
	琼瑶坞	竹、梅、桃、李	密植
	香雪径	梅	群植
	佛阁	花木、竹	群植
	丛桂亭	桂花	群植

续表

分区	景点	植物材料	配置手法
中弇	借芬含雪	梅花	林植
	荣芝阁	芳香植物	列植
东弇	娱辉滩	垂柳、梅（红）、海棠	群植
	嘉树亭	古树、桃、梅	群植

文学家、园林专家王世贞家族的园林也是当时著名的城郊庄园，其尤著者为太仓弇州园，取"弇"之仙境的含义，又名琅琊别墅。园广七十亩，建筑面积（佛阁、楼、堂、书室、轩、亭、修廊、石桥、木桥）占到2/10，土石[三山（弇）、一岭、洞、滩、流杯]4/10，水面3/10；竹为其种植基调，占到园面积的1/10，其内"宜花、宜月、宜雪、宜雨、宜风、宜暑"。园内依托既有山水骨架加以梳理，植物景观丰富，空间布局复杂，配置手法多样，按照园内分区与植物景观的关系整理为表2-1，不一一详述。总体而言，入口区以竹子与花木密植，辅以高丘，形成林树郁森，丛竹密蒙，花木深深之景，使人入园便感受到幽僻之意；西弇上有很多功能建筑，庭院、修廊、亭榭配以大量观赏性强的花木，如竹、桃、梅、李、桂花等，或以圃的形式大规模栽植，展示植物的群体美；中弇"尽人巧"，以奇石为胜；东弇"多天趣"，依托原始植被，结合占地甚大的溪涧，局部加以巧思点缀梅、海棠、柳、竹等❶。

与此同时，在城居宅园营造方面，也呈现出造园空间扩张的趋势。明时拙政园虽为城居住宅园，但其占地甚广，初期达到了200多亩。园中多隙地，积水稍加疏浚，环以林木，曲池茂树，风格朴素大方。明·文徵明在《拙政园三十一景图》以及《王氏拙政园记》题写道："凡为堂一，楼一，为亭六，轩、槛、池、台、坞、涧之属二十有三，总三十有一，名曰拙政园。"其中22处景色以植物景观为胜。若墅堂，堂之前为繁香坞，杂植以牡丹、芍药、丹桂、海棠、紫瑶❷诸花，赏春光烂漫千机锦，闻淑气熏蒸百和香，经看游蜂上下狂，正可谓"高情已在繁华外"；芙蓉隈岸多木芙蓉，……小沧浪亭南麓以修竹，池水于亭处水折而北，

❶（明）王世贞，《弇州山人续稿·卷五十九》，"约圃记""弇山园记""游潘顾诸园毕自题弇园"；（明）袁宏道，《园亭纪略》。

❷ 此处未见对该花的详细描述，瑶花是琼花的别称，且繁花圃中所植其他花木皆为花相繁茂之种，笔者据此猜测"紫瑶"是花形与琼花相似，花色为蓝紫色系的八仙花。

混漾渺弥，望若湖泊，夹岸皆佳木，其西多柳隩之景。水华池处林木益深，水益清驶，水尽别疏小沼，植莲其中，池上净深亭周美竹千挺，东侧待霜亭周绕柑橘数十本；听松风处长松数植，风冬泠然有声；来禽囿林檎百本，果林弥望；得真亭围缚尽四桧为幄❶；珍李坂位于亭后，其前为玫瑰柴，又前为蔷薇径；桃花沜，夹岸植桃，花时望若红霞；湘筠坞位沜之南，竹林潇潇连平岗；槐幄古槐荫数弓，树已十围❷，密阴径亩翠成帏；槐雨亭周松、榆、竹、柏所植非一，篁竹阴翳，榆樱蔽亏，有亭翼然临水；尔耳亭，叠石为山之处，显主人爱石玩石，特于盆盎置水石盆景，上栽菖蒲、水冬青❸以适兴；竹涧出于别圃丛竹之间，水流渐细；溪涧东侧有瑶圃，其内江梅百株，花时香雪烂然若瑶华，望如瑶林玉树，圃中有嘉实亭❹。由文徵明的描述可见，拙政园以池水为中心，迂回曲折，水系形式多样（池、坞、沜、涧），组景依水而建❺（图2-11a）。植物景观的体量较大，多成片植；或使用大规格的乔木使其成景；花灌木应用多，有主题花径的应用形式。明时的园林植物景观格局及主题为其后漫长的演变史打下了基础，植物景观虽变化很大，但几个主要景点在建园初就已经作为一个主题得到了传承，不过造景素材有所变化，如嘉实亭赏的是梅子，与后赏枇杷之景不同，净深亭赏竹，后为雪香云蔚亭赏梅之处。

　　此后，原来浑然一体、统一规划的拙政园逐渐演变为花相独立、各成格局的三个园林，各有其胜。明崇祯年间，园东部已荒废的十余亩归王心一，悉心经营为归田园居，建有秋香馆、芙蓉榭、泛红轩、兰雪堂、漱石亭、桃花渡、竹香廊、紫藤坞、放眼亭、饲兰馆、延绿亭、涵青亭、紫薇沼、杏花涧、想香径、奉橘亭、红梅坐、竹香廊、聚花桥、杨梅隩、竹邮等以植物景观为胜的景点，园内荷池广袤四五亩，墙外别有家田❻。从其园名以及植物景观的主题可以看出当时是清雅精致，兼具田园风光的。清顺治年间园中、西部引入"宝珠"山茶三四株，为江南仅见。在其后的漫长发展过程中，园主屡有变动，清康熙年间又大兴土木，易置丘壑，园内面貌与文徵明图记中所述已大为不同，建筑等硬质景观的比例大有增加，但整体风格上还是延续了"水木明瑟旷远，有山泽间趣"的特点❼。康熙年间山水格局与林野意趣还是延续了明时的风貌❽，清晚期亦一脉相承❾（图2-11b），大体格局延

❶ 取左太冲《招隐》"竹柏得其真"之意。

❷ 围是量词，为两只胳膊合拢来的长度，可见树的规格相当之大。

❸ 水冬青为水蜡，即小叶女贞。(明)文震亨《长物志·盆玩篇》载："……又有古梅，苍藓鳞皴，苔须垂满，含花吐叶，历久不败者亦古。又有枸杞及水冬青、野榆、桧柏之属，根亲龙蛇，不露striking缚锯截痕者，俱高品也。"见：(明)文震亨撰，陈植校译，杨超伯校订，《长物志校注》，江苏科技出版社，1984年，第95页。

❹ 取(宋)黄庭坚《古风》"江梅有嘉实"之意，以次山名韵。

❺ (明)文徵明，《王氏拙政园记》《拙政园三十一景图咏》。

❻ (清)王心一，《兰雪堂集》载，"和归田园居五首"。

❼ 清康熙年间《长洲县志》载："二十年来数易主，虽增葺壮丽，无复昔时山林雅致矣。"

❽ (清)恽格，《瓯香馆集·卷十二》载，画家恽格自题"拙政园"。陈从周先生在《说园》中认为："南轩为倚玉轩，艳雪亭似为荷风四面亭。红桥即曲桥。湛华楼以地位观之，即见山楼所在，隔水回廊，与柳浪路曲一带出入亦不大。"

❾ (清)王鏊，《拙政园图》。

(a)　　　　　　　　　　　　　　　　　　(b)

图2-11 明清时期苏州拙政园
景观风貌变化（图片来源：引
自《拙政园志稿》）

（a）明嘉靖年间；
（b）清咸丰年间

续至今。清同治年间善书画的张之万经营修整后，渐复旧观，有远香堂、兰畹、玉兰院、柳堤、东廊、枇杷坞、水竹居、菜花楼、芍药坡❶等景点。从明至清，植物景观虽然有了很大的变化，但造景主题基本得以延续，并得到了发展，主要使用的植物材料种数查重后达到35种，值得一提的是，其中部较好地保持了明时疏朗闲适的风格，西侧补园则可视为是清时风格的体现，相对纷繁奢华而精致绮丽（表2-2）。

　　明时艺圃名醉颖堂，"地广十亩，屋宇绝少，荒烟废沼，疏柳杂木，不大可观"❷。明万历年间文徵明后人居此改为"药圃"。清初经姜埰修葺，易名"艺圃"，其内建筑秀丽、水面宽广、树木幽深、山石陡峭、鸟语花香，如世外桃源，苏州文坛及书画名流常于此诗酒流连、绘图题咏❸。时人对艺圃的记录甚为详细，共载房、楼、堂、轩、馆、廊、亭、斋、阁等大小建筑共17处，兼具居住、待客、祭祀、念佛、教学、研究、纪念、赏景等不同功能。园内大致分为三个部分，即住宅区、方池与山体，入门区有长径，梧桐数本夹峙，桐荫匝地，直达宅园区。住宅西侧有方池二亩许，池中莲、荷、蒲、柳甚茂。池北侧为念祖堂，堂前为广庭，左侧畅谷书堂又名爱莲窝，堂后为读书乐楼，名香草居，两者是园主绘画、读书、讲学、私塾所在。敬亭山房为园内主建筑之一，其北为六松轩。南部为山体，其上有朝爽台。山麓水涯，群峰十数，山之西南，植枣数株，设思嗜轩，安节构以思其亲❹。

❶（清）李鸿裔，《张子青制府属题吴园图十二册》诗。

❷（清）姜埰，《颐圃记》。

❸（清）汪琬，《姜氏艺圃记》载："马蹄车辙日夜到门，高贤胜境交相为重。"

❹（清）汪琬，《姜氏艺圃记》《艺圃后记》《艺圃小游仙六首》《艺圃十咏》《思嗜轩诗并序》《艺圃小游仙六首》《艺圃竹枝歌四首》。

明清时期苏州拙政园植物景观的演变发展

表 2-2

朝代	年号	植物景观	全园			备注
			西部	中部	东部	
明	嘉靖	植物景点	芙蓉隈、繁香坞、倚玉轩、柳隩、水花池、净深、待霜、松风处、来禽圃、得真亭、珍李坂、玫瑰柴、蔷薇径、桃花沜、湘筠坞、槐幄、槐雨亭、芭蕉槛、竹涧、瑶圃、嘉实亭、芭蕉槛			清顺治以前，园景大都为拙政园之旧，在"文徵明三十一景"基础上有所增加、修葺
		植物材料	松、桧、柳、丹桂、海棠、八仙花、橘、苹果、李、桃、槐、榆、江梅、小叶女贞、木芙蓉、玫瑰、蔷薇、牡丹、芭蕉、芍药、菖蒲、荷花（红、白）、竹			
	崇祯	植物景点	—	—	秫香馆、芙蓉榭、泛红轩、兰雪堂、漱石亭、桃花渡、竹香廊、紫藤坞、放眼亭、饲兰馆、延绿亭、涵青亭、紫薇沼、杏花涧、想香径、奉橘亭、红梅坐、竹香廊、聚花桥、杨梅隩、竹邮	
		植物材料	—	—	水稻、木芙蓉、荷、松、桂、玉兰、梧桐、梅、柳、竹、杏、桃、李、海棠、杨梅、紫薇、山茶、橘、牡丹、芍药、紫藤[1]	
清	顺治	植物景点	宝珠山茶三四本[2]		—	
		植物材料	山茶		—	
	康熙	植物景点	斑竹厅		—	大兴土木，建高宅广邸
		植物材料	桧、柏、槐、柽、木芙蓉、竹、荷		—	
	同治	植物景点	—	—	—	
		植物材料	—	—	—	
	光绪	植物景点	十八曼陀罗花馆	—	—	
		植物材料	山茶	—	—	

① （清）王心一，《兰雪堂集》载，"和归田园居五首""放眼亭观杏花"；范烟桥《拙政园志》载，"游王元渚司寇园留饮兰雪堂即事"。

② （清）吴伟业，《梅村诗集》载，"咏拙政园山茶花并引"；（清）陈维崧，《湖海楼诗集》载，"拙政园连理山茶歌"。

❶ 明崇祯年间《吴县志》谓，艺圃"林木交映，为西城最"。

从其变化脉络上看，今日"艺圃"布局、景观和地位在文氏有园时奠定❶，姜垛在其基础上，充实了园景的文化内涵，景点开朗自然，手法古雅，其内植物景观风貌大气，疏朗质朴，保持了明时风貌（表2-3）。

明清时期苏州艺圃植物景观的演变发展　　表2-3

| 朝代 | 年号 | 全园 | | | 植物材料 | 备注 |
		住宅区	方池	山体		
明	嘉靖	—			柳、杂木	时名醉颖堂①
	万历	青瑶屿、药圃②			柳③、琼花、芳香植物、药用植物	药圃，又名清瑶屿
清	康熙	香草居、六松轩	—	—	梧桐、芳香植物、松（住宅），柳、莲、荷、蒲、枣（山体）	—

① （清）姜垛，《颐圃记》。

② "药圃"之"药"，古读作"yue"（音同悦），是指一切气息芬芳可用来制作香料的草本植物；以"药圃"命名园林也体现出园主所向往的高洁情怀。

③ （清）姜垛，《疏柳亭记》。

明代苏州水景园梅花墅全园皆水，以竹子为基调进行植物种植。水畔垂杨修竹，倒影水中；环水为廊，长廊隔水，内外种竹，风吹竹响，日映水先；竹子在种植时，注意掩映关系、节奏及其透景，断续蔽亏，不能尽见。全园整体的种植格局清雅，春夏清和妍美，秋冬萧瑟；一川碧绿，烟霜着于竹林，花实比之云霞，池水明净，涵星漾月。南京万竹园同样以竹为栽植主题❷，园内修竹篁篁，杳然异境，颇具山林野趣。江苏仪征寤园和南京石巢园❸乃明代著名造园家计成所设计与施工，前者有柳淀等水畔美景；后者园内"资营拳勺，亭台园圃，蓄声伎以自娱"❹，园中老树小池盎然古趣，阮大铖作诗自咏园景云："春深草树展清荫，城曲居然轶远岭。"

扬州影园亦是计成名满江南的佳作❺，全园以水池为中心，湖中有岛，岛中有池，"前后夹水，隔水蜀岗蜿蜒起伏，尽作山势环四面柳万屯，荷千余顷，蓬苇生之水清而多

❷《金陵琐志》云："幽篁成荫，群鹭飞翔。"《杏村诸园诗》云："古树深篁杳然异境。"

❸（清）甘熙，《白下琐言》。

❹（明）阮大铖，《园冶·冶叙》。

❺（清）郑元勋，《园冶·题词》。

鱼，渔掉往来不绝"。园内花草繁茂，对于植物景观极为重视，园地处柳影、水影、山影之间而故名（图2-12）。园景梦幻逸趣，意境极美，极富水乡野趣。园子周界遍植桃柳，入口密林区应用地形夹峙以及植物的巧妙栽植形成了极为荫蔽的环境和一个内向空间，转入开阔区后一派鸢飞鱼跃之景，豁然开朗。庭院中植物材料丰富，包括观赏性极强的木本以及各类草花，以备四时之色（表2-4）。在山石与植物的搭配上颇具心得，如在半浮阁水畔石隙植兰、蕙、虞美人、良姜、洛阳❶等观赏性甚强的草花；曲廊庭院中读书阁前奇石上植桂，岩石下植牡丹、垂丝海棠、玉兰、宝珠山茶（黄、白、大红各色）、磬口蜡梅、千叶石榴、紫薇、香橼等，一派四时花繁之景，奇葩异卉，馨馥满庭。媚幽阁三面临水，一面石壁，壁上对植虬曲纤细松二，取画意，壁下石洞旁皆大石头，石隙散植五色梅，洞中一孤石立于树中，梅亦就之。通过松、梅姿态、色彩的搭配，形成了一幅前景、中景、远景层次分明，中心景观突出的清幽之长松梅石图❷（图2-13）。

❶ 洛阳花即牡丹花，名见：清圣祖敕，《广群芳谱》。

❷ （清）李斗，《扬州画舫录》；（清）郑元勋，《影园自记》。

图2-12 影园复原平面图（图片来源：引自《中国古典园林史》）

图2-13 长松梅石图（图片来源：引自《中国美术全集》）

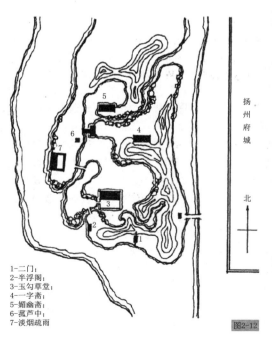

1-二门；
2-半浮阁；
3-玉勾草堂；
4-一字斋；
5-媚幽斋；
6-孤芦中；
7-淡烟疏雨

图2-12

扬州府城

北

图2-13

扬州影园植物景观一览

表 2-4

分区	景点	植物材料	配置手法
入口区	小桃源	桃、柳	密植
	入口密林区	松、杉、梅、杏、梨、栗	密植
	入口开阔区	荼蘼（花架）、芦苇、竹	孤植、群植
	园门前小庭院	梧桐	列植
	柳堤	柳	列植
水池区	玉勾草堂	海棠	对植
	半浮阁	木芙蓉、梅花、玉兰、垂丝海棠、桃、兰、蕙、虞美人、良姜	群植
	池中	荷花	—
庭院区	曲廊庭院	桂花、牡丹、垂丝海棠、玉兰、宝珠山茶（黄、白、大红各色）、磬口蜡梅、千叶石榴、紫薇、香橼	群植
	菰芦中	芦苇	群植
	媚幽阁	油松、梅花	对植、群植
	藏书室	芭蕉	群植
		桫椤	孤植
		海棠	林植

园林景域少用游廊等建筑进行围合，依据山水形胜，充分利用立地条件，借用山水、植物划分空间，如柳堤连接了入口区和庭院区，在水面区形成一个过渡。此园整体恬淡雅致，正所谓"略成小筑，足征大观"。

清代城市宅院中所用的植物种类十分丰富，特别是观花植物。苏州廉石山庄，除应用了大量的竹外，木本类有松、柏、梧桐、楸树、榆、枫、桑❶、桂等，以及观赏性强的海棠、山茶、杜鹃、蔷薇、玉簪、芍药、木芙蓉等，园圃中还有桃、梅、枣、梨、石榴、橘、枇杷、葡萄、香橼等果木；草本类有萱草、艾草、菖蒲、藿香、马兰、薄荷、蓼，其中还有水生植物荷花、萍、荇菜等，共计30多种❷。植物种类多样，层次丰富，观赏和生产功能兼具。春晚夏初，树林阴翳，浓绿如幄，秋冬雪月交映，虚室生明。坐而听鸟声、蝉鸣、折竹声、络纬声、池鱼喋喋声，可以陶性情、助啸咏，如赠如答而莫知其所以然。清代网师园中"芍药之盛，可与

❶ 桫、栋待考，"桫"笔者疑为桫椤。

❷（清）张大纯，《姑苏采风类记》。

扬州尺五楼相埒"❶。《游金陵诸园记》中所载35处园林皆遍植花木，西园"花木聚植如障，有夭桃、丛桂、海棠、李、杏数十百株"；魏公西圃种海棠、古梅、碧桃，"春时烂漫若百丈宫锦幛"；徐九园内植牡丹十余种，花开时邀士绅为花会；同春园中"多牡丹、芍药，当花时，烂漫百状"；杞园庭中"牡丹盛开，凡数十百本，五色焕烂若云锦"；芍药圃中，"其花盖三倍于牡丹，大者如盘，白于玉，赤于冠，裛露迎飔，娇艳百态"，另有"茉莉数百株，建兰十余棵"❷。

　　南京私家园林还"以树木多而且长大为胜"，其最贵重者为天目松、栝子松、罗汉松、观音松、娑罗树、玉兰、西府海棠、垂丝海棠、楸桐、银杏、龙爪槐、频婆、木瓜、香橼、梨花、绣球花、绿萼梅、玉蝶梅、碧桃、海桐、凤尾蕉，"南都诸名园，故多名花珍木，然备此者或罕矣"❸。其中最负盛名的随园运用自然地形，因势造景，凭借山势将园子分为东西向北山、南山、中溪三条平行景区。南山有古柏六株，互盘成偃盖，因之缚茅，称为"柏亭"。又有"六松亭"，也是松树枝干结成。水源发自西山，向东流至北门桥，水上有闸、堤、桥、亭，水中植荷莲。园西北乃"小香雪海"，其内"有梅五百株，摹拟罗浮邓蔚"。位于随园中心位置"南台"上的银杏干粗十围，依树构架，称"因树为屋"。从古人的描摹中可以看出，其全园植物景观"因园中四时皆花，益以虫鸟之音，雨雪之景"❹（图2-14）。

❶（清）钱泳，《园林·瞿园》，见：（清）钱泳撰，张伟点校，《履园丛话·卷二十》，中华书局，1979年，第526页。

❷（明）王世贞，《弇州山人续稿》，见：《游金陵诸园记》。

❸（明）顾起元，《客座赘语·卷一·花木》。

❹（民国）陈诒绂，《金陵园墅志》谓："因园中四时皆花，益以虫鸟之音，雨雪之景。"

图2-14　清代随园植物景观（图片来源：引自《鸿雪因缘图记》）

2.5.3　寺观园林植物景观

❶（明）吕常，《圆照庵记》；
（明）沈周，《目澜洲》。

元代苏州圆照庵园四面环水，园内四周为溪流，遍植荷花❶，园内竹林繁茂。可见当时寺庙园林更加世俗化，规模较小，深植于村庄中，同时也是冶游园林，文人墨客皆有题咏，正可谓"径可逾丈，广才容刀，烟水弥望，崔苇杂生，树皆绝奇，竹亦尽苦"。

❷（清）欧阳玄，《狮子林菩提正宗寺记》。

❸（明）王彝，《王常宗集·卷补二·狮子林记》。

元代狮子林也是当时天如禅师谈禅静修之处，为菩提正宗寺的一部分，是寺院与宅院结合的典范。"林有竹万个，竹下多怪石"❷"寺左右前后，竹与石居地之大半，故作屋不多""狮子者，林之一峰，如其形，故名，而其地，特隆然以起为丘焉。杂植竹树，丘之北洼然以下，为谷焉，皆植竹，多至数十万本"❸。可见园中竹子使用量大，园景以竹石为胜。除此之外，还有指柏轩、问梅阁、禅窝、五松园、修竹谷诸胜，与主题植物紧密相关（图2-15）。

苏州戒幢律寺（西园寺）于光绪年间重建，其中园林部分在寺庙之西侧，园景开敞，园中放生池水景开阔，植有莲花，誉"西域莲池"。池东设有苏台春满四面厅，几晴窗

图2-15　明代狮子林植物景观
（图片来源：引自《中国古典园林史》）

明，柳絮飘摇，花木掩映。宝林寺早期园林特色并不突出，明正德年间（1506～1521年）日渐显著，有栟榈●径、梧桐园、水竹亭、蕉窗、薜萝庵、山茶坞六处以植物景观为胜的园景。花木种植层次分明，如山茶坞上层乔木密植，林下郁闭度极大，山茶夹道而植，道路弯曲，一派"花深晚径迷"之景。水竹亭充分利用立地条件，清流环四周，修竹婷婷倚于亭侧，芭蕉植于窗前，疏棂大叶垂，形成美丽的框景❷。

光福司徒庵的园林以寺庙东侧四株千年古柏之"清、奇、古、怪"为胜。时人对这四株古柏多有咏诵，状其形，歌其神。"清者，碧郁苍翠，挺拔清秀；奇者，主干开裂，树干中空；古者，纹理纡绕，古朴苍劲；怪者，卧地三曲，状如蛟龙"❸，文人多借此感叹大自然的造化之美，以及从中获得历劫不磨的精神启迪。与此呼应的是，赏柏厅外有一株千年黄杨，枝丫蓬松，绿野婆娑，娉婷苍翠，亦是园中一胜。此外，沿墙栽植花木修竹，杂花绿野，园景苍古又不失清新幽雅。

苏州元和山居为一道观，粉墙高竹，高阁长松，松篁郁荫，园景清雅。昆山清真观则以放生池为中心，景观疏朗。园内以桂花为基调，亭台边清风绕匝，竹径通幽，并植有薄荷。竹洲馆临水，竹林摇曳，玉皇殿后植有银杏，高可参天❹。法雨庵乔木森森，石竹林立，莲花出水，清净利于休沐。

部分佛寺还是一些优良观赏植物的收藏、培育基地，如时人前往嘉兴濠股塔院访菊，住持道吾善植菊，所植皆秘种，如"'玉甲''西施''披金''紫绒'等，皆秘不示人"❺。

2.5.4　公共园林植物景观

苏州玉山草堂是当时与兰亭、金谷、西园（河北邺城邺宫）齐名的文人雅集之地。"其幽闲佳胜，撩檐四周尽植梅与竹，珍奇之山石、瑰异之花卉，亦旁罗而列"。其中形成了以亭馆为中心的二十四景，其匾额题卷皆为名公巨卿高人韵士口咏手书，不少亦以植物景观为胜，如"桃源""芝云""碧梧翠竹馆""种玉亭""浣花馆""春草池""雪巢""绿波亭""绛雪亭""百花坊""柳塘春""金粟影""寒翠所"诸胜❻，可见园内桃花、梧桐、竹、梅、柳、桂、荷花等葱郁繁茂。此外，惠山也有茶会一类的文人雅集，从文徵明所

❶ 栟榈即棕榈。

❷ （明）沈周，《宝林寺十咏》。

❸ （清）孙原湘，《司徒古柏》。

❹ （明）黄云，《重建竹洲馆记》，见：清光绪年间《苏州府志·卷四十三·昆山寺观》。

❺ （明）李日华，《味水轩日记·卷七》，万历四十三年（1615年）九月二日、十二日、十四日、十五日条。见：（明）李日华，《味水轩日记》，上海远东出版社。

❻ （元）郑元祐，《玉山草堂记》。

图2-16 惠山茶会雅集中的植物景观 [图片来源：引自中国画名家经典画库（古代部分）——文徵明]

绘图中可见其境之幽，与长松相伴（图2-16）。

　　一些著名的私家园林此时也保持了对公众开放的习惯，如南京随园是当时金陵人每到春秋吉日必去的郊外游玩之处❶。可以说，随园虽然是一私家园林，但也兼顾了公共游览地的功用。与此类同的还有苏州五亩园，其地处桃花坞片区，也是吴中人士踏春游赏之处。

　　此外邑郊公共园林也在江南地区得到了很大的发展，南京、扬州、常熟、平湖等地都以其优美的自然山水环境形成了各自独特的集景。其中多有以植物景观为胜的，如著名的南京金陵十八景中的桃叶渡❷；扬州长堤春柳、荷蒲熏风、临水红霞、梅岭春深、绿稻香来、平冈艳雪等❸；常熟虞山十八景星坛七桧、吾谷枫林、三峰松翠、藕渠渔乐、桃源春霁等❹。读书台下榆、榉、朴、栎环绕，古木葱郁。吾谷枫林以大量密植的枫香景观为胜，风景林在当时就已是世人咏诵的对象。

2.5.5　元明清时期植物景观特点

　　明清时期江南皇家园林发展止步，私家园林蓬勃发展，将江南园林推向了最高潮，并使其成为江南园林的代表。造园技法纯熟，造园理论开始有系统性的总结，在植物景观的营造上从大气、疏朗、质朴逐步到精致，层次丰富，月澄雪霁，文字不足为道。总体而言，明代园中植物景观占有较大面积，常通过栽植形成屏、幄、帐幕等，或替代建筑，或分隔空间，且追求植物景观粗朴之风貌，不求华丽❺。到清代，这种种植方式逐渐消失，园内建筑面积逐步增加，起到

❶（民国）陈诒绂，《金陵园墅志》。

❷ 明代文徵明曾绘有《金陵十景册》，文伯仁亦画有《金陵十八景册》。

❸（清）李斗，《扬州画舫录》。

❹ 诸景记载见：（明）桑瑜，《常熟县志》；（明）邑人胄，《虞山杂咏》；（清）王鉴，《虞山十八景诗》；《虞山八景诗》[（清）邓琳，《虞乡志略》所载]。

❺（明）袁宏道，《袁中郎全集》，见：《四库全书存目丛书·卷八·园亭纪略》，集部第174册，明崇祯二年（1629年）刻本。

分割、组织空间的作用（图2-17）。

图2-17 清代江南古典园林中植物与建筑院落空间的关系（图片来源：引自《中国美术全集》）

就植物材料应用而言，观花植物在园景中占有极其重要的地位。植物种类更为丰富，还有从外地引进的名木异卉，如木莲（苏州集贤圃）、红豆树（常熟虚廓园）。吴江谐赏园中有美蕉轩，植有从福建引入的美人蕉。此外，观赏草花类在明清时期得到了广泛应用，在园林中或做主景单独设庭观赏，或结合山石、水岸应用。设计中还注重植物的生态习性和观赏性，如以高达葱郁的玉兰与梧桐树冠为幄，为牡丹台提供侧方荫蔽（苏州集贤圃）。

就栽培手法而言，设计更为细腻。如常用的"间植"手法，除承前水畔桃柳间植以求"桃红柳绿"外，还搭配有花色、花相、花期相近的植物，如樱桃、梅花、海棠（苏州集贤圃），延长观赏期，形成色彩层次。此外，还间植梅（红）、竹、柏、枫（常熟虚廓园）等，使得水畔之景四时可赏。植物主题展示园也得到了发展，除花卉类的专类园外，还出现了以斑竹（湘妃竹）为主题的庭院（苏州湘云阁），赏湘妃竹布地成纹，斑斓陆离，如锦缀绣错。

郊野庄园延续前朝大气质朴的风格，进一步将田园风光、山水形胜更巧妙地利用起来，将生产性的园圃园林化，如使用低矮的豆类植物做地被（常熟小辋川）。大部分庄园以竹、梅、橘等观赏性佳又具有经济性的植物做基调种植，部分景点以特色树种再行着力打造，园内植物景观有主有次，主景突出。城市宅园多注重园主心理感情的抒发，植物景观丰富且富有人文内涵。

私家园林中八景、十景、二十四景、三十二景在明清时期颇为流行，造园时多以此进行命题式样的造景。"八景"多将植物景观与四时之"暮雪、夜雨、秋月、晴岚"等自然现象巧妙联系，体现了中国古典园林中人与自然的和谐观以及对"天人合一"的追求。从八景文化的兴盛中可以看出，随着社会的发展变化，纷繁多样的"八景"按照江南的造园传统进行提炼布局，以高度概括且熟练的手法将不同景点糅融于山水，掩映于山水，使江南园林地域文化特色也通过这一形式积淀了下来（表2-5）。

明清时期江南园林中的"八景"文化　　　　　　　　　　　　　表2-5

园林类别	园名	地点	八景[①]景名		备注
			以植物景观为胜的景点	其他景点	
私家园林	卢氏山园	苏州	柳涧啼莺、城湾古桂、吴岭梅开	越溪春水、分水钟声、上方塔影、石湖秋月、横山雪霁	
	寄傲园		扶桑亭、众香楼、四婵娟堂	笼鹅阁、斜月廊、螺龛、玉局斋、啸台、绣袂堂、旒檀室	
	真适园		寒翠亭、香雪林、芙蓉岸、蔬畦、菊径、稻塍	苍玉亭、款月台、湖光阁、鸣玉涧、玉带桥、涤砚池、太湖石、莫厘巘	
	惠荫园		柳荫系舫、松荫眠琴、林屋探奇、藤厓仁月、荷岸观鱼、棕亭霁雪[②]	屏山听瀑、石窦收云	
	拙政园		芙蓉隈、繁香坞、倚玉轩、柳隩、水花池、净深、待霜、松风处、来禽囿、得真亭、珍李坂、玫瑰柴、蔷薇径、桃花沜、湘筼坞、槐幄、槐雨亭、芭蕉槛、竹涧、瑶圃、嘉实亭	梦隐楼、若墅堂、小飞虹、小沧浪亭、志清处、意远台、钓䂬、怡颜处、尔耳轩	文徵明三十一景
	邓尉山庄		静学斋、蔬圃、杨柳湾、梅花屋、竹居	思贻堂、小绉云、御书楼、月廊、澹虑簃、读书庐、钓雪潭、金兰馆、石帆亭、索笑坡、听钟台、春浮精舍	
	西畴	太仓	望绿堂、玩莲溪、金橘圃、晚翠亭、梅花垅、万玉珠	佳肴馆、来鹤轩、	都为陈符所建
	南墅斋居		耕耘亭、映雪斋、含香涧、宜秋径、万玉坡	心远楼、适趣亭、西畴不类	

续表

园林类别	园名	地点	八景①景名		备注
			以植物景观为胜的景点	其他景点	
	东庄		雪浪轩、嘉树园、幽胜处、秋水亭③	丰乐堂、延辉堂、昼锦堂、秋风径	
	沧江别墅	张家港	段山浮翠、令节乔林	月浦渔歌、烟村牧笛、海门帆影、沙渚鸥眠、潋滪潮声、斜桥鹤鸣	
	东皋草堂	常熟	桃堤柳障、菊圃香城、竹林禅诵、回廊香雾、蓉溪泛棹、别蒲蒹葭、春涨流红、雨窗观稼、茜野浮觞、梧桐踏月、带雨春耕、菊花张灯	中流塔影、虹桥醉月、画桥烟雨、绀阁香灯、湛阁听莺、草堂观画、水槛乘凉、东楼月上、野鹤鸣皋、修鳞越浪、静夜潮音、茅舍村谈、秋砧霁月、烟艇垂纶、西岭云生、雨沐郊林、翻波夕照、肃霜秋护④	
	拂水山庄		香山晚翠、秋园耦耕、月堤杨柳、梅圃溪堂、酒楼花信	水阁春岚、锦峰清晓、春流观瀑⑤	
	僻园	南京	万竿苍玉、双株文杏、锦谷芳丛、金粟幽香、高阁松风、方塘荷雨、桐轩延月、梅屋烘晴、	春郊水涨、夜塔灯辉	
寺观园林	宝林寺	苏州	枰桐径、梧桐园、水竹亭、蕉窗、薜萝庵、山茶坞	煮雪寮、停鹤馆、方塘、石桥	

①　如前所述，陈明松先生谈到的八景文化，其中"八景"是一个代名词，而非数量概念，"八景"包括"十景""十二景""二十四景""三十六景""七十二景"等，是一种对园林景观的归纳，这种现象称为"八景现象"。

②　《惠荫园八景图序》，见：魏嘉瓒，《苏州历代园林录》，燕山出版社，1992 年，第 129 页。

③　（明）龚翊，《幽胜处》《秋水亭》。

④　（明）瞿式耜，《东皋三十景》。

⑤　（元）瞿纯仁，《自题山庄八景》。

明中叶以后，江南地区的文人更加追求"心性之学"，讲求思想解放。在对文学、绘画、诗词歌赋等传统艺术进行创新的同时，对花卉果木、禽鱼鸟兽、器物珍玩、饮食起居等寻常事物也有所迷恋。文人雅士将其生活情趣倾注于园林设计中，将文人生活、情趣、审美与园林设计紧密地联系起来，使得园林的艺术性和理论性在这一时期有了长足的发展。

这一时期植物景观更为精致，从注重植物成片效果的感官审美发展为注重细腻的官能感受和情感色彩的捕捉，着力打造植物景观的姿态、韵味、情感、时空感，将南宋时期诗意的写意风格加以延续、发展并融糅元代文人画的气韵、意兴。

在植物景观的营造中，更为注重整体关系、文化内涵以及景观意境，追求自然美和人文美的和谐统一，以"虚实相生"的艺术手法于方寸之间描摹自然之"神"。可以说明清时期是江南古典园林植物景观集大成的时期，继承与变革并存。前朝历代景点植物景观的造景主题、文化内涵、造景手法等相对固定成程式，并在当时的园林中得以广泛应用和发扬，如"益者三友之蹊"、菊坡、梅坞/岭❶、七松草堂（明吴江朱氏园）、五松园等。

明·石涛《画语录》谈道："我之为我，自有我在，古之须眉不能生我之面目，生我肺腑，不能入我之腹肠；我自发我之肺腑，扬我之须眉。"明·计成在《园冶》中也十分看重"臆绝灵奇""独抒性灵"。（清）李渔于《闲情偶寄》中强调："以构造园亭之胜事，上之不能自出手眼，如标新创异之文人，下之至不能换尾移头，学套腐为新之庸笔，尚嚣嚣以鸣得意，何其自处之卑哉。"这些都凸显了对创新以及个性、独到之处的推崇。可见明清江南造园大家以及广大的文人在大量的造园实践中，将植物景观营造推向了创新的方向，如李渔颇为得意的"尺幅窗""无心画""梅窗""承物便面""缩地花"❷以及私园中出现的干湿两用场地（常熟梧桐园）、浮岛型大型栽植（常熟南皋别业），展示方式都颇具巧思（图2-18）。当时文人将莳花作为高雅的生活方式之一，强调个性，根据园主的志趣及花木的"性情"来设计，体现较为强烈的个人雅趣。从史料记载中可以看出，著名之园林千园千面，植物景观的重复性较少，除有"古意"的经典程式外，还出现了很多体现园林立地条件以及园主情趣的植物景观。如影园从全园布局上以"柳影、水影、山影"❸三影融糅为立意主旨，园林景域充分利用山水，特别是利用植物分隔空间，尽可能地减少建筑面积；留园（寒碧山庄）以白皮松之干来表达"寒碧"之主题，跳出常规使用松、竹来表达的桎梏。

❶《论语·季氏》云："益者三友，损者三友。友直，友谅，友多闻，益矣。友便辟，友善柔，友便佞，损矣。"

❷（清）李渔，《闲情偶寄·居室部·取景》。

❸（清）郑元勋，《影园自记》。

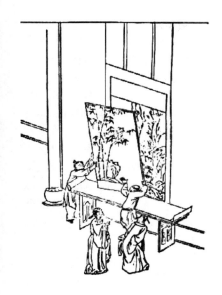

图2-18 江南古典园林中的植物景观"尺幅窗""无心画"（图片来源：引自《闲情偶记图说》）

2.6　历代植物景观的演变脉络

　　江南古典园林历史悠久，回顾其整个历史发展，初期是以皇家苑囿的兴建为主，至魏晋以降，出现了以私家园林为代表的江南古典园林。这不仅来自士大夫隐逸思想的驱动，也源自家居观念的转变，其本质是居住功能的扩展和美化。因此，私家园林是基于别业——构筑于乡村间的田园别墅——而逐渐发展而来的。具体而言，也就是说，别业本身就是带有自然和人工双重景观构成因素的复合式多功能别墅。进而在两宋以来，直至元明清，由于城市的不断涌现与发展，促使江南古典园林，尤其是私家园林之中的城居宅园，在私家园林两大类型延续的历史过程中，逐渐趋向了造园观念上的相对一致，并且随着江南私家园林发展进入了全盛时期，在造园手法和理论上都同时达到了巅峰。

　　通过对江南地区古典园林植物景观发展历程的梳理以及对其各时期植物景观特点的总结，可以看出，在整个漫长的发展史中，植物景观是有着较强的延续性的，很多先秦早期出现的植物景观种植手法在明清时期还可以一窥其貌。虽然有学者认为，古典园林植物景观唐、宋远不同于明、清，但其实唐、宋比明、清更注重植物配置的作用，只是在文献记录上存在空白，使得中国古典园林植物配置研究留有缺憾。虽然植物景观的文字记录早期是比较粗浅的，但根植于中国博大精深的传统文化以及江南地域文化之中的江南古典园林植物景观的发展是连贯的，且稳中有变。从早期注重功能性、生产性到后期强调实用的必要性同时崇尚艺术美，这与自然条件的变化以及政治、经济、文化的发展变迁是密切相关的，特别是江南文人对植物景观的情感寄托作用的重视，也使得植物景观因园各异，具有了独特性与个性美。植物景观的文化内涵始终是一脉相承的，只是历朝历代在设计手法和形式上根据当时的文化取向、审美倾向在传统的基础上各有所扬弃、变革和创新，使其融合和发展，最终体现出独具风貌的地方性特色（表2-6）。

历代江南古典园林植物景观发展演变脉络　　　　表 2-6

类别	朝代				
	秦汉	魏晋	隋唐	宋	元明清
植物种类	水生植物、天然植被、经济植物	竹、嘉树、芳香植物、水生植物、经济植物	竹、嘉树异卉、水生植物、经济植物	竹、嘉树异卉、花灌木、花卉栽培品种、野生花卉	竹、嘉树异卉、花灌木、花卉栽培品种、野生花卉、草本花卉、古木
种植规模	大	大	较大	较大	较小
植物景观色彩	素雅	素雅	素雅、明艳	素雅、明艳	以素药艳
植物景观主题	"观生意"	树意苍然、四季主题、芳香主题、专类花卉主题	田园风格、繁花盛世	诗意主题、色彩主题、时序性主题、芳香主题	八景文化、盆玩主题、意境、画意、个性
配置应用手法	—	密植、群植	列植、林植	列植、群植、丛植、盆栽、插花、佩花	孤植、对植、列植、群植、间植、盆栽
植物划分园林空间	是	是	是	是	否

第 3 章

江南古典园林植物景观的地域影响

纵观整个中国古典园林漫长的发展历史，园林兴盛之地多为山水钟灵毓秀和历史文化积淀深厚之区域。历来自然生态良好地区、经济发达地区、文化发达地区与园林荟萃之地基本上有着一个重合的趋势。对于地域性景观而言，特别是地域性植物景观，无论是自然影响要素还是人文影响要素，都是隐形而间接的。自然演变的规律、历史文脉的影响都是隐晦不明的，亟待深入挖掘与提炼。

如果说江南古典园林植物景观的外在形式与表象是其显性特征的话，那么对其生成、发展产生重要影响的自然环境，以及社会的政治、经济状况，世人生活、风俗习惯和文化等诸多因素也可认为是江南古典园林植物景观的隐性特征。这些隐性特征的提炼与认知对于更深层次地认识地域性景观，剖析地域性植物景观的发展脉络，明晰其形成的必要性与必然性有着极其重要的意义。

3.1　自然环境对植物景观的影响

江南，山清水秀，气候温润，雨量充沛，四季分明，利于植物的生长；地下水资源丰富，水位高，便于凿池理水；水路交通便利，各地奇花异草怪石便于罗致。可见从地理到气候的优越条件直接影响着江南古典园林的生成和发展，尤其是对植物的生长起着决定性作用。由此还可以看到，自然环境的变化特别是气温的历史波动，对植物的分布产生了一定的影响，使得一些植物景观在江南具有稀缺性和独有性，促进了园林植物景观地方风格的形成。所以，探寻自然环境的变化规律，有助于阐释风景园林存在的合理性与必然性，这就为进一步认识江南古典园林植物景观的演变提供了必不可少的相关参照。

3.1.1　江南的自然环境变化

首先，气候作为自然环境的一个重要因子，与人类文明发展关系甚密，因而对于植物景观的影响是非常直接的，而江南古典园林更是与其独特的气候条件分不开。

事实上，气候的历史变迁对于以农业为主体经济形式的古代中国来说，无疑是重要因素。气候的冷暖变化和雨量多寡影响着农作物生长期的长短和产量以及自然植被区域的界线。对于中国气候变迁的研究，执牛耳者无疑为竺可桢。竺可桢认为，中国近5 000年来的气候变迁存在以下规律，即从三国到六朝时期的低温，唐代的高温，南宋、清初的两次骤寒。在殷、周、汉、唐时代，温度高于现代；唐代以后，温度低于现代（图3-1a）。

在东汉中国气候发生相当显著的变迁，大致在两汉之际，经历了由暖而寒的历史转变❶，进入东汉、魏晋南北朝持续600年的寒冷干旱期，年均温比现代低2～4℃。张天麟关于长江三角洲历史气候的研究结果表明，春秋到东汉后期气候温暖，人们通常认为开始于公元初的降温在三角洲地区则发生于200年以后。杨怀仁等把战国初年作为包括长江中下游地区在内的全国大部分地区环境变迁的转折点，认为在此前后，我国气候就转变为温凉偏干。唐领余等在对洞庭湖地区和江汉平原的全新世气候进行研究时认为，战国以降，该地区气候逐渐恶化，趋于干冷。

众多专家的观点虽互有差异，但及至魏晋六朝江南古典园林的转折期之时，其气候是比秦汉时期更为干冷的。这促使发生了士族南迁等社会、政治、经济活动以及植物资源的变化，为魏晋园林的发展埋下了伏笔。

隋唐时期最高年气温比魏晋南北朝高3℃，比现今也要高出1℃左右。两宋时期到清末，中国气温又趋寒冷。12世纪南宋迁都临安（今杭州），南方的太湖、苏州附近的南运河，

❶ 竺可桢认为，战国秦汉时期，气温总体呈下降之势，降温过程由两个阶段构成：一是从战国前就已开始的气候波动，气温由原来约高于现今2℃（战国初期的气温约高于现今1.5℃左右）下降到战国末期仅高于现今0.5℃。嗣后，气温回升，在公元50年前后，气温上升至高于现今1.5℃左右，恢复到战国初期的气温水平；另一个气温下降事件出现于公元50年前后，该过程约持续到东汉后期，气温下降至现今的气温水平。总体来说，战国秦汉时期气温上下波动的幅度为1.5℃左右。

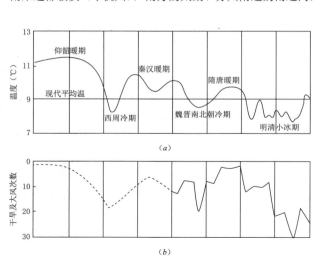

图3-1 中国5000年温度波动及干湿变化趋势图（图片来源：引自《中国近5000年来气候变迁的初步研究》）

（a）温度波动；
（b）干湿变化

在冬天经常结冰，遍地皆雪。杭州在南宋时期（12世纪），4月的平均温度比现在要低1～2℃，杭州平均最迟春雪日期是农历四月初九，比12世纪以前十年最晚春雪的日期差不多推迟一个月；苏州附近的南运河冬天结冰。南宋中叶到元朝初年，中国气候又经历了大约100年的短暂温暖期，但回暖后也远不及隋唐时期的温度。1400～1900年，中国迎来了历史上持续时间最长的干旱寒冷期，是为"明清小冰期"，其中17世纪最为寒冷，年均气温比现代低，降水量也相应减少。

地区的干湿变化大致与气温波动是对应的，即会出现暖湿和干冷两种倾向。自魏晋南北朝以来，我国东部地区存在着水灾相对减少而旱灾相对增加的趋势，唐中期至北宋中叶为最长时期，持续约240年（811～1050年）（图3-1b）。江南地区的主要降水季节为5～9月，初夏这段时间降水带持续在江淮流域，导致长时间连绵的阴雨天气，由于这段时间又是梅子黄熟之际，所以又称为"梅雨季"。通过前人对古代晴雨录等史料的研究，学者认为明清时期降水与现代的降水日数分布呈现相似的特点。

在厘清了中国古代气候的大致变化规律后，再以现代江南地域的气候作为参照进行论述。本书所论及的"江南"这一区域大致与长江三角洲的范围等同，现代长三角洲地区具有亚热带季风气候的特点，春天温暖、夏天炎热、秋天凉爽、冬天阴冷，全年雨量适中，季节分配比较均匀。总体来说就是温和湿润、光照充足、雨量丰沛、四季分明。年平均气温各地稍有不同，上海年平均气温15～17℃，苏州年平均气温14～17℃，杭州年平均气温15.9～17.0℃，扬州年平均气温15.6～16.1℃，极端最高气温为37.0～42.9℃。气温最高的是7、8两月，最冷为1月下旬到2月初。一般6月中旬至7月上旬是梅雨季节，雨量约占全年的1/4，8月底到9月上中旬是台风多发季节，且常有大雨，各地年降水量均在1000mm以上，年平均相对湿度70%～81%，无霜期199～328d。太阳辐射量较多，日照时间长，日照时数在1900～2100h，其中3、4、6、9月日照偏多，又以4月和6月光照最充足。

另外，地理构成也是自然环境变化中不可忽视的一个因素，具体而言，可从地形与水文这两方面条件来看。

从地理形态来看，自远古以来，江南地区平原众多，处于长江中下游平原的顶端，呈南高北低之势。其北部地势平衍，以平原为主，南部边缘有一些山地丘陵分布。地形变化丰富，空间格局多样。江南东部沿海一带有盐土，低丘岗及江淮丘陵为黄棕壤，其他地区大部分属黄壤、红壤，此外还有石灰岩红色土及水稻土。

同时，从水量及雨量来看，江南河流水网发达，港湾众多，再加上降水丰沛，历来有"水乡泽国"之誉。同时作为长江入海口，长江流经该区域的径流量丰富，平原区水网发达，许多地方有丰富的地下水，形成更为复杂多样的河流水系。这种环境条件既促进了长三角地区与内地其他地区及海外的交流，也使该区域自古就形成了与水密切结合的农业生产文化。长江等境内河流水位的变迁为这一带创造了河漫滩地，特别是对早期的江南园林景观产生了影响，如郊区山野别墅的农田景观大多依托于此。谢灵运山居中就选用西侧临河滩地进行改造后做田，形成农田景观。广大的河滩地、起伏的丘陵和山地在园内形成了三个不同的高程变化空间层次，为营造不同风貌的植物景观打下了基础。

最后，江南的自然植被及群落具有明显的地方特征，呈现出独特的林木风貌。

研究者通过对长三角地区孢粉植物群的研究，普遍认为在5000年以前，长三角地区就已经发育了亚热带性质的落叶、常绿阔叶林，就各类植物比例来说，以阔叶木本植物花粉占优势，其中又以壳斗科的乔木花粉为主，如栎属，青冈栎属，栗属和栲属，常见的被子植物还有枫香属、枫杨属、山核桃属、胡桃属、冬青属、柳属、杨梅属、榆属、朴属、桦木科、芸香科、蔷薇科、豆科、山茶科、五加科、木兰科、木犀科、无患子科等；针叶乔木以松属、杉科、柏科、冷杉属、云杉属、铁杉属、落叶松属为主；草本植物主要为禾本科、莎草科、菊科、十字花科、蓼科和荷花等水生植物；蕨类植物孢粉含量较少。可见自古这里植物群落就以亚热带植物为主，它们与其他阔叶木本植物一起组成该区各类亚热带阔叶林，并延续至今。

根据前述江南地区气候变化的趋势、考古发现及文献记载可以看出，古代和现代江南地区的地带性植被是大致相似的。现代长三角地区存在多种植被类型，植物种类丰富，受自然条件的影响，植被的亚热带区系越往南越普遍，往北则逐渐减少。

该地区的典型植被类型有落叶阔叶林、落叶常绿阔叶混交林、常绿阔叶林、针叶林、竹林五大类，以及针阔叶混交林等植被类型。

其一，亚热带落叶阔叶林，多由壳斗科栎属落叶树种组成，典型种类有栓皮栎、白栎和麻栎，其次有黄檀、黄连木、化香、枫香、盐肤木、梧桐及山槐等。

其二，亚热带常绿落叶阔叶混交林，以壳斗科的常绿阔叶和落叶阔叶树种为主，落叶种类如白栎、麻栎和栓皮栎等，常绿种类如苦槠、青冈栎和冬青等。除此之外，还包括樟科、榆科及木犀科等常绿植物。

其三，亚热带常绿阔叶林，一般由乔木、灌木、草本及苔藓四层结构所组成，植物种类以壳斗科常绿树种为主，常见的伴生常绿树种有樟科、山茶科、冬青科及杨梅科的一些植物，落叶伴生种类主要为壳斗科的白栎、栓皮栎和麻栎等。

其四，亚热带针叶林，主要为亚热带常绿针叶林和落叶针叶林，以常绿针叶林分布较普遍，以马尾松、黑松、刺柏和柏木等为主要种类，以纯林为主（图3-2a）。

其五，竹林，主要分布在亚热带常绿阔叶林区，主要为刚竹属的种类，有毛竹群落和水竹群落，并常与阔叶树混生（图3-2b）。

图3-2 江南古代画作中的自然植被状况

（a）针叶林景观[图片来源：引自《姑苏繁荣图》]；
（b）竹林景观（图片来源：引自《中国美术全集》）

3.1.2　自然环境变化与植物景观

自然环境的变化对天然植被的分布有一定影响，改变了大区域的山水环境，进而影响了古典园林植物材料的选择和景观形成。本节立足于与植物分布最为紧密相关的两个自然

（a）　　　　　　　　　　　　　　　　　（b）

环境因素，即水、热条件，分别从这两方面进行初步考证。下面试以竹、梅花、橘三种亚热带植物和江南园林植物的典型代表为例，对自然环境因素变迁对于江南古典园林植物景观的影响进行阐述。

自5000年前的仰韶文化至今，竹类分布的北限纬度向南后退1°～3°。先秦时期，我国气候温和，亚热带植物的北界比现时推向北方，北方都还有大片竹林分布❶，橘、竹、漆和桑等亚热带经济作物以黄河流域生产为主。此外，竹林景观❷和梅花❸在文学作品中也有描绘。

竹林七贤的"竹林聚游"之竹林实在山阳县❹，即今河南辉县、修武一带。山阳东北有当时著名的竹产地"淇园"❺。由于东汉、魏晋南北朝时期天气逐渐转冷，竹子的分布北界开始南移，嵇康等竹林畅游之地乃至淇园的竹林都已不存在❻。随着大批中原名士南移，江南地区的森森竹林为寓居江南的名士效仿前人的"竹林雅集"提供了条件。这一在中原难以复见的竹林胜景也随之在江南名士中流行起来，竹也成为一个阶层的审美偏好对象，爱竹、敬竹、崇竹、尚竹蔚然成风。

随着气候转暖，隋唐时期长安（今西安）的冬季无冰雪，梅、橘等亦可在皇宫中生长、结果。8～9世纪，梅花在长安的皇宫和南郊都有种植❼，柑橘也是宫廷中君臣同乐的道具。梅树生长于皇宫，到9世纪初长安南郊还种有梅花，柑橘在长安也有种植❽。由于气候转暖，竹林的分布范围再度北移。陕甘地区有大面积的竹林分布，竹子又作为北方一大经济植物广为栽植❾。唐代王维的蓝田辋川别业中也有"斤竹岭""竹里馆"等以竹取胜的景点。江南地区此时也是柑橘的集中产区❿。

宋代（960～1279年）以来，梅树被视为花中之魁，中国诗人普遍吟咏，而此时中国气温又趋寒冷。11世纪初期，梅花只在长安和洛阳皇家花园及富家的私人培养园中生存，华北地区已"不知有梅"⓫。汉唐时期梅树遍布生长于黄河流域，此时其北界已退至淮河流域。宋代有记载，江苏、浙江间太湖湖面结为坚冰（图3-3a），时年柑橘全部冻死。明清时期进入小冰期，气温比南宋的低温时期更为寒冷（图3-3b），亚热带植物的北界继续南移。明代以后，北京已无艺梅者，北方人还尝试从江南将梅花北移。

❶《诗经·小雅·斯干篇》。

❷《三辅黄图·卷三》《汉书·地理志下》。

❸《诗·国风·秦风》。

❹《三国志·魏书·嵇康传》注引《魏氏春秋》，见：（西晋）陈寿，《三国志》，浙江古籍出版社，2000年。

❺（南朝梁）任昉，《述异记》，见：《述异记·世说新语》，吉林出版集团有限责任公司，2005年。

❻《太平御览》引《述征记》；《水经注·淇水》："今通望淇川，无复此物"。见：陈桥驿校注，《水经注校证》，中华书局，2007年。

❼（唐）曹邺，《梅妃传》，见：（元）陶宗仪，《说郛·卷三十八》，国家图书馆藏，钮氏世学楼明抄本，明末清初陶氏重辑百二十卷本。（唐）元稹，《和乐天秋题曲江》，见：《全唐诗》。

❽（唐）杜甫，《病橘》，竺可桢据此认为唐玄宗曾在西安蓬莱殿种植橘。

❾（宋）乐史，《太平寰宇记·凤翔府·司竹监》，见：《太平寰宇记》，中国古代地理总志丛刊，中华书局，2008年。

❿（唐）段成式，《酉阳杂俎·卷十八》载，天宝十年（751年）秋"近于宫内种甘子数株，今秋结实一百五十颗，与江南蜀道所进不异"。从此可得到两个信息：其一是跟前述一致，唐代皇宫中柑橘能生长结实；其二，江南是柑橘贡品的产区。

⓫（宋）苏轼，《杏》，见：《苏东坡集》，商务印书馆，1958年。（宋）王安石，《红梅》，见：（宋）王安石撰，（宋）李壁笺注，《王荆文公诗笺注·卷四十》，中华书局，1958年。

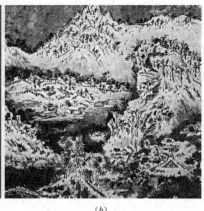

(a)　　　　　　　　　　　　　　　　　　　　(b)

图3-3 古代画作中的历代低温期江南地区的雪景（图片来源：引自《中国美术全集》）

(a) 南宋；
(b) 清代

❶ 如今江南地区2月初到3月20日都处在梅花的观赏期之内。见：陈翔高，汪诗珊，《梅花开花物候期及加长观赏期的研究》，北京林业大学学报，1999年，第2期，22~26页。

❷ （明）袁宏道，《袁中郎全集·卷八》，"西湖二"。

　　从上述对气候变迁与园林植物关系的梳理中可以看出，历史上中国气候的变化对江南园林"无园不竹""踏雪寻梅""橘亭待霜"等景致的形成有重要推动作用。其一是气候变迁使得亚热带植物的北界南移，竹、梅、柑橘等植物的生存地域有了局限性，使其具有了"稀缺性"；其二是气候对园林植物物候的影响以及天气现象与物候期的重合。陈俊愉曾谈道，北方没有"踏雪寻梅"之景的原因是梅花在北方的物候较晚，是时已无雪，而江南地区梅花花期与雪期相遇才形成了如此胜景❶。明代由于天气寒冷，"西湖最盛为春月，一日之盛为朝烟、为夕岚。今岁春雪甚盛，梅花为寒所勒，与杏桃相次开发，尤为奇观"❷。可见气候变化对植物物候的影响，造就了许多醉人的美景。除江南春雪与梅香外，还有春汛与桃花、梅雨与梅子黄熟、秋霜与橘红等，植物物候与天气现象两者"独有性"的完美融合造就了江南园林景观中影响深远的植物季相景观主题，使植物景观的时序性更为丰富。

3.2　社会变迁对植物景观的影响

　　园林历史学家John Dxion Hunt认为："园林的建立决定于文化的、社会的、经济的、政治的和艺术的因素，这些因素的变化都在园林中得以反映。"江南古典园林植物景观作为园林构成的要素之一，势必会受到政治、经济、文化诸多因素直接或间接的影响，由此折射出江南地区的社会变迁。

3.2.1　政治氛围与植物景观的兴衰

政治与植物景观看起来似乎相隔甚为遥远，但细细分析起来可以发现二者之间有着千丝万缕的联系，政治对行政区划、人口迁徙、文化及经济的带动，影响了园林乃至进一步影响到园林植物景观，是植物景观特色形成的一个间接影响因素。

纵观整个江南古典园林的发展可以看出，魏晋、宋朝以及明清是其发展过程中三个最为璀璨的时期。特别是晋朝南渡建康时大量中原世家的随之迁徙，不仅促进了江南文化与中原文化的交融，还从根本上提升了江南文化的水平，是江南地区园林得到长足发展的一大推动力。但是不能忽视的是，这一时期政治的动荡使得士人对独尊儒术产生了怀疑，促使他们跳出了儒家的桎梏。当时士人对政治的厌恶应和了老庄所提倡的虚无、出世、无为而治的思想，对现实的不满恰好可在新兴的佛学的"因果论""来世说"中得到解脱。于是乎，儒释道共荣，玄学清谈盛行，园林成了时人逃避现实的最佳场所。皇家园林奢靡的"镂金错彩"与私家园林特别是士人园林山、水、植物的"天然清纯"相互交辉。

就植物景观而言，其能从早期的摹自然之态走向后期的写"意"、传"神"，与晋朝时期的士人南迁带动的地区文化发展有着十分直接的关系。皇家园林在魏晋时期也受到了士人园林的影响，如东晋简文帝"翳然林木，便有会心处"之抒怀；戴颙宅园（竹林精舍）就颇受（南朝）宋文帝之青睐，宋文帝在御苑中尝试仿其"林涧甚美"之姿态；昭明太子萧统谈皇家御苑时称"何必丝与竹，山水有清音"❶，可以说也是受到了士人园林重精神陶冶的审美心态及当时时代思潮的影响。此外，皇家为了安抚衣冠南渡的北方士族❷并调和他们与南方本土士族之间的矛盾，开放城市山林川泽供北方士族开发，从而促使形成了当时风行一时的农业生产经济实体与园林相结合的郊野别墅、庄园，其内的植物景观类型丰富，与城市私园之貌大为不同，其粗朴之姿一直为后人所咏诵、揣摩。

❶（唐）李延寿，《南史·卷五》，中华书局，1975年，153~154页。

❷ 陈寅洛，《述东晋王导之功业》，见：陈寅恪、陈美延，《金明馆丛稿初编》，生活·读书·新知三联书店，2001年，48~68页。

❶（唐）刘禹锡,《西塞山怀古》,见:《全唐诗》。

魏晋六朝之后,"金陵王气黯然收"❶。隋唐时期,政治中心北移,社会动乱,以及江南地区战乱频发使得江南园林的发展在这一时期有所停滞,主要是几点政治上的举措对江南园林有所影响。隋时大运河的开凿把江南水系与中原水系沟通相连,南北交通与运输从此畅通无阻,极大地促进了江南经济的发展,使南北文化的交流更为顺畅,凸显出江南在全国的地位。扬州地区的自然山水之胜,吸引了皇家在当地兴建行宫别苑,带动了一方园林发展。唐安史之乱使得大批北方士人再一次南渡避难,江南成为重要的文化中心,使得饱受战乱兵燹之苦的江南园林稍有恢复。唐末五代江南钱氏建立吴越地方政权,在中原一片混战之时仍保持着江南惯有的安定和平之局面,经济、文化保持了平稳的发展势头。宋"靖康之变"以后,南宋偏安江南,使得江南成为全国政治、经济、文化中心,又带来了江南古典园林的一次发展高潮。南宋皇室奢靡,兴建的园林以游赏玩乐为重,影响了当时的社会风气,使临安成为纸醉金迷之温柔乡,园林修建量极大,其内植物景观以繁复、浮华为胜。从前文对江南古典园林植物景观发展的梳理中可以看出,隋唐、宋代的植物景观色彩是素雅和明艳两者并举的,这与南渡的皇家、贵族审美的戏剧化倾向有关,从而影响和改变了江南园林植物景观的色彩倾向,出现了花大而繁、色块明艳的群体性植物景观。而此时文人园林在当时江南私家造园活动中成为风尚,雅致的园林寄寓着士人们自魏晋南北朝以来的隐逸思想、崇高的精神寄托和孤芳自赏的情趣。象征人品高尚、节操高洁的植物在园林中大为所用,如士人所偏爱的竹子在当时已达到"无园不竹""三分水,二分竹,一分屋"之境,松亭(径)、梅岭(亭)、菊坡(蹊)等景观也在各个私园中反复出现。同时,文人园林的兴盛,还对当时皇家园林和寺观园林产生了影响。

元朝时期,民族矛盾和阶级矛盾尖锐,社会动荡,经济的发展受到了很大的影响。但江南地区偏安一隅,受到的干扰较小,造园在这一地区得以延续,特别是在乡村郊野造园方面,前朝的优秀园林实践得以传承。政治的压迫使得很多知识分子多借胸中笔墨抒发内心愤懑,并投身于造园活动中,极大地推进了江南古典园林的发展。政治的动荡还影响了时代审美趣味,蒙古族入踞江南,大量江南汉族知识分子受到压制，其中一些人被迫或自愿放弃"学而优则仕"的传统道路，将时间、精力和情感思想寄托在文学艺术上。审美情趣由前朝的"形似""格法"向"尚意""气韵生动"转变，重视主观的"意兴心绪"❶。文学、艺术和审美风尚的转变也体现在园林中，江南亡宋遗民隐居山林，风月自娱，对故国山水怀有的无限眷念以及对自身高洁志趣和情操的自持都通过园林中松、竹、梅、兰、菊等美善之景及吟诵得以表达。

　　明初的礼法则进一步压制了江南园林的发展，有"不许于宅前后左右多占地，构亭馆，弄池塘，以资游眺"❷之禁令，致使江南园林几至凋敝不存。明中叶禁令渐弛，历代传承下来的博大精深的造园传统和技法、理念，使得江南园林得到了迅速的恢复和发展。

　　明末清初又是个多事之秋，当时人们处于一种动荡不安的忧虑中，矛盾、痛苦、悲愤、无奈是当时士人群体的普遍心理，隐逸林泉便成了他们唯一的精神寄托。园林让他们暂时逃离了现实，身处其中，寄情山水，把酒言欢，编织属于自己的理想世界❸。时人好为园林，虽"短檐茅屋，室不数弓，才有隙地，便种花竹，广狭或殊，咸极整丽"❹，通过营造属于自己的一方城市山林，掇山理水，莳花移木，大隐于市，以园景来体现自己的理想和风格，正所谓"变城市为山林，招飞来峰使居平地，自是神仙妙术，假手于人以亦奇者也，不得以小技目之"❺。当时在朝中为官的江南人士也颇多，这些人致仕还乡，落叶归根，修建园林，颐养天年。明代的官吏，罢官以后，不是居住在大都会内，而是要归田的，例如在外地做官的大官僚，到了晚年，告老还乡，悠游其园，尽情享受，王心一的《归田园居》就是对此最好的注解。随着大批官员的返乡，园林兴建日盛，攀比风气渐浓，再一次带动了江南园林的发展。明清时期的植物景观随着园林的发展，在前朝优秀传统、技法的基础上，更向精致化迈进。

　　由此可见，政治的动荡造成了人口的大迁徙，大量士人的南渡，促进了江南文化的迅速发展；政治的安定则促使园林大量兴建，庞大的造园数量的累积促进江南古典园林的发展走向辉煌，最终演化出独具地域特色的植物景观。在动荡与安定相互交替的政治氛围影响之下，江南居民普遍抱有平

❶ 李泽厚在《美的历程》中谈到元代文人画的形成以及其与前朝绘画的区别时，强调了时代的政治大背景对时代审美风尚转变的促进作用。汪菊渊认为，元代的文人画对江南明清园林景观产生了重要影响。

❷《明史·卷六十八·舆服志·百官第宅》。(明)顾起元，《客座赘语·卷五·古园篇》，见：(明)顾起元撰，谭棣华、陈稼禾点校，《客座赘语》，中华书局，1987年，第162页。

❸《园冶·卷三·自识》，见：(明)计成著，陈植注释，《园冶注释》，中国建筑工业出版社，1988年。

❹ (清)张怡，《金陵诸园诗并序》，见：(清)陈田，《明诗纪事》，上海古籍出版社，1993年，第3396页。

❺ (清)李渔，《闲情偶寄》。

❶（清）刘凤诰，《存悔斋集·个园记》，见:《续修四库全书》第1485~1486册，清道光十七年（1837年）刻本影印。

和无争的心态，在赏游山水园林中寄托人生情怀。可以说，江南居民，尤其是文人将"园栖"视为追求不争于世，任情适性之乐，"士大夫席其先泽，家治一区，四时花木容，与文燕周旋，莫不取适于其中"❶。这种带有一定悲剧色彩的文人心态为江南古典园林的发展提供了不竭的心理动力。

此外，由于植物景观不大囿于类似楼台亭阁那样的违制问题，所以皇家园林、私家园林、民间园圃之间的互通有无是很普遍的，不过，民间园圃受皇家园林与私家园林的影响，往往是模仿附会，实用需求往往大于意境上的追求，因而难以长时间存留，无法进行历史的钩沉，故无法成为研究对象。不过，民间园圃依财力多寡而做，或是五脏俱全的小园，或是天井方庭，或是墙角一隅，或是窗下一溪一木，或是院后一石一草，这些都是其存在形态，为江南古典园林植物景观提供了丰富的民间资源。

3.2.2　经济环境与植物景观的繁荣

经济环境的变迁是一个漫长的过程。江南地区优渥的自然环境，使得这一地区的农耕经济具备了良好发展的先决条件。江南地区原始农业起源虽然很早，但早期受生产力的限制，进程缓慢。六朝以后才飞速发展，两宋时跃为全国农业经济的首位，至今不变。

早在春秋时期，江南地区经济、文化等虽较发达的中原地区还有一定差距，但已逐渐发展。春秋后期的吴国已具备了与中原诸侯相抗衡的强盛国力，于是游娱性的苑囿也开始在太湖平原出现。

魏晋南北朝长期的动荡与战乱，对北方的经济和文化造成了严重的破坏。南方较之中原地区，仍相对显得安定。随着晋室南渡，江南地区已经得到了较好的开发。大量人口的涌入，为江南带来了劳力和先进的生产技术，促进了当地经济文化的发展。移民运动引起的大规模兴办水利，开辟农田，使东南地区由"地广人稀"变为"土地褊狭，民多田少"的发达农业区（图3-4）。南朝末年东南"良畴美柘，畦畎相望"，一派富庶景象。早在西汉之前，这里还有大批经济林，《史记·货殖列传》记载"江南出桐、梓、姜、桂……多竹木"，可一窥当时大批栽植的经济林树种。当时的竹林还以天然林的形式出现，到南北朝时期，北方人口的涌入，

图3-4 江南地区繁荣的农耕经济（图片来源：引自《中国美术全集》）

也带来了栽培和管理竹林的技术，使得人工栽培竹子的专类园竹园开始出现。

　　隋唐统一后，江南区域成为全国农业主产区。到隋时大运河的开凿紧密联系了江南水系与中原水系，南北交通畅达，极大地促进了江南经济的发展，使得其在全国的地位更为突出。运河南端的杭州以及传统富庶已久的苏州都由于大运河的开通带动的沿岸商贸经济而成为江南璀璨的明珠❶。南宋以降，江南农业经济更为发达，据史书记载，宋时吴中一带，"四郊无旷土，随高下悉为田"❷，苏、常、湖、秀（今嘉兴）四州是全国的粮仓，一派田园山色。至此，中国古代经济重心完成了其始于唐五代而终于两宋的南移，江南的全国经济中心的地位得以确立。在促使经济重心南移的诸多因素中，除了政治因素外，南北自然环境的变迁是一个重要因素。可见，这几个对于江南古典园林产生重要影响的要素之间是相互紧密联系的。

　　明清时期，江南地区资本主义萌芽使得当地的经济文化高度发达。其实，就建造与维护园林而言，都需要相当大的财力、物力，而江南地区的富庶使得修建园林不存在经济上的困难，一时从士人、富豪、乡绅到市民，建园蔚然成风，"掷盈千累万之资以治园圃"❸。时人这样描写当时园林建设之热度："兹自承平日久，闾井繁富。豪门右族，争饰池馆相娱乐。或因或创，穷汰极侈。"❹

　　由于经济的发展，江南地区的人口愈发密集，明朝时的苏州已是"闾檐辐辏，万瓦鳞鳞，城隅濠股，亭馆布列，略无隙地"❺，清朝苏州阊门内外已是"居货山积，行

❶（南宋）范成大，《吴郡志》载："唐时，苏之繁雄，固为浙右第一。"《中吴纪闻》称："姑苏自刘（禹锡）、白（居易）、韦（应物）为太守时，风物雄丽，为东南之冠。"

❷（南宋）范成大，《吴郡志》。

❸（清）李渔，《闲情偶寄》。

❹（清）袁学澜，《苏台揽胜词》。

❺（明）王锜，《寓圃杂记》。

❶ （清）孙嘉淦，《南游记》。

❷ （明）黄省曾，《吴风录》，见：（明）杨循吉著，陈其弟点校，《吴中小志丛刊》，广陵书社，2004年。

❸ （明）唐顺之，《重刊校正唐荆川先生文集》。

人水流。列肆招牌，璨若云锦。语其繁华，都门不逮"❶（图3-5）。经济的发达使得城市人口密度增大，而人均居住面积不可避免地变小，于是园林随着时代变迁愈发趋于小型化（图3-6）。"小园小池"以其"勿言不深广，但取幽人适"博得时人喜爱，成为人们"寄情赏性，以小喻大"的场所。时人对园林的审美也倾注于形态的精美、细致。这一风尚也影响到植物景观，植物景观的种植规模从大到小，风格从粗朴到盆玩般精致也是这一变化的体现。

　　经济实力的充实，使得园林中堆叠假山、种植奇花异木成为风尚。时人记载"今吴中富豪，竞以湖石筑峙奇峰阴洞，至诸贵占据名岛，以凿凿而嵌空妙绝，珍花异木，错映阑圃。虽闾阎下户，亦饰小小盆岛为玩"❷。江南人造园林，"必购求海外奇花石，或千钱买一石，百钱买一花，不自惜"❸。由此可见，经济的发展使得园林中的植物种类更为多、珍、奇，体现了时人对植物景观的重视，促进了植物景观的发展。

图3-5 宋代到清代苏州城密度大幅增加（图片来源：引自网络）

（a）宋代平江图；
（b）清代姑苏城图（1783年）

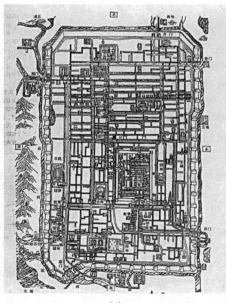

(a)　　　　　　　　　　　　(b)

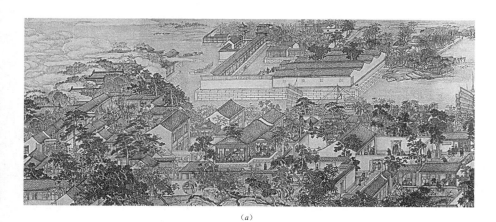

(a)

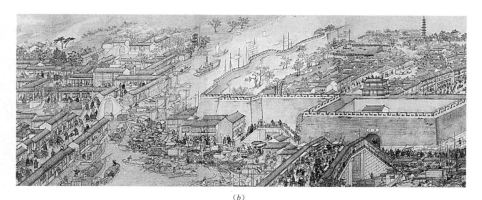

(b)

商品经济的发展给人们的生活方式带来了巨大的变化，园林植物除了是一种物质消费外，也是一种精神文化的消费，花卉从少数阶层独享而转为走入千家万户，变得更为普及化和世俗化。当时盆栽花卉、鲜切花等有着旺盛的消费需求，杭州马塍、苏州虎丘是当时著名的花卉产地和集散地。南宋《梦粱录》就曾载："是月（三月）春光将暮，百花尽开……卖花者以马头篮盛之，歌叫于市，买者纷然。"清代《遵生八笺》中对杭州的花卉产地记载道："桂花最盛处惟南山龙井为多，而地名满家衖者，其林若墉若枏，一村以市花为业。各省取给于此。"《长物志》也对苏州的花卉生

图3-6　清代姑苏繁荣图[图片来源：引自《姑苏繁荣图（精）》]

(a) 阊门；
(b) 木渎园林古镇

产做了详细描述，可一窥其生产规模，如"玫瑰一名'徘徊花'，以结香囊，芬氲不绝……吴中有以亩计者，花时获利甚多"。其他芳香花卉也深受时人喜爱，"茉莉、素馨、百合，夏夜最宜多置，风轮一鼓，满室清芬。章江编篱插棘，俱用茉莉。花时千艘俱集虎丘，故花市初夏最盛"。盆景的消费量也甚大，品种也十分多样，如"几案所供盆景，旧惟虎刺一二品而已。近来花园子自吴中运至，品目益多，虎刺外有天目松、璎珞松、海棠、碧桃、黄杨、石竹、潇湘竹、水冬青、水仙、小芭蕉、枸杞、银杏、梅华之属，务取其根干老而枝叶有画意者，更以古瓷盆、佳石安置之，其价高者一盆可数千钱" ❶。

除此之外，农耕经济还从侧面影响了园林植物的选择，颇有趣味。明时湖州园林中少种牡丹，只因其花期与蚕桑之事相冲突，当地人民无暇顾及此赏花之事❷。同时，园林植物景观，特别是花卉景观之盛也使得花事雅集、郊外访花活动成为当时的民间风俗，又带动了交通运输、餐饮、服务业的发展，从而促进了地区经济的发展。

3.3 文化演变对植物景观的影响

吴越先民借助江南地区的山泽水产之利，舟楫灌溉之便，在催生了吴越文化的同时，也为江南古典园林的出现奠定了必不可少的地方文化基础，使江南的山山水水与江南居民的日常生活相契合，孕育出别具一格的江南文化追求。于是，江南古典园林作为一种"荟萃文化，积淀传统"的生活样态，不仅显现出江南古典园林发展之中地方文化的丰厚底蕴，更是展现了江南古典园林发展之中历代文人所积淀的人文情怀，从而赋予江南古典园林之中的植物景观以独具的文化韵味与艺术魅力。

3.3.1 江南文化与植物景观

"江南"，它不仅是一个地理概念，还是一个历史概念，更是一个具有丰富内涵的文化概念。因此，江南居民的语言、宗教信仰、生活习性、审美观念、心理等方面都具有一定的趋同性。

❶（明）顾起元，《客座赘语·卷一·花木》，中华书局，1987年，第18页。

❷（明）陆容，《菽园杂记》，见：（明）陆容撰，佚之点校，《菽园杂记》，中华书局，1985年，第156页。

东汉史学家班固所撰《汉书·地理志》就已对当时的中国做出"域分"。崇尚山水的华夏文化圈在东周时期业已划分成包括吴越文化圈在内的七大文化圈（区）。

正是在这一认识的前提下，江南文化作为在春秋战国时期全面兴起的吴越文化的一个分支，具有源远流长的文化底蕴，通过汲取远古江南的马家浜文化、良渚文化中极具特色的"尚玉"传统，尤其是这一传统所包蕴着的和美与柔润这样的文化精神，形成了追求精雅的审美心理，并直接融汇进江南古典园林的发展之中，形成了崇尚雅致这一江南古典园林独具的文化特征。

不过，从东晋到清末，江南文化由逐渐兴旺走向逐步衰退。晋室的南渡为江南带来了士族社会复杂而多元的北方文化影响，在一定程度上导致了江南文化的审美偏至，对崇尚雅致的江南古典园林文化造成了一定的冲击。随后，唐室长安贵族南下江浙，宋室南渡，北方文化三下江南，这些逐渐促成了江南文化主要特征的最终形成，即消费性、精细性和审美性。明朝中期至清朝中期为江南文化发展的顶峰时期，无论是学理研讨，还是文艺创作，甚至在工艺制作方面，都出现了具有江南文化特色的种种派别，在当时全国的各门各派之中占据着主导地位。江南文化及其古典园林的影响之所以能够延续至今，也就在于透过江南古典园林，可以以小见大地看出中国南北文化之间的具体差异。因此，通过对江南古典园林植物景观的特定文化蕴涵展开研究，同样也能够在一定的范围内与相当的程度上看出中国文化的南北差异❶。

其一，江南文化自远古以来就不断吸收、融合其他区域文化。先秦时期江南文化和楚文化及中原文化曾有过长期的交融，中原文化贯穿影响着江南文化后来的整个发展。从晋室迁都江左，士人南渡开始的晋、唐、宋三次大移民，使得中原文化对江南文化产生了深远的影响和渗透，儒家的礼制、道家的哲学、佛教的哲理在伦理、审美上深刻地改变了时人的审美。

其二，在江南文化从形成到发展的历史过程中，碧波激滟的江南之水，一直为江南文化灌注着来自大自然的活力，由古到今，从未止息。在中国文化传统中，水是与"柔""灵

❶ 关于中国文化的南北差异，不仅仅体现在学理与文学之中，同时也体现在园林与景观上，后者正是笔者在此所要讨论的。关于前者的讨论，如梁启超在《中国学术思想变迁之大势》中，将以庄子为代表的南方之学和以孔子为代表的北方之学进行对比，认为："北学务实际，南学探玄理；……北学重礼文，南学厌繁文；北学守法律，南学明自然；北学畏天命，南学顺本性。"国学大师王国维在《静庵文集续编·屈子文章之精神》中认为："南方人性冷而遁世，北方人性热而入世；南方人善玄想，北方人重实行。故前者创作了富于幻想色彩的庄子散文，而后者则导致了诗三百的抒情短制。"刘师培《南北学派不同论》认为："南方之文，亦与北方迥别。大抵北方之地土厚水深，民生其间，多尚实际。南方之地水势浩洋，民生其际，多尚虚无。民崇实际，故所著之文不外记事、析理二端；民尚虚无，故所著之文，或为言志、抒情之体。""南方文学缘情托兴，故表现为'清绮''哀艳'。"见：李妙根编，《刘师培论学论政文集》，复旦大学出版社，1990年。程千帆先生又对刘师培《南北文学不同论》做出了阐释："吾国学术文艺，虽以山川形势、民情风俗，自古有南北之分，然文明日启，交通日繁，则其区别渐泯。东晋以来，南服已非荒檄；五代以后，中华更无割据。故学术文艺虽或有南北之分，然其细已经甚，与先唐大殊。刘君此论，重在阐明南北之始即有异，而未暇陈说其终则渐泯，古则异多同少，异中见同；今则同多异少，同中见异。"程先生说明了在唐以后文学的地域差异已经没有以往那么大，是符合区域文化历史发展的实际的。见：程千帆，《文论十笺》，黑龙江人民出版社，1983年。

图3-7　江南水之柔美与灵动
（图片来源：引自《中国美术
全集》）

动"❶联系在一起的，而江南之水尤其能够展现这一点（图3-7）。一方之水的特色可以决定一方人的性格，水澄清而平静的地方，人的品性往往会趋于简淡清洁❷，所以"温润、柔和、纤巧"的审美追求应该是形成江南文化特质的一个基本因子❸。由此，江南古典园林也相应地形成了清秀俊逸与自然婉丽的风格，从而显现了江南文化的柔性特点。

　　此外，值得加以注意的是，江南文化还有其刚性的内在特征。从"断发文身""尚武"的阳刚之气，到卧薪尝胆的隐忍坚强与蓄势待发，无一不蕴含着江南文化内在的刚性。从魏晋以降，江南文化趋向崇文而偏于阴柔，不过，江南文化的刚性特征在更加内隐的同时，转向以个人风度的独特方式来加以彰显，江南文人在性情上常常会表现出清狂豪迈、奔放洒脱之风，并将其恣意挥洒于私人园林的营建之中。

　　江南文化在其漫长的发展过程中完成从"尚武"到"崇文"的变化，在阴柔与阳刚融合互动之中，"粗犷质朴"与"清雅灵秀"渐趋一致，并且以"和润雅致"为主导，对江南古典园林的发展产生了深远影响。由此可见，江南古典园林及其植物景观，不仅是江南文化不断延续的历史载体，更是江南文化不断厚积的内涵体现，与生活在江南的全体居民形成血肉般的紧密联系。江南的园林与江南的植物景观，已经能够立体地显现出江南文化的丰富蕴涵。

3.3.2　园居生活与植物景观的赏游

　　江南得天独厚的自然环境条件孕育了农耕文明，以农为本的社会传统使得人们对于植物的形态、习性、栽培技术、观赏特征的观察是细致的、充满感情的，使得植物这种生产生活资料在人们的生活中占据了重要地位，针对植物的审美

❶《老子》云，"上善若水，水善利万物，又不争"，以及"天之柔弱莫过于水，而攻坚，强莫之能先"，这正是对水之柔的阐释，对后世产生了深远的影响。

❷《世说新语·言语篇》载，王武子、孙子荆各言其土地之美，王云："其地坦而平，其水淡而清，其人廉而贞。"孙云："其山嶵巍以嵯峨，其水泮渫而扬波，其人磊砢而英多。"

❸《管子·水地》载："水者何也，万物之本原，诸生之宗室也，美恶贤不肖愚俊之所生也。"即水不但是孕育生命万物的根基，也是产生美与丑、贤良与不肖、愚蠢与俊秀的基础条件，人的形貌、性格、品德、习俗等都与水密切相关。

活动，也从欣赏自然美、生活美逐渐升华到欣赏艺术美。魏晋以来在园林中种植经济作物以自给的传统，也是传统生活方式对江南古典园林中的植物景观产生影响的具体体现。这一农耕文明的影响即使是在明清江南园林中也依然可见；只不过，这样的影响已由当初开辟蔬果园圃，发展到借景园林周边农田，最后则变成象征性、写意性的景点，如"又一村"、秋香馆等（图3-8）。唐代陆龟蒙吴县（苏州市吴中区）宅园天随别业中的"杞菊蹊"❶这一有着美善之意的植物景观，也是由生产性的种植演化而来的，并受到后人推崇。可见，农耕文明的烙印已深深根植在江南园林的植物景观之中，从生活美向艺术美的迈进反映了以农为本的生活方式对植物景观的影响。

　　江南园林亦与江南居民的生活息息相关。宋代郭熙在论山水画时认为"山水有可行者，有可望者，有可游者，有可居者"，可视为造园的基本思想。古人起居之余的大部分时间都可以在园中度过，晨练、读书、饮食、吟诗、作画、抚琴、弈棋、休憩、赏乐、望月，无一不可于园中一就（图3-9）。园林是文人生活经营的一部分，隐居、休闲、游赏、雅集，极尽人生乐事。其文化意义犹如《礼记·乐记》所说："君子之于学也，藏焉、修焉、息焉、游焉。"不仅"于书无所不读、修习不废"是学习，且在游息中也能获取大量真知，故而在唐诗中有这样的诗句——幽人即韵于松寮，逸士弹琴于篁里❷。

　　江南居民的园居与江南园林的营造相伴生，其中最为引人注目的正是园林之中"形形色色而又飒飒作响"的众多物景观。李渔《闲情偶寄·种植部》就记载了芭蕉、竹与文学创作间微妙而有趣的关系，论其"幽宅但有隙地，即宜种

❶ 唐代陆龟蒙由于生活窘迫，清心寡欲，以枸杞和菊花为食物，"前后皆树以杞菊。春苗恣肥，日得以采撷之，以供左右杯案。及夏五月，枝叶老硬，气味苦涩"，也坚持食用，遭世人质疑嘲笑；其做赋《杞菊赋并序》以及《后杞菊赋并序》两篇回应世人，自解同时自宽，是为当时一个著名的文化事件。陆龟蒙这种食杞菊的野趣和心境为后人模仿，也成为园中以植物景观为胜的景点。

❷《园冶·借景》，见：（明）计成著，陈植注释，《园冶注释》，中国建筑工业出版社，1988年。

图3-8 江南郊野别墅中的农业景观[图片来源：引自中国画名家经典画库（古代部分）——文徵明]

图3-9　园林植物与园居生活
（图片来源：引自《中国美术
全集》）

（ａ）松下焚香；
（ｂ）竹间拨阮

蕉"。除了芭蕉与竹都有"韵人而免俗"之功外，"竹可镌诗，蕉可做字，皆文士近身之简牍"。与此类同的是元人陶宗仪《南村辍耕录》也是在辍耕之际于树叶上书写心迹而成。这些论述精妙而趣味地将植物景观与文学创作直接联系起来，历经从诗歌意境到人生境界的双重陶冶，江南古典园林中的植物景观已经深深地走进江南居民的心中，对于园林与植物景观也由个体性的欣赏转向群体性的游览，从而促使园林赏游活动普遍出现。

　　园林赏游活动是园林与地域文化相融合最直接的体现方式。从先秦到秦汉之间，皇家园林活动多为游猎、饮宴作乐或列肆后宫等模仿世俗市井化生活的游园活动，其格调平庸。魏晋时期由于受到地域文化的影响，游园方式更具文化趣味，清闲且典雅。最为重要的转变是园林由夸豪逞富的饮宴场所变为应酬集会的赏游场所。魏晋时期江南皇家园林多设有被褉堂，于三月上巳节褉饮，产生了大量侍宴诗；以王羲之、谢安为代表的兰亭雅集，"尝与同志宴集于会稽山阴之兰亭"，行修褉之事，进而形成"竹林之游，兰亭褉集"的赏游模式。士人的赏游与园林之中的山光水色紧密结合。此时处于生成过程之中的江南寺观园林同样具有浓郁的文化色彩，清谈名士与大德高僧在一起谈玄说法，促进了佛家文化的融入，在推动哲学与文学独立发展的同时，也促进了音乐、绘画、雕塑等艺术门类的相应成长。特别需要指出的是，江南古典园林的赏游，从一开始就与竹林难以分离，竹林七贤正是通过这样的赏游，以达成君子相交，于竹林之地，领略山水之景以托性灵，寄寓天地于方寸之间。如斯赏游之举，引领一时之风气，形成君子当以竹林为伴的风评。

江南古典园林之中的植物景观，除了君子乐道之外，还是文人交往的重要媒介。唐宋以降，对于植物景观的赏游方式更为多样，除了静态的盆栽、插花，或居家生活的自我欣赏，踏花赏游更是江南古典园林最吸引人的方式。此时的文人在庄园别墅或城居宅园中栽种特色花卉，随着花卉的四季绽放，文人常彼此相邀赏花❶；尤其是春日更盛，常有斗花之举，各插栽鲜花，以多者为胜。为求取胜，常以重金购买名花，植于园林之中，以备春时斗花取乐。南宋重九节"禁中例于八日作重九排当，……，都人是月饮新酒，泛萸簪菊"❷。扬州韩琦、王珪和王安石、陈升之"四相簪花"的典故以及欧阳修于平山堂以盆插荷花千余请众宾客行酒令之"坐花载月"的园林逸事❸都是这一园居活动的典范。

随着众多园林之中特色花卉的相继怒放，聚会赏花活动全面展开。明代之前，此种文人之间的花局宴饮、赋诗之事被称为"看花局"。元代此风虽大不如前，但明清时期仍沿袭这一传统，在江南古典园林之中，所谓的花事雅集数百年来风行不息（表3-1）。

❶（清）赵翼，《偶入郡城汤蓉溪徐肇璜谈悟深家缄斋招同徐秋园为看花之会排日氍饮漫纪以诗》，见：（清）赵翼，《瓯北集》，上海古籍出版社，1997年，第457页。

❷（宋）周密，《武林旧事·卷三》，"重九"条。

❸（宋）叶梦得，《避暑录话》载："（欧阳修）公每于暑时，辄凌晨携客往游，遣人走邵伯湖，取荷花千余朵，以画盆分插百许盆，与客相间。酒行，即遣妓取一花传客，以次摘其叶，尽处则饮酒，往往侵夜载月而归。"

江南历代部分花事雅集一览　　　　表 3-1

观赏对象	朝代	地点	园名	栽植规模	备注
牡丹	宋	绍兴			绝丽者三十二
	明	无锡	朱暄宅园①	数本	
		扬州	影园		
	清	扬州	吴园②		并头牡丹
		上海	泓溪园③		
芍药	宋	扬州	朱氏芍药园④	5万～6万株	
	明		盐商宅园⑤		
	清		张坦宅园	插花	

续表

观赏对象	朝代	地点	园名	栽植规模	备注
海棠	明		王海牧宅园⑥	盆花	
			潘承天宅		"高逾二寻，茎可盈掬"
桂花	明	无锡	华允成宅园	2 株	"耸色夺目，浓香沁骨"⑦
	清	苏州	剡红书屋	2 株	"赏花时，树下悬镫百计"⑧
菊花	明	上海	沈氏园居⑨		
	清	扬州	周小濂宅园	千株⑩	
		常州	王伦宅园		

① （明）邵宝，《容春堂集》载，朱暄宅园"庭有牡丹数本，岁为赏花之燕，旬日始罢"。

② （清）袁枚，《牡丹花绝少并头者真州吴园忽有此瑞三月八日副使张东皋招同赏宴为倡公燕诗一章而别赠花三绝句》，见：（清）袁枚，《小仓山房诗文集》，上海古籍出版社，1988 年，564～565 页。

③ （清）葛元煦，《沪游杂记·卷一·法华牡丹》，见：（清）葛元煦著，郑祖安标点，《沪游杂记》，上海书店出版社，2006 年，第 19 页。

④ （宋）王观，《扬州芍药谱》载，朱氏芍药园"饰亭宇以待来游者，逾月不绝"。

⑤ （明）萧士玮，《南归日记》，丁卯三月二十九条，清光绪二十年（1894 年）刻本，第 8 页。

⑥ （明）徐渭，《王海牧盆栽海棠余亦偕陈守经辈过赏潘承天宅所植者高踰二寻茎可盈掬生平目不再睹雪中盛开几千余朵花时往观常不忍舍归而抹一笺贻承天公伯子拟作赋以纪其盛》，见：（明）徐渭，《徐渭集·卷八》，点校本，中华书局，1983 年，第 869 页。

⑦ （明）高攀龙，《高子遗书·卷九（下）》载，"华无技荷莜言序"，见：（清）纪昀，《文渊阁四库全书》影印本。

⑧ （清）张埙，《竹叶庵文集》载，"莳亭招同覃溪心余载轩两峰看桂花得淮南二字禁用小山故事金粟木樨等字二首"，见：《续修四库全书》第 1449 册。

⑨ （明）张王屋，《西堂赏菊记》，见：（清）吴履震著，上海市文物保管委员会点校，《五茸志逸·卷四》，上海出版社，1963 年，216～217 页。

⑩ 《偶入郡城汤蓉溪徐肇璜谈恬深家缄斋招同徐秋岑为看花之会排日轰饮漫纪以诗》，见：（清）赵翼，《瓯北集》，上海古籍出版社。

花事雅集所赏游之植物对象丰富，多为花大色艳或芬芳馥郁的观赏性强的花卉。花事雅集多举行于私家园林之中——春季赏牡丹、海棠、蔷薇、杜鹃、山茶、洋杜鹃❶、春兰、蔷薇、荼蘼，夏季观芍药、夏鹃、夏兰（建兰）❷（图3-10），秋季品桂花、菊花，冬季赏梅。花卉多可数以万计，蔚为洋洋大观；少可单株傲立，以显其精妙。展示地点多样，有花圃、庭院、厅堂，使用地栽、瓶插、盆栽、盆景等多种展示形式。展示方式也十分别致，可日观夜赏，诚所谓“花时设宴，用木为架，张碧油幔于上，以蔽日色，夜则悬灯以照”❸。特别值得一提的是菊花，有将盆栽菊花按照花色“分红间白”“参差上下层”❹进行摆列的“菊花山”❺形式，可视为古代立体花坛的一个雏形，更可谓“吴中菊盛时，好事家必取数百本，五色相间，高下次列，以供赏玩”❻（图3-11）。

除四季花事雅集之外，部分园林还有盆花会这类花事雅集，将水仙、梅花、芍药、兰花、杜鹃、菊花各以时献，

图3-10 上海兰花看花局（图片来源：引自《沪游杂记·卷二》）

❶《山茶盛开邀去年诸同人小集时稚存远出刘瀛坡总戎新入会》《杨桐山招饮洋杜鹃花下馔精花盛即席二首》《寒食日招蒋立庵太守刘檀桥赞善庄迁甫中允洪稚存编修陈春山明府家缄斋比部小集山茶花下立庵稚存皆有诗即和其韵》《三月二日缄斋作海棠之会即席索同人和》《同人预订牡丹之会稚存不待花开辄折简邀集作此戏之索和》《牡丹既开邀同人小集而花色不艳朵亦差小作诗解嘲》《花会将遍檀桥最后治具牡丹既多贵种而肴馔特精酒间用缄斋语成篇》。见：（清）赵翼，《瓯北集》，上海古籍出版社，1997年，第1050、1052、1054、1055、1098、1100页。

❷《真州竹枝词》卷首，《真州竹枝词引》。见：（清）厉秀芳，《真州竹枝词》，南京出版社，2004年，30~32页。

❸（明）文震亨，《长物志·花木篇》，“牡丹芍药”条。

❹（清）孙原湘，《天真阁集·卷六》载，“城西某氏购菊数百本张灯饰幔宾主嘈杂而花之清瘦如故”。见：《续修四库全书》第1487~1488册，清嘉庆五年（1800年）刻增修本影印，上海古籍出版社。

❺（清）蔡云，《吴歈百绝》，见：王利器等编，《历代竹枝词》第4册，陕西人民出版社，2003年，第2969页。（清）袁景澜，《吴郡岁华纪丽·卷九》，“九月·菊花山”，见：（清）袁景澜撰，甘兰经、吴琴校点，《吴郡岁华纪丽》，江苏古籍出版社，1998年，第281页。

❻（明）文震亨，《长物志·花木篇·菊》。

图3-11 上海私园菊花山与聚会饮宴（图片来源：引自《沪游杂记·卷二》）

❶（清）葛元煦，《沪游杂记·卷一》，"兰花会"。

❷（清）黄式权撰，郑祖安点校，《淞南梦影录·卷二》，上海古籍出版社，1989年，119~120页。

❸　丁传靖辑，《宋人轶事汇编》，中华书局，1981年，第624页。

❹（清）李斗，《扬州画舫录》，"虹桥录下"。

纵人游观，如上海西园、豫园兰花会，豫园菊花会等❶。据《沪游杂记》记载，豫园菊花会展示的菊花种类颇多，囊括当时品种之最新者，品种最名贵者或品种之最特异者，可见规模之盛大，"蔬花瘦石，秋意满前，紫艳黄娇，令人作东篱下想"❷。

　　在私家园林中举行花事雅集的同时，郊外访花也是江南园林赏游中较常见的方式。至南宋之时，郊外很多占地甚广的庄园别墅内大植花木，对公众开放供花时踏游。士大夫乃至普通民众的这种伴随着节序的赏花之举，充分体现了江南古典园林之中兴起的赏游之风。这种赏游活动可以是官方举办的，如宋时扬州盛产芍药，蔡元长为扬州知府时，亦仿效洛阳办万花会，用花至十余万枝❸，但大多还是受时人"好游"的风俗驱动，赏游的地点多为名山胜景、庄园宅园、寺观等，随四时节气变更而绵延不停，每季皆有花可访（表3-2）。每逢花开之时，出城观赏花卉便成为江南居民的重要休闲活动。

　　江南古典园林中的植物景观，正是通过这样的赏游活动与江南居民的日常生活密切关联。李斗《扬州画舫录》也谈道"虹桥画舫有市有会，春为梅花、桃花二市，夏为牡丹、芍药、荷花三市，秋为桂花、芙蓉二市"❹，这里的

江南地区四季郊外访花活动一览　　表 3-2

季节	花景	地区	地点	备注
春季	梅花	苏州	邓尉山、洞庭东、西山①	可舟游
		杭州	西湖西溪、孤山②、金吾园、法华山、何氏园（西山）	
		南京	灵谷寺、梅冈刘园	
	梨花	苏州	洞庭山	
	桃花	太仓	吴氏庄	
		苏州	桃花溪	
		杭州	苏堤、半山③	
	菜花	苏州	南园、北园④	
		杭州	八卦田	
	牡丹	苏州	虎丘	
夏季	荷花	苏州	葑门荷花荡	
秋季	桂花	杭州	西溪、满家巷（南山龙井）、烟霞岭	
		苏州	灵岩寺、玄墓、翁园、席园、木樨泾（虎丘）、莫家滨	
		昆山	马氏郊园、徐氏山园、叶氏茧园	
	菊花	嘉兴	顾氏圃、徐氏圃、屠氏园、濠股塔院、屠锦川隐居处	
		嘉定	朱氏园、汪于梧宅园、陆氏园	
		南翔	朱氏园、陆彦彬宅园	
		扬州	菊花园（傍花村）	

① （清）归庄，《归庄集·卷六》，"洞庭山看梅花记"。

② （明）高濂，《遵生八笺·卷三》。

③ （清）范祖述，《杭俗遗风·时序类·半山观桃》。

④ （清）沈复，《浮生六记·卷二》，"闲情记趣"。

图3-12 江南郊外梅花访花活动（图片来源：引自《鸿雪因缘图记》）

（a）西溪巡梅；
（b）东园探梅

"市"指的就是赏花所带来的商机，可见对植物景观的赏游之风，在客观上，又能在一定程度上带动江南经济的发展（图3-12）。

(a) 　　　　　　　　　　　　　　　(b)

第 4 章

儒道释三家与植物景观的主题衍变

中国传统文化在汉代以后促成了儒道释三家合流，而这一合流对江南士人影响极大，促使他们非常重视生活环境的文化氛围，于是乎，江南古典园林无疑成为创建优美生活环境的有效途径，通过营造优雅的各类园林，以形成天地人三位一体的文化氛围。

江南古典园林体现出儒、道、释合流所产生的多元性影响，从儒家的天人合一到道家的自然和谐，再到佛家的化外超脱，林林总总的理念都对江南古典园林的发展产生了重要影响❶。儒学始终处于中国文化的正统核心地位，在三教合流之中占据主流。尊崇儒学是士人家族的传统渊源，直接影响着江南的众多士族，而士人内心深处都或多或少地认同儒家的价值观念和行为规范。与儒家的"积极入世"，注重纲常伦理的态度不同，道家主张"无为而治"，其"清虚自守，卑弱自持"的思想所展示的是一种艺术化的人生境界，间接影响着江南士人的所思所想。自东汉佛教传入中国以来，产生了"生命无常"的个人悲哀，而佛家思想使国人得到"普度众生"的精神慰藉，从个人悲哀之中解脱出来，寄托希望于来生。所有这一切，都对江南古典园林的发展产生这样或那样的文化影响，并且表现在植物景观的方方面面。

4.1　儒家对植物景观的影响

儒家对植物景观的思想影响，主要表现为何谓"美"。刘纲纪在《中国哲学与中国美学》中认为："孔子的'里仁为美'（《论语·里仁》），孟子的所谓'充实之谓美'（《孟子·尽心下》），荀子的所谓'不全不粹之不足以为美'（《荀子·劝学》），都把美看作是高度完善的道德境界的最高表现，最高的道德境界是与审美境界合为一体的。"随着儒学的传播，儒家所提出的"比德""比道"以及很多关键的景观命题，都深深地影响到江南古典园林之中的植物景观。由此转换而来的，就是积极倡导将自然作为人伦化的审美对象，对于自然的审美重视，确立了山水成为中国古典园林发展之中贯穿始终的主题，人与自然同构成为对儒家追求的天人合一的积极响应。

❶ 冯友兰认为："儒家墨家教人能负责，道家使人能外物。能负责则人严肃，能外物则人超脱。超脱而严肃，使人虽有'满不在乎'的态度，却并不是对于任何事都'满不在乎'。严肃而超脱，使人于尽道德底责任时，对于有些事，可以'满不在乎'。有儒家墨家的严肃，又有道家的超脱，才真正是从中国的国风养出来的人，才真正是'中国人'"。见：冯友兰，《三松堂全集》，河南人民出版社，1986年，第331页。

儒家之"多识于鸟兽草木之名"❶，可视为是对植物进行审美的倡言，从其名开始，方可知其美。孔子提倡以《诗经》开始"诗教"，而《诗经》中有着大量对植物的描写，直接以植物为主题的诗歌有59篇，涉及木本植物61类，草本植物71类，共计135类。其中有大量对植物自然美的描写，出现了感物咏怀、托物言志、寓情于景的多种表达方式❷。这一切都对历代文人发生着潜移默化的影响，所谓"彬彬君子""何其多能"❸，强调通过细致观察把握世间事物的规律性，由此促进了对植物的审美，从而极大地丰富了园林植物景观。对于植物的品味玩赏以及自身审美价值的挖掘也是古典园林植物造景中一直得以延续的主题，正可谓"因感学《诗》者多识草木之名，为《骚》者必尽荪荃之美，乃记所出山泽，庶资博闻"❹。

4.1.1　德寓万物——植物景观的"比德"

"岁寒，然后知松柏之后凋"❺，即为古典园林中以植物"比君子之德"❻的直观例证。所谓比德观，是从对自然山水的审美中逐渐演化出来的，也是一个儒家的著名命题。"比德"的山水审美从孔子"智者乐水""仁者乐山"的思想和理论出发，将自然山水与人的精神意义和道德价值相联系。对自然山水的欣赏赞美，实际上是对人自身理想人格的欣赏与赞美，人在观照自我中获得了自然山水的美，这就是山水比德的山水审美观。

儒家思想认为外在形式的美称为"文"，把内在道德的善称为"质"，提倡欣赏植物自然之美时领悟其精神之美，将审美客体与审美主体的精神品德联系起来，赋予植物人文含义、主流价值取向以及人性的色彩。《论语·述而》中提到"志于道，据于德，依于仁，游于艺"，所谓游者，乃玩物适情也。文人们将这种对植物的赏玩以及对内在精神品德的体会作为修身养性之途径，提升自己的精神修为和道德情操，自励或标榜自己的价值取向，如屈原与香草、陶潜与菊、王子猷与竹、林逋与梅、周敦颐与荷花之典故，以及君子与"琼林玉树""谡谡如劲松下风"，都是对此很好的引注❼。清·俞樾《十二月花神议》又将12个月顺时开放的代表花木，诸如梅、兰、桃、牡丹、石榴、荷花、鸡冠花、桂

❶《论语·阳货》。

❷ 如《诗经》中"桃之夭夭，灼灼其华""蒹葭苍苍""莲叶何田田""绿竹猗猗""维桑与梓，必恭敬止""维士与女，伊其相谑，赠之以芍药""投之以木瓜，报之以琼琚""瞻彼淇奥，绿竹青青。有匪君子，充耳琇莹，会弁如星""昔我往矣，杨柳依依。今我来思，雨雪霏霏""焉得谖草?言树之背"等精彩的描写，从植物形状描摹到托物喻情，令人赞叹。

❸《论语·子罕》。

❹（唐）李德裕，《平泉山居草木记》。

❺《论语·子罕》。

❻《管子·小问》。

❼（清）张潮，《幽梦影》云:"如菊以渊明为知己;梅以和靖为知己;竹以子猷为知己;莲以濂溪为知己;桃以避秦人为知己;杏以董奉为知己;……一与之订，千秋不移。若松之于秦始;鹤之于卫懿;正所谓不可与作缘者也。"

图4-1 唐代江南绘画作品中以不同植物衬托贤士高逸的品德（图片来源：引自《中国美术全集》）

❶（清）涨潮，《幽梦影》云："欲令梅聘海棠，橙桃臣樱桃，以芥嫁笋，但时不同耳。"予谓物各有偶，拟必于伦。今之嫁娶，殊觉未当。如梅之为物，品最清高；棠之为物，姿极妖艳。即使同时，亦不可为夫妇。不若梅聘梨花，海棠嫁杏，橼臣佛手，荔枝臣樱桃，秋海棠嫁雁来红，庶几相称耳。至若以芥嫁笋，笋如有知，必受河东狮子之累矣。"如此生活化的论述十分有趣味。

❷《礼记·聘义》道："夫昔者君子比德于玉焉，温润而泽仁也。"荀子和管子与孔子在比德思想上一贯而行，《荀子·法行》道："子贡问于孔子曰：'君子之所以贵玉而贱珉者，何也?'孔子曰：'恶! 赐是何言也? 夫君子岂多而贱之，少而贵之哉! 夫玉者，君子比德焉。'"《管子·水地》提出玉之九德，道："夫玉者之所贵者，九德出焉。夫玉，温润以泽，仁也；邻以理者，知（即智）也；坚而不蹙，义也；廉而不刿，行也；鲜而不垢，洁也；折而不挠，勇也；瑕适毕见，精也；茂华光泽并通而不相陵，容也；叩之其音清搏彻远纯而不杀，辞也。是以人贵之，藏以为宝，剖以为符瑞，九德出焉。"

❸（明）王世贞《弁山园记》记，"入得园门，有亭翼然，四周有美竹环绕，亭名'此君'"，暗合王子猷"何可一日无此君"之雅事。《世说新语·任诞篇》云："王子猷尝暂寄人空宅住，便令种竹。或问：'暂住何烦尔?'王啸咏良久，直指竹曰：'何可一日无此君。'"

❹"玲""珑"二字从玉，本形容玉器碰击声音之清越，后形容玉色明彻、玉工灵巧。（晋）左思，《吴都赋》有"珊瑚幽茂而玲珑"之说，可见玲珑与玉有相通之意。

花、菊花、芙蓉、山茶、蜡梅与历史上品行高洁之文人贤士类比，是为植物比德拟人之表达的极致。

于是乎，从植物选择到植物景观设计，"比德"手法也成为江南古典园林植物景观设计中的经典手法之一。江南士人家族的儒学传统，使得松、柏、梅、兰、竹、菊、桐、莲（荷）、牡丹、芭蕉等也各自有其所拟之德。早在唐代，江南画家在表现南朝竹林七贤时，就将四位贤士用芭蕉、松木、山石相隔，气氛静穆安闲，将文人形象逐一与园林植物类比（图4-1），使得植物在景色中彰显着人性的光辉。清·张潮《幽梦影》也有"梅令人高，兰令人幽，菊令人野，莲令人淡，春海棠令人艳，牡丹令人豪，蕉与竹令人韵，秋海棠令人媚，松令人逸，桐令人清，柳令人感""玉兰，花中之伯夷也。葵，花中之伊尹也。莲，花中柳下惠也"之说❶。

此外，与江南文化的尚玉传统相合的是，儒家还将君子之德与玉联系在一起，正谓"夫玉者，君子比德焉"❷。这在江南古典园林植物景观中也多见应用，表现为以竹子之翠色如青玉来比拟温润如玉之君子，如明代王世贞的弁山园此君亭❸。更进一步，因玉之形、色、声可衍发成竹为"玲珑"之意❹，于是有沧浪亭之翠玲珑，拙政园之玲珑馆、倚玉轩等以竹寓玉的比德之景（图4-2）。

儒家所倡导的德寓万物的比德观，不仅使

图4-2 沧浪亭翠玲珑竹景

得人伦道德与自然万物相比拟，也将植物景观的寓意提升到超越自然的人生境界，在"参天地赞化育"之中❶，赏游植物景观能使人体四时之运作，查天地之大美，则"万物皆备于我"矣❷。

4.1.2 "美善相乐"——植物景观的品评

在内容和形式的关系上，儒家主张"尽善尽美"❸，即所谓"美"的外在与"善"的内涵，美以善为基础，才会拥有儒家所倡导的人格意义和人伦价值（表4-1）。

由于儒家经典长期为皇家独尊，作为当时统治的工具，以"礼"正秩序，以"诗""乐"行教化。儒家认为"礼者，天地之序也"❹"非礼无以节事天地之神，非礼无以辨君臣上下长幼之位……"，有礼才能维系家国秩序。"礼"高度秩序化的内核也是"善"之体现。由植物景观发展的历史可以看出，皇家园林中也常以植物景观来表达入世、治世、仁政、娱人、孝义、礼乐、才艺、中庸等儒家经典中的诸多命题。通过儒家比德之说将植物景观与传统社会紧密而深刻地联系起来，突出地表现在植物景观与最为核心的伦理纲常、宗法等级的联系上，如东晋以降，南京台城庭殿及三台三省悉列种槐树，其中的"三台"比喻"三公"，即中国古代朝廷中最尊显的三个官职；朱雀大道上以槐、柳"列树表道"

❶《中庸》。

❷ 国学大家冯友兰在《新原人》中认为，人的境界有四种，即"自然境界、功利境界、道德境界以及天地境界"。道德境界是冯友兰认定的一种较高的精神境界。"在此种境界中的人，对于人之性已有觉解。他了解人之性是涵蕴有社会的"。在道德境界的层面之上，所谓天地境界之人是"完全知性，因其已知天"。其不仅了解人在社会中的"伦""职"，而且了解人在宇宙中的地位和作用。见：冯友兰，《三松堂全集》，河南人民出版社，1986年，第499页。

❸《论语·八佾》载："子谓《韶》：'尽美矣，又尽善也。'谓《武》：'尽美矣，未尽善也。'"可见追求"美"与"善"之统一。

❹《礼记·乐记》。

江南古典园林植物之"德"与"善"　　　　　　　　　　　　表 4-1

类别	植物	文化内涵	典型园林实例
常绿植物	松	坚贞神圣、洁身自好、刚直不阿	苏州网师园看松读画斋
	柏	坚贞自傲、正义神圣	狮子林指柏轩
落叶乔木	槐	礼教纲常、门第、思乡、言怀、正直	艺圃宅院，拙政园槐幄、槐雨亭（文徵明《拙政园三十景图》）
	柳	礼教纲常、惜别	
	梧桐	高洁、吉祥	拙政园梧竹幽居
观花植物	梅	坚贞、执着、机敏、气节	拙政园雪香云蔚亭，沧浪亭闲冷亭
	玉兰	富贵、高洁、妙笔生花	拙政园玉澜堂
	牡丹	富贵	何园牡丹亭
	海棠	富贵、美满	拙政园海棠春坞
	芍药	富贵	网师园殿春簃
	菊花	淡泊、幽静	
观果植物	枇杷	殷实富足	拙政园枇杷园
	橘	宁静淡泊、不畏强权、富足	拙政园待霜亭
草本植物	芭蕉	宁静、寂寥	拙政园听雨轩
	兰花	淡雅幽贞、祥和、高洁	
竹类	竹	清雅、谦和	网师园集虚斋、拙政园倚玉轩
藤本植物	紫藤	吉祥	留园小蓬莱
水生植物	荷花	高洁、清高	拙政园远香堂、荷风四面亭、留听阁

❶《周礼·秋官·朝士》载："朝士掌建邦外朝之法。左九棘，孤卿大夫位焉，群士在其后；右九棘，公侯伯子男位焉，群吏在其后；面三槐，三公位焉，州长众庶在其后。"

❷（清）涨潮，《幽梦影》。

❸《论语·雍也》云："质胜文则野，文胜质则史，文质彬彬，然后君子。"

等❶。私家园林中所用的花卉，亦有等级、辈分之分，如"牡丹为王，芍药为相，其君臣也；南山之乔，北山之梓，其父子也"❷。

私家园林中的植物景观受到"美善相乐"之说的影响，美以善为基础的内容，不再只是局限于伦理道德，更是注入园主个人的生活感受与人生领悟，从人品到艺品，从学识到见识，彼此交融而相得益彰，呈现出"文质彬彬"的个人气象❸。由此可见江南古典园林中常见并相对稳定的植物景观搭配模式的内在渊源，其中具有典型性的，如梅、兰、竹、菊、松、玉兰、桂花、牡丹的组合搭配（图4-3）。梅竹之

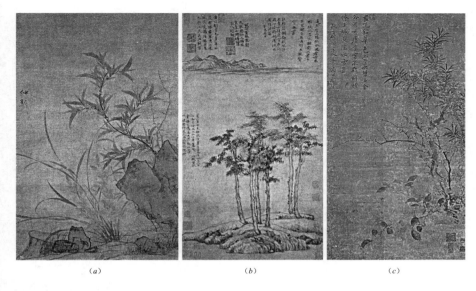

（a）　　　　　　　（b）　　　　　　　（c）

图4-3 江南古典园林植物的
"美善"组合（图片来源：引
自《中国美术全集》）

（a）兰花与竹之青影红心；
（b）竹、梅、山茶之三清；
（c）松、柏、樟、楠、槐、榆
之六君子

（a）　　　　　　　　　　（b）

图4-4 江南古典园林植物景观
中所寄托的"金玉满堂"的生
活理想

（a）网师园宅园；
（b）艺圃宅园

"香远清深"、松菊之"松菊径"以及住宅区主厅前后小庭
院植金桂和玉兰花，以寄托"金玉满堂"的生活理想等最为
常见的搭配，以植物之美彰显品性之善（图4-4）。

4.1.3　以小观大——植物景观的配置

　　江南士人深受儒家思想的影响——从"察一而关于
多"❶到"卷石勺水"之说的深入阐释，为江南古典园林的
发展奠定了以小观大这一理念从思路到审美的基石。如果
说，正是"察一而关于多"提出了"少"与"多"之间的关

❶《大戴礼记·子张问入官》。

❶《中庸》载："天地之道：博也，厚也，高也，明也，悠也，久也。今夫天斯昭昭之多，及其无穷也，日月星辰系焉，万物覆焉。今夫地一撮土之多，及其广厚载华岳而不重，振河海而不洩，万物载焉。今夫山一卷石之多，及其广大，草木生之，禽兽居之，宝藏兴焉。今夫水，一勺之多，及其不测，鼋、鼍、蛟、龙、鱼、鳖生焉，货财殖焉。"

系如何这一命题，促发了江南古典园林发展中人们对典型与普遍之间辩证关系的思考。那么，"卷石勺水"之说则是通过对这一命题展开进一步探讨，尤其是对自然的象征意义之中蕴含的天地之道的阐述❶，从而为江南古典园林在后期发展之中走向园林小型化提供了以小见大这一理念的学理资源。与此同时，以小见大这一理念的形成，赋予江南古典园林更为丰富多样的，从文化到审美的多重内涵，使得植物景观在象征化之中凝练，不再囿于单纯地再现，而是通过匠心独运来进行景观营造以再现"原型"，并从中体味自然之美与人文之美（图4-5）。

由此而来，江南古典园林就不再受限于体量的大小，逐渐向着园林小型化的方向发展。江南古典园林中的植物景观规模也自然而然地逐渐缩小，配置手法也更为精致。如南朝萧梁学士庾信之《小园赋》云："若夫一枝之上，巢夫得安巢之所；一壶之中，壶公有容身之地。……尔乃窟室徘徊，聊同凿坯。桐间露落，柳下风来……有棠梨而无馆，足酸枣而无台。犹得敧侧八九丈，纵横数十步，榆柳三两行，梨桃百余树。拔蒙密兮见窗，行敧斜兮得路。……鸟多闲暇，花随四时。心则历陵枯木，发则睢阳乱丝。非夏日而可畏，异秋天而可悲。……一寸二寸之鱼，三杆两杆之竹。云气荫于丛著，金精养于秋菊。枣酸梨酢，桃榹李薁。落叶半床，狂花满屋。"这些语句精辟地阐述了对"小园"的向往以及其内植物景观的景象。

由此可见，虽然号称"小园"，但其内的植物景观之

图4-5 扬州卷石洞天之"卷石勺水"之景

(a)

(b)

中，仍然保留了一些规模较大和风格粗犷的景致。这一不够协调的植物景观配置随后得到极大改观，清代江南文人俞樾在《曲园记》之中亦谈到对此的见解，"曲园者，一曲而已，强被园名，聊以自娱者也。……世之所谓园者，高高下下，广袤数十亩，以吾园方之，勺水耳、卷石耳"。又超然道"惟余本篓人，半生赁庑。兹园虽小，成之维艰。……小人务其小者取，足自娱，大小固弗论也"（图4-6），于一丘一壑与一木一花之中显现了广阔的世界。

图4-6 江南古典园林的"小园小池"之趣

（a）半园；
（b）曲园

4.2 道家对植物景观的影响

李泽厚认为"庄子的哲学是美学"，徐复观也认为"老庄思想下所成就的人生，实际是艺术的人生""庄子所追求的道，与一个艺术家所呈现的最高的艺术精神，在本质上是完全相同"。也就是说，受到道家思想影响的古典园林，实际上就是一种对于美不懈追求的产物。

相比于儒家所注重的纲常伦理与尽善尽美，道家讲求人和自然的亲和一致以及人与自然规律的和谐，更为推崇人格、精神上的超越之美，以其超脱之风深深影响了江南古典园林的发展。尤其是道家讲求去雕饰而近自然，在贵真之中追求"天地有大美而不言"的人生境界❶。因此，在道家看来，万事万物之形体不再是为人关注的重点，人生之道在于全性，更注重人的内心修养，并非是一味强求尽善尽美，故而反其道而行之，以拙乃至丑之形体来发掘其内在

❶《庄子·知北游二十二》云："天地有大美而不言，四时有明法而不议，万物有成理而不说。"

(a)   (b)

图4-7 道家思想影响下"以丑为美"的植物审美倾向（图片来源：引自《中国美术全集》）

（a）宋·苏轼《枯木怪石图》；
（b）元·吴镇《双松图》

精神的至美，达到纯真与洒脱的逍遥境地。《长物志·水石篇》序中谈到水石周边的植物配置时，谓"一峰则太华千寻，一勺则江湖万里。又须修竹、老木、怪藤、丑树，交覆角立……"，即是受到道家思想的影响，选取怪藤丑树搭配"瘦、漏、透、皱、丑"之山石成趣，以丑为美（图4-7）。所有这一切，势必成为江南古典园林发展过程中不断吸取的基本学理，促成其文化意蕴和艺术意境的持续积淀，赋予植物景观别具一格的审美韵味。

4.2.1　道法自然——植物景观的风貌

古之"自然"意为"天然"，旨在自然自在与自然而然。在赏游园林之时，唯有顺其自然，方能于其中品味审美之趣，体现在植物景观的风貌上，最值得孜孜以求的就是朴素天然之美，诚所谓"见素抱朴，少私寡欲"。

首先，在植物的选择方面，不再讲求植物的"比德"之美，而是注重植物自身所具有的天然之美，认其"先天生地"之"道"。所谓"受命于地，唯松柏独正，冬夏皆青青；受命于天，唯尧、舜独正，在万物之首。幸能正自性，以正众性"[1]"天寒既至，霜雪既降，吾知松柏之茂"[2]，把植物景观在自然美的基点上升华为天地之美。又或"今子有大树，患其无用，何不树之于无何有之乡，广莫之野，彷徨乎无为其侧，逍遥乎寝卧其下。不夭斤斧，物无害者，无所可用，安所困苦哉"[3]，在描写了植物自然美的同时，表达了对逍遥人生的审美诉求（图4-8）。

[1]《庄子·内篇·德充符》。

[2]《庄子》。

[3]《庄子·逍遥游》。

其次，道法自然所讲求的是物体"内在的、精神的、实质的美"，反映在江南古典园林的植物景观上，就是一种返归淳朴，顺应自然之风貌。如魏晋时期因蔑礼法而崇放达、越名教而任自然而闻名的"竹林七贤"，他们聚会的竹林显然是自然天成的绝佳之地，充分体现了自然而清静的人生况味。这一源自道家的个人赏游选择，在之后成为众人热衷的赏游风尚，对植物景观趋向简朴产生了深远的影响（图4-9）。因此，在江南文人所心仪的私家园林之中，基本上不追求大规模的花木群植这类植物景观，避免诸如品种繁复之搭配、色彩缤纷之对比、芬芳之馥郁等极具冲击性的感官感受，崇尚自然清净、素洁简朴的植物景观营造，在追求心灵平和的过程中达到返璞归真的人生境界。

其三是对自然之道的关注。在道家看来，一切事物都处于变化之中，所谓"道生一，一生二，二生三，三生万物。万物负阴而抱阳，冲气以为和" ❶，故而道生万物的自然是一个从少到多，从简单到复杂的变化过程，并且这一变化之中充满生气与活力。所以，"春耕种，足以劳动；秋收敛，足以休食。日出而作，日入而息，逍遥天地间而心意自得" ❷，显而易见的是，道生万物的理念深深地影响到江南文人的园居生活，体现在私家园林的植物景观中，如谢灵运在《山居赋》中描述其园居生活"六月采蜜，八月扑栗。备物为繁，略载靡悉"，恰是对这种思想的诠释；又如"观稼"这一常盛之主题，除了其产生背景基于农耕经济生活外，还隐含着道法自然的审美选择；又如园林中的四时之景，通过时光的流变来体味"天地大美"的独特意蕴，品味"道生万物"的自然自得。

❶ 老子，《道德经》。

❷ 《庄子·让王》。

图4-8 南京瞻园岁寒亭

图4-9 苏州沧浪亭看山楼竹林环抱

4.2.2　隐逸归真——植物景观的题旨

"建园以远俗，筑囿见道心"，这一理念所体现的正是道家出世之说对江南古典园林发展的影响。隐逸归真的出世之说源自道家，与主张兼济天下的儒家入世之说大不相同，出世与入世构成了人生选择的微妙平衡。不过，生活在江南的人们往往会选择隐逸归真的生活方式来彰显自身的人格独立与心态淡泊。所以，在江南古典园林，特别是私家园林的发展过程之中，为了远离权势与尘嚣，人们便回归山水间优游恬息，这使得隐逸归真之举和驻足山水二者较为完美地融合起来（图4-10）。对于自然山水的向往使得江南居民在创建舒适的生活环境的同时，格外注重大自然中的山水泉石草木，将对它们的钟爱倾注于自己的宅园之中，追求"背山临流，沟池环匝，竹木周布"的自然风韵。如苏州沧浪亭之"前竹后水，水之阳又竹……澄川翠干，光影回合轩户之间，尤与风月相宜"❶，无疑体现出隐逸归真这样的人生追求动向（图4-11）。

不过，隐逸归真之举虽带有避世色彩，却绝对不能等同于避世。这是因为，在汉代首先是出现了所谓的朝隐之说"避世之朝廷中……宫殿中可以避世全身，何必深山之

❶ （宋）苏舜钦，《沧浪亭记》。

图4-10 明代南村别墅以垂柳表达"渔隐"题旨（图片来源：引自《中国美术全集》）

图4-11　沧浪亭北侧澄川环绕之园周全貌

中，蒿庐之下"❶，而在唐代则有所谓的"大隐住朝市，小隐入丘樊。丘樊太冷落，朝市太嚣喧。不如中隐，隐在留司官"❷之说。于是，在江南古典园林的发展之中，无疑是中隐之说会直接影响到私家园林的类型分化，使得隐逸归真之举推进了城居宅园的普遍营造。从此，"大隐住朝市，小隐入丘樊"之间相互对立所导致的隐逸纠结心理，被中隐能居于朝市丘樊之间的城市所化解，隐逸归真之举在城居宅园之中最有可能成为现实。这就使得江南居民之中的文人群体，能够在隐逸与城居之间找到两难选择的平衡点，江南文人在城居宅园之中亦可完成隐逸归真之举，促进了江南古典园林的发展趋向以城居宅园为主，最终成为私家园林的主流。

　　面对江南古典园林的这一发展趋势，在历朝历代有关私家园林的评说品题之中可略见一斑——如宋·苏舜钦《沧浪亭》、元·维则《狮子林即景》、明·文徵明《拙政园图咏·若墅堂》，以及清代汪琬《再题姜氏艺圃》、徐崧《秋过怀云亭访周雪客调寄踏莎行》、王赓言《游狮子林》等。正如汪琬在《艺圃记》中对城居宅园大加赞赏，作诗颂曰："隔断庇西市语哗，幽楼绝似野人家。"所谓中隐居于城市即当如是。

　　更为重要的是，直接以隐逸归真为题旨的植物景观不断涌现，如"小山丛桂轩""丛桂轩"等景点，取意"桂树丛生兮，山之幽"，以此寄托园居者隐逸归真的中隐情怀❸（图4-12）。除此之外，城居宅园之中还出现了与隐逸归真主题相配套的植物景观，或与山石等搭配，如苏州耦园遂谷与几株高大嘉木共同表现了"带常皋，倚茂林"❹（老庄之道）的景观（图4-13）；而清·恽格《槐隐图》❺，以枯木竹石小景，寓一片孤寒天地，写出《拙政园三十一景图》中"槐幄"一景之风韵（图4-14）。

❶　（西汉）司马迁，《史记·滑稽列传》。

❷　（唐）白居易，《中隐》。

❸　（汉）淮南小山，《楚辞·招隐士》云："桂树丛生兮山之幽，偃蹇连蜷兮枝相缭。"魏晋时期庾信《枯树赋》中也有"小山则丛桂留人"的诗句，寥寥数语描写出隐居之地的环境。

❹　东晋时孙绰为当时迁居会稽之中原名士，隐居山林，游放山水，作《遂初赋》表达其崇尚老子、庄子清静寡欲的思想，赋中云："余少慕老庄之道，仰其风流久矣。……乃经始东山，建五亩之宅，带长阜，倚茂林，孰与坐华幕、击钟鼓者，同年而语其乐哉。"

❺　（清）恽格，自题《槐隐图》云："幽澹荒寒之境，非尘区所有，吾将从髯翁游此间，堪相乐也。"以孤寒之境为娱情之所，体现了道家的影响。

图4-12 "山幽桂丛" 的隐逸
情怀

（*a*）网师园小山丛桂轩；
（*b*）秋霞圃丛桂轩

（*a*）　　　　　　　　　　（*b*）

图4-13 耦园遂谷与茂林的老
庄之道

（*a*）黄石假山平面图；
（*b*）遂谷

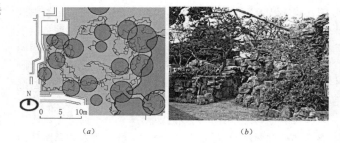

（*a*）　　　　　　　　　　（*b*）

图4-14《拙政园三十一景图》
中的"槐幄"（图片来源：底
图引自拙政园园内石刻《拙政
园三十一景图》）

4.2.3　贵柔崇静——植物景观的审美

老子认为"天下之至柔，驰骋天下之至坚""天下莫柔
弱于水，而攻坚强者莫之能胜。其无以易之。弱之胜强，
柔之胜刚，天下莫不知，莫能行"，故有贵柔之说。与此同
时，老子还指出"凡有起于虚，动起于静。故万物并作，
卒复归于虚静，是物之极笃也，方有崇静之思。贵柔尚静"
的道家思想，对江南古典园林的发展具有内在影响，具体而言，就是园林营建中以曲为贵与以静为尚的审美观照。

"柔"体现在变化多端的曲线形式，《园冶》中就要求园林空间、水体、山形等在形式上要以曲折委婉为美，谓"深奥曲折……生出幻境也。凡立园林，必当如式"❶，进而或因水体"随曲合方"❷"曲折有情❸"，或依地势"有高有凹，有曲有深"❹。就植物景观而言，不论是个体植物的姿态，或飘逸洒脱，或苍秀古润，或潇洒恬雅，或纵恣苍莽；还是群体植物之形态，或郁然荟翳，或开朗畅怀，或花繁锦簇，或清妍幽隽，都无不是在曲折之中变化万千的（图4-15）。

万物静观皆自得，心静以观之，才能由表及里，获得内美，达到物我两忘的审美妙境。一山一水，一草一木，皆能引发无限意蕴。园林中鸟啼花落，皆与神通。动观流水静观山，人们在园林中，享受的是心灵的宁静，进而在面对清幽之景时达到静中之静的境界。更为重要的是，所谓"静观自得""深入清净里，妙断往来趣"，要"静中观"。特别是所谓的闹中取静，植物景观中对于声景的体现，更是要在静中悟道，坐而听鸟声、蝉鸣、风叶声、折竹声、络纬声、池鱼唼喋声。微风拂过，松风阵阵；细雨淅淅或阵雨突至之时，那荷（残荷）、菰蒲、芦苇、芭蕉、棕榈都成了乐器，一派天籁之音（图4-16），以臻于"得道"的心灵之境❺。

❶（明）计成，《园冶·立基·厅堂基》。

❷（明）计成，《园冶·兴造论》。

❸（明）计成，《园冶·相地·村庄地》。

❹（明）计成，《园冶·相地·山林地》。

❺ 冯友兰，《学术精华录》。

图4-15 江南古典园林中柔美的植物线条

（a）醉白池卧树堂；
（b）秋霞圃补阙亭；
（c）豫园老君堂

（a）　　　　（b）　　　　（c）

图4-16 江南古典园林植物景观中的声景——风景与雨景

（a）拙政园听松风处
（b）拙政园留听阁

（a）　　　　（b）

4.3　佛家对植物景观的影响

佛家思想主张化外超脱，同样也影响到江南居民，尤其是成为文人的精神寄托之一。这对于江南古典园林的发展来说，也有精神层面的推动作用。人们在园林赏游之中，"向外发现了自然，向内发现了自己的深情"，促成了"自然审美的觉醒"，从而对自然山水产生了更深刻的认知。江南古典园林的韵味也上升到平凡、朴素却又微妙、精深的境地，与空灵而隽永的禅境相通，从而将植物景观空间氛围的营造提升到一个"禅"的层面上来，因景成趣，使人面对植物景观而参悟人生，在渐悟顿悟之中彰显智性与感悟内心。

4.3.1　象外之象——植物景观的禅意

佛家偏好通过植物来阐释佛理，特别是禅宗，是佛家吸收了儒家、道家等各家思想后形成的中国分支。

其一，禅宗所看重的是通过点滴参悟人生，向"内"体悟自己的生命本性而非向"外"寻觅，其精神核心是自然、无碍，不被任何外在事物或人为的意念系缚。所谓"美玉藏顽石，莲花出淤泥。须知烦恼处，悟得即菩提"❶，正是这种处境不染，即可以处处得法、时时在禅的精神境界的体现。一切都是自然而然的，佛家喜欢将烦琐的佛法都落实到平常的自然的心性中。对于"禅"的理解往往是以自然事物，特别是植物做比喻，如以"春来草自青"来阐释禅理的自然精神❷；"清清翠竹，尽是法身；郁郁黄花，无非般若"，以翠竹、黄菊来指代、暗示"佛法"的精深；将栀子谓为"禅友"❸，以木槿、萱草之朝花夕落思索人生的轮回❹等。此般种种，只可意会，不可言传，足见植物在佛教中扮演的重要角色（图4-17）。

其二，通过"格义比附"。韩格平解读陈寅恪对于"格义"的阐释，认为其是僧徒们将佛经内容与华夏典籍相"拟配"以宣扬经义的一种手法；汤用彤同样认为"格义"是为了让弟子们以熟悉的中国概念去充分理解印度学说的一种方法，可见佛教在其宣传的过程中注重与本土教派思潮的融合。在这一背景下，佛教思想可以很好地与前述儒家所善用的植物"比德""比道"的观点融合起来，使得人们对植物景观内蕴的禅意发掘得更为丰富。如莲（荷花和睡莲）是佛

❶ 《五灯会元·卷十六》。

❷ 《传灯录·卷十九》，"云门文偃"："问：'如何是佛法大意？'师曰：'春来草自青。'"

❸ （明）文震亨，《长物志·花木篇·蔷薇》。

❹ （明）李渔，《闲情偶寄·种植部》，"木槿"条："木槿朝开而暮落，其为生也良苦。与其易落，何如弗开？造物生此，亦可谓不惮烦矣。有人曰：不然。木槿者，花之现身说法以儆愚蒙者也。花之一日，犹人之百年。人视人之百年，则自觉其久，视花之一日，则谓极少而极智矣。不知人之视人，犹花之视花，人以百年为久，花岂不以一日为久乎？无一日不落之花，则无百年不死之人可知矣。此人之似花者也。乃花开花落之期虽少而智，犹有一定不移之数，朝开暮落者，必不幻而为朝开午落，午开暮落；乃人之生死，则无一定不移之数，有不及百年而死者，有不及百年之半与百年之二三而死者；则是花之落也必为，人之死也忽焉。使人亦如木槿之为生，至暮必落，则生前死后之事，皆可自为政矣，无如其不能也。此人之不能似花者也。人能使如是观，则木槿一花，当与萱草并视。睹萱草则能忘忧，睹木槿则能知戒。"

图4-17 江南僧人画家笔下充满禅意的翠竹黄花（图片来源：引自《中国美术全集》）

教圣花，以莲之清静微妙为喻，象征佛理的纯洁高雅。将莲花之"香、净、柔软、可爱"之特性总结为"四义"，与修行最后境界的"四德"——"常、乐、我、净"相应❶。还有将莲花清秀洁净的特性概括为菩萨所修的"十善"❷。如此，佛家的隐喻和儒家的"比德""美善结合"很好地融合了起来，使得植物景观的文化内涵得到了深度发掘，植物景观之美呈现于象外之象的体悟之中。

　　其三，禅宗深刻地影响了时人的园居生活，并通过宗教、艺术、生活三者的融合影响到园林植物景观，可谓宗教修炼成了生活的艺术。宋·朱长文《乐圃记》记载了其于园中朝诵经书、夕览群史的场景，"当其暇，曳杖逍遥，陟高临深，飞翰不惊，皓鹤前引，揭厉于浅流，踌躇于平皋，种木灌园，寒耕暑耘，虽三事之位，万钟之禄，不足以易吾乐也"。于是乎，以禅理去看待，挖掘生活与艺术，追求象外之象的普遍感悟，影响到了江南古典园林的营造，特别是植物景观的配置常常要与禅意的感悟相关联。对文人来说，"数竿烟雨"与"半榻琴书"辉映，即可成趣，从而忽略园林的大小或精巧，向往其浩瀚灵动的心灵空间，正所谓"一花一世界"，以体现禅家"境由心造"❸之旨趣。

4.3.2　明悟心性——植物景观的禅机

　　禅家大德们为了"破学人之执，启人明，悟心性"而说的话、采取的行动中，有不少精彩的、有警策意义的禅机被

❶《华严经》载："大莲华者，梁摄论中有四义：一如莲华，在泥不染，比法界真如，在世不为世污。二如莲华，自性开发，比真如自在性开悟，众生诸证，则自性开发。三如莲华，为群蜂所采，比真如为众圣所用。四如莲华，有四德：一香、二净、三柔软、四可爱，比如四德谓常、乐、我、净。"

❷《三藏法数》载，莲之"十善"为"离诸污染""不与恶俱""戒香充满""本体清净""面相熙怡""柔软不涩""见者皆吉""开敷具足""成熟清净"和"生已有想"。

❸（明）计成，《园冶》云，"五亩何拘，且效温公独乐"，可谓深谙此道，即在有限的物质形态中创造出可供精神悠游、让心灵闲适恬淡的"人间闲地"，这也正是文人园林的意趣所在。

后人当作典范，这些古德的言行被称作"公案"。禅学公案大都是暗示性的，跳出常理，具有奇特性或反常性，且具有深邃的象外之意，含蓄微妙，难求定解，领悟全在个人。禅师常常启发人们从随时随地可见的各种景象中获得悟的契机，并且所用的表达方式十分简练含蓄，很有些山水写意的味道，即以山水写心性。

著名的如原为寺观的苏州狮子林，其中指柏轩取意于"古柏昼阴阴，当轩岁月深。山僧常笑指，应解识禅心"；问梅阁取意于"阁中人独坐，阁外已梅开。春信何须问？清香自报来"❶以及"深谷翳修篁，苍飚洒碧霜。曾来参玉版，风味胜箦笋。虚谷万琅玕，禅林六月寒。直将心与节，共作有无看"。这些景点巧妙地将禅意通过植物景观表达出来（图4-18）。

可以说，江南古典园林植物景观不论是植物的个体或群体，抑或是植物所形成的空间，都有可能成为一个个充满禅意的"公案"（表4-2）。生命之道就如同木樨花香一样，馥郁芬芳，无处不在；望峰石间古柏之虬曲，从眼前之柏中获"悟"之契机则"蓦然心会"（图4-19）。

❶ （清）欧阳玄，《师子林菩提正宗寺记》；（清）高启，《狮子林十二咏序》。

图4-18 狮子林中以禅学公案为主题的植物景观

（a）问梅阁；
（b）指柏轩

(a)   (b)

江南园林植物景观中的禅学公案

表 4-2

禅学公案	植物材料	园林景观	公案来源	备注
"如何是西来意？""树带沧浪色，山横一抹青。"			《五灯会元·卷十三·石藏慧炬禅师》	
"如何是青判境？""三冬华木秀，九夏雪霜飞。"			《五灯会元·卷十三·青判如观禅师》	
"如何是青判境？""桃源水绕白云亭。"		桃花潭（上海秋霞圃）	《五灯会元·卷十五·德山绍晏禅师》	
一日随晦堂行于山谷，堂曰："汝闻木樨花香否？"[①]黄然之。晦堂："吾无隐乎尔。"黄遂悟。	桂花	闻木樨香轩（苏州留园）、小山丛桂馆（苏州渔隐小圃）[①]、小山丛桂轩（苏州网师园）、小山丛桂轩（上海秋霞圃）	《五灯会元·卷十七·太史黄庭坚居士》	
"如何是祖师西来意？"师曰"：庭前柏树子。"	柏	指柏轩（苏州狮子林）	《五灯会元·卷四》	
马祖问梅："大众，梅子熟了！"	梅花	问梅阁（苏州狮子林）	《五灯会元·卷三》	
禅宗二祖慧可立雪	白皮松、蜡梅	立雪堂（苏州狮子林）	《景德传灯录》	
镜花水月	莲花	镜花水月（扬州片石山房）	《维摩诘所说经·卷上·弟子品》《楞伽经》	佛教譬喻所用对象"镜[②]、花、水、月"

① （清）袁枚，《渔隐小圃记》云："……有所谓'无隐山房'者，仿山谷对长老之旨，植桂甚繁。"小山丛桂馆原名无隐山房。

② 葛兆光在《中国思想史》中写道："关于以镜为'空'之喻，鉴于相当多的佛教经论，其中尤其是般若一系的经典，如《般若》《智度》《维摩诘》等，把这一譬喻的多种意义综合，大致上可以归纳出'空'的如下思路：镜中本来无像，犹如空性；镜中相随缘成相，犹如有相；镜中相是哄诳人的假相，就好像有人拣了一个镜，看到镜中人相，以为镜子的主人来了，就慌忙扔下；由于人们照镜见相，相有好丑，所以'面净欢，不净不悦'，引起好恶和烦恼；沉湎于镜中假相，如同陷入虚假世界，为之发狂；其实这幻相随其缘灭，自然消失，镜中并无存相，终究永恒还是本原'空'。""而以'镜'喻'空'，则由于它容纳了有关'空'的种种复杂含义，更是被佛教中人经常使用，关于'空'的非常复杂和细微的意蕴，就在这些精致的譬喻中层层呈现出来。"见：葛兆光，《中国思想史·第一卷》，复旦大学出版社，2001 年，第 410 页。

图4-19 扬州片石山房中的"镜花水月"

4.4　云林同调——植物景观的复调

　　在中华传统文化的发展过程中，从汉代独尊儒术到魏晋倡导玄学，至隋唐佛学昌盛，通过宋明理学大量吸收佛老理论以补充儒学，儒道释三家合流，呈现出——"儒道释不同门，云林颇同道"这样的趋同倾向来。在云林同调的理念复调之中，进入明、清两代，江南文人已经将"守于儒，隐于老，逃于禅"作为人生的信条，"修身以儒，治心以释"❶，将儒释道的思想融汇到自己的处世原则以及生活方式之中，既要有世俗生活的安享，又要有心灵解脱的陶冶。可以说，儒释道三家合流所形成的理念复调，直接表现在植物景观之中（图4-20）。

　　儒释道思想的融合对于江南园林植物景观的复调影响，其实是通过影响文人的审美心理以及园居生活方式来实现的。在对于植物本身的认识上，时人有云"植物中有三教焉；竹梧兰蕙之属，近于儒者也；蟠桃老桂之属，近于仙者也；莲花葡萄之属，近于释者也"❷，则可见儒释道思想影响之广泛。

　　苏州留园"活泼泼地"所体现出的"鸢飞鱼跃"的生动景象，宋代理学家借用佛家"活泼泼地"一语来加以概括❸，已经隐含着平常自在的悟禅境界，可谓是理学与禅学在不断打通之中形成理念复调的具体体现（图4-21）。

❶《中庸子传·卷上》《闲居集·卷十九》。（明）陈继儒，《小窗幽记》中也提到"安详是处事第一法，谦退是保身第一法，涵容是处人第一法，洒脱是养心第一法"，安详、谦退、涵容、洒脱即是儒释道三家思想融合的精髓。

❷（清）张潮，《幽梦影》。

❸ 丁福保，《佛学大词典》，"活泼泼地"条："（杂语）活泼之至也。本释氏语。宋儒亦用之。中庸集注，故程子曰：'此一节，子思吃紧为人处，活泼泼地，读者其致思焉。'"可见宋儒讲心性之学时常有些禅宗的意味。

图4-20 江南佛教题材绘画作品中颇有儒、道风格的松、柏、竹（图片来源：引自《中国美术全集》）

图4-21 江南古典园林植物景观中儒释道思想的交融

（a）留园活泼泼地；
（b）漪园鸢飞鱼跃

（a）　　　　　　　　　　　　　　　　　（b）

❶《磻溪集·卷一》，"师鲁先生有宴息之所，榜曰'中室'，又从而索诗"。见：(金)丘处机著，赵卫东辑校，《丘处机集》，齐鲁书社，2005年，第17页。

❷ (宋)朱熹，《四书章句集注·论语集注·先进》，中华书局，1983年。

　　简要言之，"儒释道源三教祖，由来千圣古今同"❶，儒释道在对自然美的追求上都是一致的。"浑万象以冥观，兀同体于自然""胸次悠然，直与天地万物上下同流"❷，儒释道在合流之中趋向精神意趣的相互濡染，以求人与自然的契合，而又各有侧重——儒家执意礼教，道家崇尚逍遥，佛家则强调体悟，各有张有弛而生成理念复调，影响到江南古典园林，尤其是植物景观，也就不足为怪了。

第 5 章

诗画传统与植物景观的意境

从诗画传统与江南古典园林的关系的角度来看，不得不提及玄学。作为道家与儒家思想融合后的产物，玄学推重清谈，形成了"辨名析理"的抽象思辨，追求精神的超越。"言""意"之辩是魏晋玄学的一个重要命题，是对事物表象与本体的分辨，对"意""象"关系做了深层探讨，推动了"象"向"意象"的范畴转化，启发后人把握审美观照"观物取象"的特点，即审美观照可以超越有限的物象和概念。此时，在文论和画论上，"神""气韵""情"成为其所追求的境界。

山水画与山水诗得以在东晋以来的江南地区飞速发展，这是山水比道与比德的审美活动兴盛的结果。山水审美文化的出现，使江南人士"以情对山水""山水以形媚而仁者乐"。特别是山水比道的兴起对江南古典园林的发展产生了深远的影响。"暮春之始，禊于南涧之滨。高岭千寻，长湖万顷。乃藉芳草，鉴清流，览卉物，观鱼鸟，具类同荣，资生咸畅。于是和以醇醪，齐以达观，快然兀矣，复觉鹏鷃之二物哉" ❶正是对此时自然山水审美情趣的极好诠释。故而文人要以自然之物的土石花木等作为园林营建要素，按照自己的理解和追求，在宅间屋后塑造诗情画意，园林成为诗画的生活实体。

❶ （晋）孙绰，《三月三日兰亭诗序》。

5.1　绘画传统与植物景观

绘画一直与江南文人的园居生活密不可分，很多画家都亲自投身于造园实践中。元四家之倪瓒参与狮子林的设计，明四家中的沈周、文徵明、唐寅都积极投身造园，唐寅曾绘《桃花庵图》，描摹其在苏州桃花坞的小园，文徵明、沈周等大家都曾为拙政园、东庄等名园绘制设计图。造园大家计成则自谓受到北方山水画派的影响❷，同时陶醉于江南山水之间，兼收并蓄，造园讲求"境仿瀛壶，天然图画，意尽林泉之癖，乐余园圃之间"❸。清六家中的王翚、恽格等常有关于当时各园的画卷题咏，如艺圃、拙政园等；清代李渔精心设计的芥子园与在园中诞生的《芥子园画谱》之间的渊源至今为世人所津津乐道。

❷ （明）计成，《园冶·自序》，"不佞少以绘名，性好搜奇，最喜关仝、荆浩笔意，每宗之"。

❸ （明）计成，《园冶·屋宇》。

清代江南画家方士庶在《天慵庵随笔》中说："山川草木，造化自然，此实境也。因心造境，以手运心，此虚境也。虚而为实，是在笔墨有无间，故古人笔墨具此山苍树秀，水活石润，于天地之外，另构一种灵奇。"宗白华认为中国画超脱了刻板的立体空间、凹凸实体及光线的阴影；于是它的画法乃能笔笔虚灵，不滞于无，而又笔笔写实，以物传神；其以"气韵生动"，即生命的律动为终始的对象，而以笔法取物之骨气，所谓"骨法用笔"即为绘画的手法。

陈从周在《说园》中云："中国园林的树木栽植，不仅为了绿化，且要有画意。窗外花树一角，即折枝尺幅；山间古树三五，幽篁一丛，乃模拟枯木竹石图（图5-1）。重姿态，不讲品种，和盆栽一样，能'入画'。"郭熙在《林泉高致》中谈道："山以水为血脉，以草木为毛发，以烟云为神采。故山得水而活，得草木而华，得烟云而秀媚。水以山为面，以亭榭为眉目，以渔钓为精神，故水得山而媚，得亭榭而明快，得渔钓而旷落。此山水之布置也。"园林的创作直接得益于文人的山水画，诸如郭熙这样的画论在中国美术史上比比皆是，都可以直接作为造园的指导原则。

5.1.1　植物景观与画法

南朝齐的谢赫提出画法当为"六法"，并以之作为绘画与品画的双重尺度。"六法者何？一气韵生动是也，二骨法用笔是也，三应物象形是也，四随类赋彩是也，五经营位置

图5-1 江南绘画作品中的经典命题（图片来源：引自《中国美术全集》）

（a）明·文徵明《枯木竹石图》；
（b）明·王绂《乔柯竹石图》；
（c）清·王翚《枯木竹石图》

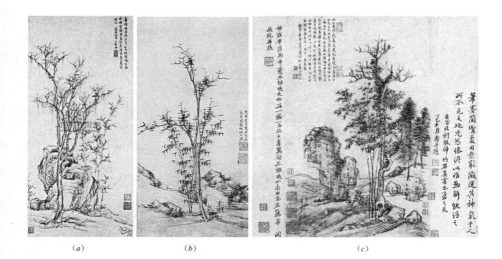

(a)　　　　　(b)　　　　　(c)

❶（唐）张彦远，《历代名画记》记述："昔谢赫云：画有六法：一曰气韵生动，二曰骨法用笔，三曰应物象形，四曰随类赋彩，五曰经营位置，六曰传移模写。"

❷（北宋）沈括，《梦溪笔谈》说："董源工秋岚远景，多写江南真山，不为奇峭之气；建业僧巨然祖述董法，皆臻妙理。"（北宋）米芾《画史》也说："董源平淡天真多，唐无此品。"此派以董源和巨然为一代宗师，世称"董巨"。（明）董其昌，《容台别集·画旨》道："禅家有南北二宗，唐时始分；画之南北二宗，亦唐时分也，但其人非南北耳。北宗则李思训父子着色山水，流传而为宋之赵干、赵伯驹、（赵）伯骕，以至马（远）、夏（圭）辈；南宗则王摩诘（维）始用渲淡，一变勾斫之法，其传为张璪、荆（浩）、关（仝）、董（源）、巨（然）、郭忠恕、米家父子（芾、友仁），以至元之四大家（黄公望、吴镇、倪瓒、王蒙），亦如六祖（即慧能）之后，有马驹、云门、临济儿孙之盛，而北宗（神秀为代表）微矣。"又云："文人之画自王右丞（维）始，其后董源、巨然、李成、范宽为嫡子，若马、夏及李唐、刘松年，又是大李将军之派，非吾曹当学也。"笔者认为北派山水"上突巍峰，下瞰穷谷"，场面浩大，气势雄伟，空间感很强，而南派山水多清旷、平淡、天真。

是也，六传移模写是也"❶。其言论的中心思想是"应物象形""随类赋彩"之模仿自然，及"经营位置"之研究和谐、秩序、比例、匀称等问题。这些都是在园林植物景观中必须多多加以关注的。山水画至北宋初，始分北方派系和江南派系❷。文人画在宋代已有发展，而至元代大兴，画风趋向写意；明清续有发展，日益侧重达意畅神。从宋代开始，绘画风格简远、疏朗、雅致，意境的深化成为绘画中一个关注的重点，所以当时园林景观乃至植物景观都注重通过建筑的题榜来获得"诗化"的象外之旨。从这一时期开始，写意画开始流行，一别于以往"勾线填彩"的工笔画法。画家描绘的是一个局部或者一个片段，作画时有所取舍或者包含着画家的审美意识在内，体现了画家超世不羁的人格追求以及其自身对于宇宙哲学的理解。特别是从元代开始，更为强调笔墨的意趣，线条自身的流动转折，墨色自身的浓淡、位置，笔墨所传达出来的情感、力量、意兴、气势、时空感，构成了重要的美的境界。画面景物可以非常简单，但意兴情趣却很浓厚；此外还在画上题字作诗，以诗文来配合画意，且字数大大多于前朝，除了考虑构图外，还通过文字明确表述含义来加重画面的文学趣味（图5-2）。可以这样说，元代是中国绘画发展史上一个重要的变革时期，非但画面内容、表现技法、作画方式较前代大为突破，更重要的是将文人山水画推进到了完全成熟的境地，奠定了中国绘画美学的主要思想，成为明清一直到近现代绘画领域的主流思潮。特别是元四家，都是江南人士，如倪瓒还积极投身于造园，所以说，

图5-2 元代江南绘画中梅花的意向（图片来源：引自《中国美术全集》）

元代的绘画美学深刻地影响了江南园林，这些特点也反映到植物景观之中❶。

　　文人园林作为精神空间，是物境与心境的统一体，它们不拘泥于外在形态上的模山范水、搜奇列异、包罗毕备，而是以情性的舒展、心灵的自由灵动为根本。这就使文人园林同文人画一样，有不拘形迹的写意之美。如《园冶·掇山》"厅山"条中说，"或有嘉树，稍点玲珑石块；不然，墙中嵌理壁岩，或顶植卉木垂萝，似有深境也"，即以几片山石或数枝藤萝来表现山林一般的意境，石不在多，嘉木不在繁茂，而是以植物来写意，这与绘画理论是相通的（图5-3）。

　　到明清以后，随着园林规模的日益减小，造园的重点都放在尺度偏小的，以静观为主的空间处理上，更为追求"如画"的效果，以情韵取胜。这一时期的美学观念，重在"虚"，要营造空间的流动感，即通过破实为虚的手段，求得视觉效果和观赏心理上的扩充感和无尽感，丰富小空间的内涵，给人以含蓄幽远的精神意趣。李渔对此有很敏锐的把握与精炼的概括，他在《闲情偶寄·居室部》中提出了自己的看法，即"同一物也，同一事也，此窗未设以前，仅作

❶（明）徐沁，《明画录》强调："元季画学大变，尽去板结之习，归于流畅。明初诸公，亲从事于黄、王、倪、吴间，得其字传。"（清）恽南田也说："元人幽秀之笔，如燕舞飞花，揣摩不得。"

图5-3　南翔漪园小松岗卉木垂萝之深境

事物观；一有此窗，则不烦指点，人人俱作画图观矣”，正所谓"尺幅窗，无心画"。如园林植物单单作为客观事物实体，其美总是有限的；然作为"如画"艺术之景，即融进了观景者主观想象力与情感创造，因而其美是难以穷尽的，从而使得植物随人的想象与情感而幻化，早已超越了形迹的束缚。所谓"无心"乃虚之意，通过虚空的门窗纳入周围实景，使实景化为游人心中的虚境，是为园林造就深远无尽的感觉妙趣的重要手段（图5-4）。

对于这样一个需要以画意来充实的，以静观为主的小尺度园林空间而言，"如画"也成为园林植物景观优劣的评判标准。在如此的园林空间格局中，植物便成了极好的表现无心之虚空的园林要素。文震亨《长物志·花木篇》云："草花不可繁，杂随处植之。取其四时不断，皆入图画。"《园冶·自序》也道："合乔木参差山腰，蟠根嵌石，宛若画意。"《园冶·掇山》在"峭壁山"条中云："峭壁山者，靠壁理也。借以粉壁为纸，以石为绘也。理者相石皴纹，仿古人笔意，植黄山松柏、古梅、美竹，收之圆窗，宛然镜游也。"其所讲的掇山之法即以粉壁为纸相衬，以窗为画框，以叠石布景划分整体格局，以或古穆，或虬曲，或顾盼生姿的花木为点缀，营造出画意，正可谓"以壁为纸，木石为绘"，使得园景处处"可望、可行、可游、可居"。

绘画是二维的，园林是三维的，两者在画法上却是相通的。园主从绘画作品中去体会山水、园林的主题表现、布局及造景手法，也从园林这一更加鲜活和充满生机的图景中来参悟绘画的真谛。网师园看松读画轩就是绘画与园居生活的巧妙结合，并通过植物景观将这种结合巧妙地表达了出来。"读画"，观画面，读画上之题咏、题跋、印章，望轩外苍松、残柏，斑驳之木瓜，看松之常青，读画之隽永，更见精神（图5-5）。

图5-4 江南古典园林中植物与窗的画意搭配

5.1.2　植物景观与技法

图5-5　网师园看松读画轩的"松木春色"园林画

绘画中的技法运用更是从其形式上直接影响了植物景观的营造，主要表现在两个方面：其一是园林景观植物材料的选择，其二是园林景观植物材料的配置。

1. 植物材料的选择

历朝画家在画植物时都对具有特定姿态的植物有所偏好，特别是松、竹、梅、菊等园林中常用的植物。如宋代马远将"大斧劈皴"这种拉长墨线的手法运用于树枝画法上，世人称之为"拖枝"，被拉长的松枝从树梢向下作左右重复且平行的安排，犹如一个"伞"字，形成一种颇为独特的画法（图5-6）。又如画家们将梅花未开、欲开、盛开、将残之姿仔细描摹，可见他们对植物"用情至深"。文震亨在《长物志·花木篇》"梧桐"条中就论述了园林中栽植梧桐要如何选苗："青桐有佳荫，株绿如翠玉，宜种广庭中，当日令人洗拭，且取枝梗如画者，若直上而旁无他枝，如拳如盖，……皆所不取。"江南园林中常见的松、竹、梅、兰、菊，都是历代江南画家尽心描摹之物，他们在其中寄托的情思，也影响到植物造景中植物材料姿态的选择（图5-7），进而影响到园林植物景观。

图5-6　江南画家对于植物姿态的独特画法（图片来源：引自《中国美术全集》）

2. 植物材料的配置

元代著名画家、造园大家倪瓒也有很多画作对个体植物如何搭配进行了生动的诠释，对此后造园的植物种植产生了较深的影响（图5-8）。清代画家、僧人、造园家石涛在其《石涛画语录·林木章》中论述了如何搭配植物才具有画意，"古

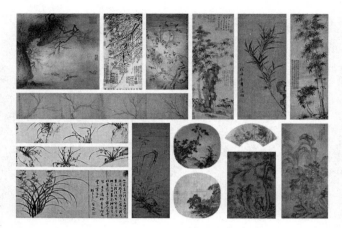

图5-7 江南画家笔下松、竹、梅、兰的多种姿态（图片来源：引自《中国美术全集》）

课图手稿　　　疏林图　　　江亭三色　　　　山水

（a）

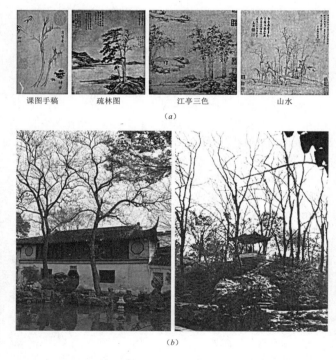

图5-8 倪瓒画作中乔木个体间关系揣摩

（a）与江南园林植物景观；（b）（图片来源：图5-8a底图引自《中国美术全集》）

（b）

人写树，或三株、五株、九株、十株，令其反正阴阳，各自面目，参差高下，生动有致"，生动地论述了小尺度不同棵数乔木搭配的要诀。此外李渔《芥子园画谱·初集·卷一》

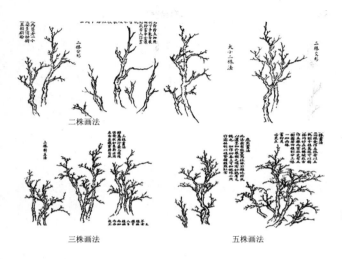

二株画法

三株画法

五株画法

图5-9 李渔《芥子园画谱》中乔木搭配组合的模式范例（图片来源：引自《芥子园画谱》）

也有"大小二株""三株之穿插、对立、高低"以及"五株法"等，对树木的经典绘画技法进行了总结（图5-9），其中有关植物之间相互搭配成景的内在规律的阐释，对后人造园大有启发，如现代植物景观设计中为人熟知的孤植、丛植，以及更为细分的同种树木以及不同种树木的丛植。

5.2　诗文传统与植物景观

　　《文心雕龙》开篇所言"文之为德也大也，与天地并生者何哉"，表明了"文"在中国文化中的崇高地位，而追求文华绮秀之美乃是从文学到园林等诸多门类的艺术通则。清·张潮《幽梦影·论山水》云："有地上之山水，有画上之山水，有梦中之山水，有胸中之山水。……文章是案头之山水，山水是地上之文章。"江南古典园林便是那地上之文章，在耐人寻味之中值得细细品味。

　　梁启超在《中国地理大势论》中也对不同地域文化及不同的文学风格做了阐述："吴楚多放诞纤丽之文，……江南草长，洞庭始波，南人之情怀也；……骈文之镂云刻月善移我情者，南人为优。盖文章根于性灵，其受四围社会之影响特甚焉。"江南诗词歌赋的清丽之风也刮进江南古典园林，主要从文体结构和诗词意韵两个方面影响园林景观，特别是植物景观的营造。

❶（宋）张镃，《梅品》，见：
（宋）周密，《齐东野语》，中华
书局，2004年。

❷（清）顾禄，《艺菊须知·卷
二》，刻本，金阊顾氏校经精
舍，1838年。

陈从周云："园之佳者如诗之绝句，词之小令，皆以少胜多，皆不尽之意，寥寥几笔，弦外之音，犹绕梁音。"宋人张镃认为赏梅的时候最忌为"恶诗"相配❶，而清人顾禄则认为赏菊最宜为"陶诗陆赋"❷；清代诗人汪春田重葺文园有诗云："换却花篱补石阙，改园更比改诗难；果能字字吟来稳，小有亭台亦耐看。"造园如缀文，千变万化，不究全文气势立意，而仅务辞汇叠砌者，能有佳构乎；赏植物景观也需要佳句相配。

比较而言，如果山水画对植物景观的影响是一种点状的影响，其指导的是如何呈现一幅幅精致、独立的图画，那么，如何将这些画面串联起来形成画卷，则需要通过缀文，把握全园的立意，按照文体结构进行铺陈，才能形成流动的空间画卷。如何使画卷与意境相融，则需要借诗词之意韵，让景、情、境交融，实现"诗中有画，画中有诗"。也可以这样理解，江南文人们在园中"雕琢情性，组织辞令"，以植物书写心中的篇章。

5.2.1 植物景观与诗文铺陈

江南古典园林植物景观在布局上，与江南的清丽活泼文风相类似，没有八股文似的起承转合与平铺直叙，而是在灵动随意之中呈现出主次与重点以明确主题，尤其是注重游人的感受，使其心情张弛有度，在空间的流转中体悟其秩序与意蕴。对植物景观的整体布局，没有明显的流线和轴线关系，而是通过游人自身体验式的游走，感受景观序列的节奏、韵味（图5-10）。

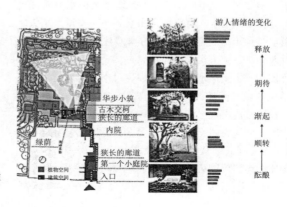

图5-10 留园入口空间序列植物景观铺陈

　　这一整体布局所带来的心情变化可以是一个小空间序列上的，也可以是全园尺度上的。小空间序列上一个成功的实例就是留园入口的空间。在狭长、弯曲、幽闭的游廊中，加入三个种植空间，第一个庭院铺设花色鲜艳的杜鹃，第二个灰空间植以翠竹，第三个内院用石笋、玉兰、桂花、南天竹、山茶形成一幅清丽的图画，使人心情舒缓。然后继续向前就是著名的古木交柯和华步小筑，最后在绿荫处压抑的心情得到释放，游人的心情也在此处达到高潮。如此调动游人的心理体验，含而不露，整个如同一首短小精干的诗词，清丽而又有张力（图5-11）。

　　全园尺度上如拙政园，园内景点甚多，其中很多景点都以不同的植物材料为胜，植物景观各具特色，雪香云蔚亭、绣绮亭、海棠春坞、十八曼陀罗馆、香洲、荷风四面亭、待霜亭、梧竹幽居、松风水阁等，可谓四季流转，华彩处处，游线相互交汇，可随心游走。园中展现了各异的植物风姿、韵味，通过春之梅花，夏之荷花，秋之柑橘，冬之苍松彰显园主自洁清高、孤芳自赏的个人情趣，自慰中所内隐的心有不甘，即所谓的"拙政"也❶。至此，通过色、香、味、姿、声、韵来多角度地展示植物之美，时间流变之美，

❶　拙政园园名取晋·潘岳《闲居赋》"灌园鬻蔬，是以供朝夕之膳，是亦拙者之为政也"的语意，明人文徵明曾言其"聊以宣其不达之志焉"。

图5-11　网师园植物景观的铺陈与"隐逸"主题的表达

含蓄而细腻地表达了拙者之心情。网师园也是通过小山丛桂轩馥郁的木樨，冷泉亭清幽的蜡梅，殿春簃卓韵的芍药，看松读画轩交辉的松柏、竹外一枝轩清丽的梅花来隐喻园主的高洁品格，同时晦暗渐明，通过植物的层层烘托，暗合网师园"渔隐"的主题（图5-11）。湖州南浔小莲庄全园以荷花作为主题，占园子1/3面积的荷塘植满荷花，以荷花池为中心展开全园布局，以群体之美来阐释"莲"的命题。其实很多江南园林构园的立意构思皆出于诗文，所以整个园林就是一个诗文的命题，需要构园者用植物、山水、建筑等进行释题。陈从周就曾谈道，江南各古典园林"树木品种多有特色，如苏州留园多白皮松，怡园多松、梅，沧浪亭满种箬竹"，这些都是造园者在用植物释题，以白皮之清朗衬映"寒碧"之心境❶，以松梅之高古表怡然自乐之心态，以箬竹之苍苍表"清风明月本无价，近水远山皆有情"的幽朴自适。如是，我们能从中一窥诗文铺陈与园林植物景观之间最为关键的联系。

5.2.2　植物景观与诗词意境

　　诗词的情调也会受到山水情致的熏染，正所谓"情以物迁，辞以情发"。赋诗填词之前要通过观察自然来唤起内心情感，"遵四时以叹逝，瞻万物而思纷。悲落叶于劲秋，喜柔条于芳春"❷，正是通过对景物的积极回应来获得丰富的心理感受（图5-12）。

❶ 留园原名寒碧山庄。

❷ （西晋）陆机，《文赋》。

图5-12 江南文人的诗文创作与植物景观（图片来源：引自《中国美术全集》）

（a）明·文徵明《秋山觅句图》；
（b）明·万邦治《秋林觅句图》；
（c）明·杜堇《题竹图》

　　　　　　（a）　　　　　　　　（b）　　　　　　　　（c）

　　江南古典园林与诗词有着千丝万缕的联系，江南文人也养成了在私家园林中整理校勘典籍的风气，如萧梁昭明太子于玄圃山水清音间编著了著名的《昭明文选》，其后许多以收集珍本书籍而著名的场所，都是以山水花木等景观为胜的文人园林。恰如江南文人翁森在《四时读书乐》中所写的"冬读"一节——"读书之乐何处寻，数点梅花天地心"。从中可一窥植物景观与诗文之间的紧密关系。

　　不过，对于江南古典园林植物景观影响最为突出的，莫过于诗词意境，有很多以植物景观为胜的江南古典园林景点与诗词意境存在着密不可分的联系（表5-1）。曹林娣曾在园境中感受古典诗文的馨香，视网师园若晏小山词，清新不落套；留园秀色夺人，犹吴梦窗词；拙政园中部，清空骚雅，如姜白石词风；沧浪亭蕴涵哲理，耐人涵咏，则具宋诗神韵；怡园仿佛清词，集萃式的传统词派的模拟。汪菊渊也认为从诗赋中也可以间接地推想和研究古人在园林中组织的植物题材和欣赏的意趣。

江南古典园林中常见植物及其植物景观内在意境来源　　　　　　表 5-1

植物	经史文意	楚辞	魏晋风流	唐诗	宋词	明清诗词	即景式题咏
竹	—	—	—	静深亭、涵青亭、梧竹幽居、修竹阁、小竹里馆	玲珑馆、玉延亭	—	倚玉轩、四时潇洒亭
松	松风水阁	—	—	古五松园	—	—	看松读画轩
柏	揖峰指柏轩	—	—	—	—	—	—
橘	—	待霜亭	—	待霜亭	—	—	—
荷花	—	香洲	—	藕香榭、水香榭	远香堂、爱莲窝、水香榭	荷风四面	—
牡丹	—	—	—	绣绮亭	—	—	—
芍药	—	—	—	—	殿春簃	—	—
芭蕉	—	—	听雨轩	听雨轩	听雨轩	—	—
梧桐	—	—	—	梧竹幽居、碧梧栖凤馆	—	—	—

续表

植物	经史文意	楚辞	魏晋风流	唐诗	宋词	明清诗词	即景式题咏
梅花	雪香云蔚亭、问梅阁	—	—	南雪亭	嘉实亭、雪香云蔚亭、竹外一枝轩①、暗香疏影楼	—	—

① 取宋·苏轼《和秦太虚梅花》诗句"江头千树春欲暗，竹外一枝斜更好"之意，突出了梅花的幽独娴静之态和欹曲之美。

❶（唐）王昌龄，《诗格》云："诗有三境：一曰物境；二曰情境；三曰意境。"

❷《四库全书总目提要》评《二十四诗品》："故是书亦深解诗理，凡二十四品：曰雄浑、曰冲淡、……各以韵语十二句体貌之。所列诸体皆备，不主一格……"

所谓诗词意境，是物、情、境三者的审美升华❶，由文本形象引发而存在于审美想象之中，所追求的即唐代诗人司空图所说的"韵外之致""味外之旨""景外之景"，以把握那种只可意会而不可言传，难以形容却动人心魄的意趣和韵味❷。从雄浑、劲健之气势到素、清、浅之淡雅，多是借助植物景观的独特美感来加以阐释的，同时也深刻地影响了江南古典园林植物景观的发展，而诗品也成为营造与品鉴植物景观的意境基准，为植物景观的意境渲染提供了很好的蓝本（表5-2）。

《二十四诗品》与园林植物景观　　　　　　　　表5-2

诗品	植物景观
冲淡	阅音修篁，美曰载归。遇之匪深，即之愈稀
纤秾	采采流水，蓬蓬远春。……碧桃满树，风日水滨。柳阴路曲，流莺比邻
沉着	绿杉野屋，落日气清。脱巾独步，时闻鸟声
高古	畸人乘真，手把芙蓉
典雅	……坐中佳士，左右修竹。眠琴绿荫，上有飞瀑。落花无言，人淡如菊
绮丽	浓尽必枯，淡者屡深。雾馀水畔，红杏在林
自然	俱道适往，着手成春。如逢花开，如瞻岁新。……幽人空山，过雨采苹
含蓄	不着一字，尽得风流。……如满绿酒，花时反秋
豪放	观花匪禁，吞吐大荒。……天风浪浪，海山苍苍。……晓策六鳌，濯足扶桑
精神	……明漪绝底，奇花初胎。青春鹦鹉，杨柳楼台
缜密	……水流花开，清露未晞。……犹春于绿，明月雪时
疏野	……筑室松下，脱帽看诗。但知旦暮，不辨何时

续表

诗品	植物景观
清奇	娟娟群松，下有漪流。晴雪满竹，隔溪渔舟
委曲	登彼太行，翠绕羊肠。杳霭流玉，悠悠花香
实境	……清涧之曲，碧松之阴。一客荷樵，一客听琴
悲慨	大风卷水，林木为摧。……萧萧落叶，漏雨苍苔
形容	……如觅水影，如写阳春。风云变态，花草精神
超诣	……如将白云，清风与归。……乱山乔木，碧苔芳晖
飘逸	落落欲往，矫矫不群。……御风蓬叶，泛彼无垠
旷达	……花覆茅檐，疏雨相过

　　这些诗词意境中无言的、清淡悠远的境界，体现在天然趣深的山水林木景观之中。苏州怡园之松籁阁前曲溪幽深，林翳蔽日，与《二十四诗品》"碧涧之曲，古松之阴"之句意境相侔。曲园小竹里馆遍植方竹，"深林人不知，明月来相照""风篁成韵，虽一片静景，而以浑成出之"，与诗品中冲淡之境相近❶。孙联奎《诗品臆说》云："静则心清，心清闻妙香，素处以默，妙已裕矣。以心之妙，触景之妙；此时之妙，乃妙不可言。"沧浪亭闻妙香室在建筑四周植梅花十余，早春暗香浮动，再现心清之意境。拙政园留听阁则直取诗意"留得残荷听雨声"❷，秋风、残荷、密雨，三者表达出肃静、悲慨之情境（图5-13）。

　　一些与诗词有直接关联的江南古典园林，其中的植物景观诗意充溢，如明代常熟虞山西岩庄，其内有葬诗冢，嘉定

❶（清）俞陛云，《诗境浅说·续编》。

❷（唐）李商隐，《宿骆氏亭寄怀崔雍崔衮》，见:《全唐诗》。

图5-13 江南古典园林中与诗意相侔的植物景观

（a）怡园松籁阁；
（b）曲园；
（c）秋霞圃觅句廊

（a）　　　　　　　　　（b）　　　　　　　　　　（c）

秋霞圃之洗句亭和觅句廊，沧浪亭之闲吟亭与静吟亭等。闲吟亭幽雅别致，西望悠然见假山，竹木清妍，古趣盎然，山巅的沧浪亭直面相对；北看复廊蜿蜒，树荫登墙，漏窗外水光一片；南侧梅树成林。从这些实例可以看出，在植物景观营造时，诗意的体现并不是生搬硬套诗句中的景象，而是融会贯通，根据园主心境选择诗词中所描绘的景象，将体味诗之意境作为景观营造的最高目标，使作者得于心，览者会以意。如是一个始由景而动，经过情景交汇，终至境由情发（"景—情—境"）的植物景观赏析序列就此形成，成为园林植物景观的营造基准。

第 6 章

江南古典园林植物景观与造园理念

6.1　植物景观营造理法的江南积淀

　　中国历史上最为著名的造园著作，分别是计成的《园冶》，文震亨的《长物志》，李渔的《闲情偶寄》。这三位造园大家通过在江南地区长期的造园活动，积淀了丰厚的营造经验，形成了从营造理法到营造手法的个人造园理念。这些个人造园理念对江南古典园林的考察与研究，具有从实践到理论的双重指导意义，不仅有助于对江南古典园林发展的全面把握，更有利于对江南古代园林营建的深入探究，从而促使所有这些个人造园理念在造园传统的不断延续之中发扬光大。

　　《园冶》作为中国现存最早，也是最系统的造园著作，注重园林营建的技术阐发，以巧于"因""借"，精在"体""宜"❶的造园要旨贯穿于全书，虽无植物景观营造专篇，但洋洋洒洒间涉及植物30余种，包括乔木、灌木、藤本、竹类和草本等。对植物景观的论述虽然零散，但仍可从中梳理出计成这位大师的植物景观营造心得。而在《长物志》与《闲情偶寄》中分别纳入了"花木篇""种植部"，按照植物类别对每类植物的观赏特性、品性和栽植位置、栽植方法等都有所描述，细加梳理便可一窥其栽植理念。与此同时，《长物志》《闲情偶寄》还不厌其详地记述种种园事，记述重点为园林赏游。由此而来，江南的三大造园著作通过互为补充与印证，在取长补短之中奠定了江南古典园林造园理念走向体系建构的坚实基础。

　　显然，在江南古典园林造园理念的体系建构之中，植物景观的营造理念是主要构成之一。不过，尽管江南地区涉及古典园林植物景观设计的笔记、诗词歌赋浩如烟海，在明代以前却无专门论著，有关论述散见于各种与植物景观相关的文本之中。东晋·谢灵运《山居赋》引经据典，对上古穴居、山川涧石、景观楼阁、人居环境、松柏檀栎、麻麦粟菽、瓜果蔬菜、鱼虫鸟兽等都有精彩描写，堪称第一部诗化的园林百科全书。唐宋时期有诸多园记，著名的如袁学澜的《适园丛稿》，张镃的《赏心乐事》及《桂隐百课》。特别是张镃在园记中对植物景观的详细描摹，对植物造景布局及赏景年历的编写，是南宋时期植物景观设计旨意上的个人突破。元代常熟的钱泳善品园，其撰写的《履园丛话》中也记载了不少关于江南古典园林植物景观发展的珍贵史料。

自明代中叶起，江南地区的造园活动逐步达到鼎盛，诚如袁宏道所言的"苏郡文物，甲于一时。至弘正间，才艺代出，斌斌称极盛"❶。于是乎，此时大量书画名家、文人墨客或为自己造园，或参与朋友园林的建造和设计。随着众多书画家的大显身手，他们在绘画书法或诗歌文章方面的心得体会，从学理思考到技巧手法都直接或间接地融入造园之中。

此时园中的植物景观营造往往是主人亲历亲为的。陈洪绶在《涉园记》中谈到园主对植物种植的重视，包括植物的选择以及栽植的位置等，无不事必躬亲。根据场地现状选择植物材料，"因其地势之幽旷高下，择其华木之疏密高卑，又非嘉木异卉不树也"。每至园中则种一花木，再至则又拔一花木，如此反复斟酌，直至其"枝干荣茂而可观，根本深固而不拔"，也就是说，一直到花木与其环境位置相宜，搭配疏朗有致才停止❷。王心一在建造归田园时，其内"一花一木，皆自培植，乞分付园丁，时加防护"❸，可见王心一对植物景观从设计到营造的重视。丰富的造园实践培养了一大批造园家、赏园家。明清时期江南地区出版了大量城市园志，如《古今名园墅编》《扬州画舫录》《娄东园林志》等，以及《平山堂图志》等专园专志，大量园林园景志书的问世也催生了造园理念个人著作的出现，在总结江南居民造园的宝贵经验的同时，进而使之上升到学理的高度，促成了植物景观营造传统的不断充实与延续。

在这些个人著作之中，以三大造园名著中的《园冶》最具有代表性。《园冶》中有关江南古典园林植物景观的营造理法主要有两点：其一是巧于因借，其二是精于体宜。这两点对此后植物景观的江南营造乃至中国营造发挥了推动性的影响与作用。

6.2　植物景观的三才之宜

6.2.1　因借天巧——国色天香

从总体上看，以私家园林为代表的江南古典园林植物景观色彩淡雅，绿色是其基调，群植能形成色块的植物也多以青绿色为主（图6-1）。常绿针叶植物如松柏，阔叶植物

❶（明）袁宏道，《叙姜陆二公同逅稿》。

❷《涉园记》，见：（清）陈洪绶撰，吴敢点校，《陈洪绶集·卷二》，浙江古籍出版社，1994年，第31页。

❸（清）钱泳，《履园丛话·卷二十》，"园林·归田园"。

(a)　　　　　　　　　　　　　　　　(b)

图6-1 江南古典园林植物景观
的绿色基调和层次

（<i>a</i>）西园梅圃；
（<i>b</i>）醉白池

❶（明）计成，《园冶·相地·
村庄地》。

❷（明）计成，《园冶·相地·
城市地》。

❸（明）计成，《园冶·相地·
郊野地》。

❹（明）计成，《园冶·相地·
傍宅地》。

❺（明）计成，《园冶·屋宇》。

❻（清）陈淏子，《花镜·课花
十八法·种植位置法》。

❼（明）计成，《园冶·栏杆》。

❽（明）文震亨，《长物志·花
木篇》。

如朴、榉、梧桐等所形成的深深浅浅、程度不同的绿色层次，使得园林整体氛围恬静淡雅。《园冶》中对这种恬淡的园景营造的阐释也有其自身的独到之处，其中"堂虚绿野犹开"❶"虚阁荫桐"❷"屋绕梅余种竹"❸"竹修林茂"❹之景，都是在演绎以绿色为基调的诸多气氛，使得园林中的植物景观得以"时遵雅朴"❺之美。

　　在植物景观的色彩搭配上，"因其质之高下，随其花之时候，配其色之浅深，多多方巧搭"❻。个别具有视觉冲击力的颜色以点缀的形式出现，如红色、黄色等色系，恰如"万绿丛中一点红，动人春色不须多"之意，在绿色的背景之上，秉承"减便为雅"❼、含蓄雅致之原则。如"柳暗花明"❹"花隐重门若掩"❶"溪湾柳间栽桃"❸等植物景观营造方式都是在渲染绿色基调的前提之下，以补色类色调跳出背景，以少胜多，避免产生对比强烈的视觉刺激（图6-2）。

　　对于各类植物的色彩之相，古人也有其精辟的认识。色彩浓烈，能引发强烈心理感受的，谓之"姿艳、夭冶、繁灼、红灿、韵娇、丽闲、荣久、丛金、障锦"❻，多为红色系和黄色系观花植物，如牡丹、芍药、桃花、杏、石榴、海棠、紫荆、棣棠、蔷薇、木芙蓉、锦葵等，或斜映明霞更显娇媚，或横参翠柳以显风致，或粉壁绿愆，红白相间，更见幽韵。此类花卉多"点缀林间，不宜多植"❽。姿艳者还可以与其他园林要素搭配，如牡丹、芍药与玉砌雕台红白搭配，以素药艳（图6-3）。

　　色泽清雅者谓之"标清、品逸、韵洁、虔鲜、操介、骨苍、致清、舒雪"❻，多为绿色系乔木如松柏、梧桐以及白色系、浅粉色系花卉，如梅花、蜡梅、梨、李、荷花、木槿，于素淡中见雅趣。"挹以凉爽，坐以皓魄，或手谈，或啸咏其下"❶，栽植规模可以偏大，配置手法可群植、林植，以体现生活情趣❶。又如关于玉簪，文震亨最为推崇的种植方式是，"宜在墙边连种一带，花时一望成雪"❷。如此以白色系花卉拟雪的造景手法在江南园林中也颇为多见，典型的如怡园南雪亭、拙政园雪香云蔚亭以及留园佳晴喜雨快雪亭等，以梅花、广玉兰、玉兰等营造"雪"景，正应了"雪似梅花，梅花似雪，似和不似都奇绝"之"庭树飞花作雪"的意境❸（图6-4、图6-5）。

❶（清）陈淏子，《花镜·课花十八法·种植位置法》。

❷（明）文震亨，《长物志·花木篇》。

❸（宋）吕本中，《踏莎行》。

图6-2 万绿丛中一点红

图6-3 山茶、梅花与雪的红白相映（图片来源：引自《中国美术全集》）

图6-4 怡园南雪亭的"雪"景

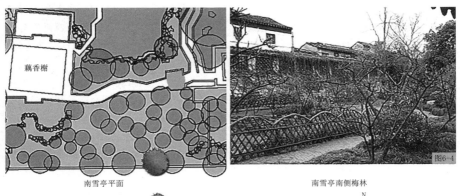

南雪亭平面　　　　　　　　　南雪亭南侧梅林

■ 南雪亭　　● 梅花　　● 瓜子黄杨

0　5　10　　20m

图6-5 拙政园雪香云蔚亭梅花似雪之景

❶（明）计成，《园冶·借景》。

❷（明）计成，《园冶·立基》。

❸（明）文震亨，《长物志·花木篇》。

与此同时，《园冶》在谈及植物景观时也多次提到以芳香植物为主的景致。芳香氤氲，无形无色，但弥布空间甚广，触动性极强。如兰草之"扫径护兰芽，分香幽室"❶，荷花之"池荷香绾"❶"遥遥十里荷风，递香幽室"❷，桂花之"冉冉天香，悠悠桂子"❶。文震亨认为"丛桂开时，真称'香窟'"❸，所以在配置时林植从密，不杂他树，营造郁闭之桂林，以体"香窟"之神韵。《幽梦影》中对花之馥郁的认识颇深，还进行了分类，如"花之宜于目而复宜于鼻香，梅也、菊也、兰也、水仙也、珠兰也、莲也；止宜于鼻者，橼也、桂也、瑞香也、栀子也、茉莉也、木香也、玫瑰也、蜡梅也"。《长物志·花木篇》针对茉莉、素馨等芬芳类花木，还提出"夏夜最宜多置，风轮一鼓，满室清芬"，可见古人对于植物芬芳这一特性的重视，除地栽外，还多盆栽，使得满室馥郁，让人们在沁人心脾的芳香中体味无穷之意味。

❹（明）计成，《园冶·自序》。

❺（明）计成，《园冶·掇山·峭壁山》。

不过，只有植物景观的色与香融入园林画意之中，才会体现出国色天香、自然天成的韵味来——"令乔木参差山腰，蟠根嵌石，宛若画意"❹"借以粉壁为纸，以石为绘也。理者相石皴纹，仿古人笔意，植黄山松柏、古梅、美竹"❺，所有这些都证明了植物景观的感觉形态，即天然的色彩与香味对于植物景观营造的重要作用。早在东晋，谢灵运就在其山居周围"凌岗上而乔竦，荫涧下而扶疏；沿长谷以倾柯""选其美者栽之"。此外，对于灌木、草本花卉，更注重花叶的天然质感与园林景观之间的搭配，先如《园冶》所论"芍药宜栏，蔷薇未架；不妨凭石，最厌编屏；未久重修；安垂不朽"❻，继而则如《幽梦影》所说"花与叶俱可观者，秋海棠为最，荷次之。海棠、虞美人、水仙，又次之。叶胜于花者，止雁来红、美人蕉而已。花与叶俱

❻（明）计成，《园冶·相地·城市地》。

不足观者紫薇也、辛夷也"（图
6-6）。今人在对植物的叶级、
叶型、叶质和叶缘进行量化研究
时也发现，江南古典园林木本植
物以小型叶、单叶、非革质叶者
居多，大型叶和微型叶鲜见，复
叶植物较少；乔木以非全缘叶占
多，灌木则反之；具有小叶型、
非革质叶、非全缘叶、单叶的落
叶乔木是决定该园植物群落外貌
的主要部分。叶片的质地、全缘
与否以及单、复叶决定了群落的
外貌是否整齐、群落色调的深浅
以及群落所表达的意境。具有非
革质叶的植物更能表现出人文、
写意的意境，更适合在一个小空
间内营造出江南水乡、小桥流水
的感觉。

图6-6 江南古代造园者对不同
植物叶色、叶形、叶质的认识
（图片来源：引自《中国美术
全集》）

　　植物景观的色与香因天时而
变，江南古典园林植物景观素来
注重"因时而借"，南宋之桂隐林泉就是"因时而借"，乃
四时之植物季相美景的典范，后人造园无人能及。明·高濂
《遵生八笺·四时调摄笺》中就以春、夏、秋、冬各列"高
子幽赏十二条"，道尽四时风物❶，可见古人对植物四时变
幻之美的重视。清·范祖述《杭俗遗风》中也有"时序类"
专篇，以论述四季植物景观为主。

　　由此可见，江南文人以敏锐的感觉、审美的眼光，潜心
体察景物在四季中的诸多变化。计成认为园中之景岂"一湾
仅于消夏，百亩岂为藏春"❷，四时流转，植物景观各自为
胜。春则"对邻氏之花，才几分消息；可以招呼，收春无
尽"❸，体会"闲闲即景，寂寂探春"❹；秋则"梧叶忽惊
秋落"❺，一叶知秋，"醉容几阵丹枫"❺，枫林向晚，正可
谓"花殊不谢，景摘偏新"❺。园林植物配置注重四季有不
谢之花，取景偏宜应时揽新。植物的春芽、秋叶、繁花、硕
果，以各自斑斓之色及袭袭花香、果香，点缀弥漫于绿色葱
郁的园景中，别有一番韵味（表6-1）。

❶（明）高濂，《遵生八笺·四
时调摄笺》，"四时幽赏录"。

❷（明）计成.《园冶·园说》。

❸（明）计成.《园冶·相地》。

❹（明）计成.《园冶·相地·
山林地》。

❺（明）计成.《园冶·借景》。

江南古典园林中植物景观中具有代表性的
"四时"之景　　　　　　　表6-1

季节	地点	园林	景点	观赏对象
春	扬州	个园	竹子	新叶、春笋
		平山堂	真赏轩	梅花
	无锡	寄畅园	嘉树堂	元宝枫、石楠
			梅亭	梅花
	苏州	拙政园	雪香云蔚亭	梅花
			十八曼陀罗馆	山茶
			绣绮亭	牡丹
			玉兰堂	玉兰
			海棠春坞	海棠
		留园	古木交柯	山茶
			小瀛洲	紫藤
			清风池馆	垂柳
			看松读画轩	牡丹
		网师园	露华馆	牡丹、芍药
			殿春簃	芍药、紫藤
			濯缨水阁	玉兰
		北寺塔	西园	梅花
		狮子林	问梅阁、暗香疏影楼	梅花
		虎丘	冷香阁	梅花
	杭州	西泠印社	后山门	杜鹃
		郭庄	卷舒自如亭	元宝枫
			乘风起浪	梅花
	上海	豫园	得月楼	紫藤
夏	苏州	拙政园	远香堂	荷花
			香洲	荷花
			嘉实园	枇杷
			听雨轩	芭蕉
		怡园	藕香榭	荷花
	吴江	退思园	水香榭	荷花

续表

季节	地点	园林	景点	观赏对象
秋	扬州	个园	秋山	秋色叶
		何园	桂花厅	桂花
	无锡	寄畅园	—	秋色叶
	苏州	拙政园	待霜亭	柑橘
		留园	闻木樨香处	桂花
			绿荫	元宝枫
		网师园	小山丛桂轩	桂花
		沧浪亭	清香馆	桂花
		环秀山庄	问泉亭	元宝枫
	吴江	退思园	桂花厅	桂花
	杭州	郭庄	卷舒自如亭	元宝枫
冬	苏州	拙政园	嘉实园	枇杷
		网师园	冷泉亭	蜡梅

　　江南居民在赏游之时也看重植物景观周遭的风云变幻。宋人对赏梅的天气有所要求，如以"淡阴、晓日、薄寒、细雨、轻烟、佳月、夕阳、微雪、晚霞"诸时为最佳，以"狂风、连日阴雨、烈日、苦寒"为大忌❶。而清人赏菊也相类，以"金风、新霜、骄阳、月下观赏"为宜，避"霾雨、严霜"❷之时。这些赏游活动之中出现的巧思直接影响到植物景观的营造，强调对雨雪、阴晴、圆缺诸多天气与天象这样的"天巧"的因借成景。

　　明代，王世贞《弇山园记》中也谈道："中弇以石胜，东弇以月境胜。中弇尽人巧，东弇时见天趣。"而陈继儒在赏游植物景观的四时之趣这一基础上，更做了详细的类分，如四时之花配相宜之相，谓"赏花有时有地，不得其时而漫然命客，皆为唐突。……寒花宜初雪，宜雨霁，宜新月……温花宜晴日，宜轻寒……暑花宜雨后，宜快风，……凉花宜爽月，宜夕阳……"❸。清·高濂《遵生八笺》论春赏桃花之六趣当在"晓烟初破，霞彩影红，明月浮花，夕阳在山，细雨湿花，高烧

❶（宋）张镃，《梅品》，"赏梅凡二十六条"：为澹阴；为晓日；为薄寒；为细雨；为轻烟；为佳月；为夕阳；为微雪；为晚霞；为珍禽；为孤鹤；为清溪；为小桥；为竹边；为松下；为明牕；为疏篱；为苍崖；为绿苔；为铜瓶；为纸帐；为林间吹笛；为膝上横琴；为石枰下棋；为扫雪煎茶；为美人澹妆簪戴。"花憎嫉凡十四条"：为狂风；为连雨；为烈日；为苦寒；为丑妇；为俗子；为老鸦；为恶诗；为谈时事；为论差除；为花径喝道；为对花张绯幙；为赏花动鼓板；为作诗用调羹驿使事。此外还有"花荣宠凡六条""花屈辱凡十二条"。见：（宋）周密，《齐东野语》，中华书局，2004年。

❷（清）顾禄，《艺菊须知》，"菊宜二十有四"：金风、新霜、骄阳、月下、灯前、旷圃、平台、屋巅、庭心、疏篱、扁舟、粉壁、藓石、磁盆、琴几、佳茗、逸士、新咏、名画、把杯、持螯、橙绿橙黄、陶诗陆赋。"菊忌二十有四"：霾雨、严霜、虫蠹、雀啄、手摸、鼻嗅、艾本接花、梭线缚竹、堆山、论担、昂价、焚香、酗酒、俗客、酒肆、茶坊、峻宇、采摘、盈头、罗列满座、置不洁地、赠非其人、早陈座上、久闭室中。见：《艺菊须知·卷二》，刻本，金阊顾氏校经精舍，1838年。

❸（明）陈继儒，《小窗幽记·集倩》。

❶（清）高濂，《遵生八笺·四时调摄笺》，"苏堤看桃花"载："六桥桃花，人争艳赏，其幽趣数种，赏或未尽得也。若桃花妙观，其趣有六：其一，在晓烟初破，霞彩彤红，微露轻匀，风姿潇洒，若美人初起，娇怯新妆。其二，明月浮花，影笼香雾，色态嫣然，夜容芳润，若美人步月，丰致幽闲。其三，夕阳在山，红影荷艳，酣春力倦，妩媚不胜，若美人微醉，风度羞涩。其四，细雨湿花，粉容红腻，鲜洁华滋，色更烟润，若美人浴罢，暖艳融酥。其五，高烧庭燎，把酒看花，瓣影红绡，争妍弄色，若美人晚妆，容冶波俏。其六，花事将阑，残红零落，辞条未脱，半落半留，兼之封家姨无情，高下陇作，使万点残红，纷纷飘泊，或扑面撩人，或浮樽沾席，意恍萧骚，若美人病怯，铅华消减。六者惟真赏者得之。"

❷（明）计成，《园冶·相地·城市地》。

❸（明）计成，《园冶·相地·郊野地》。

庭燎"❶之时。这些论述都阐释了园林植物景观营造中对天地之相的充分利用，颇有光影流转、微风拂扫之情趣。

《园冶》中在论述植物景观时，也十分注重与天象、天气的搭配，"溶溶月色，瑟瑟风声"❷"似多幽趣，更入深情"❸（表6-2）。而计成亲自设计建造的名园——影园，

《园冶》中植物景观与天象、天气搭配的范例　　表 6-2

环境条件	植物景观	植物材料
风	冰调竹树风生① 晓风杨柳，若翻蛮女之纤腰① 风生寒峭，溪湾柳间栽桃② 松寮隐僻，送涛声而郁郁③ 片片飞花，丝丝眠柳④ 云冥黯黯，木叶萧萧④	竹、柳、桃、松、阔叶乔木、观花乔灌木
月	虚阁荫桐，清池涵月⑤ 月隐清微，屋绕梅余种竹② 竹修林茂，柳暗花明⑥ 恍来临月美人⑦	梧桐、梅花、竹
雨	夜雨芭蕉，似杂鲛人之泣泪	芭蕉
雪	探梅虚蹇，煮雪当姬⑥	梅
雾	深柳疏芦之际，……悠悠烟水，澹澹云山；……拍起云流，殇飞霞伫⑧	柳、芦苇
影	窗虚蕉影玲珑⑥ 曲曲一湾柳月，濯魄清波⑨ 修篁弄影，疑来隔水笙簧⑩ 桃李不言，似通津信；池塘倒影，拟入鲛宫⑨	芭蕉、柳、桃、李

① （明）计成，《园冶·园说》。
② （明）计成，《园冶·相地·郊野地》。
③ （明）计成，《园冶·相地·山林地》。
④ （明）计成，《园冶·借景》。
⑤ （明）计成，《园冶·相地·城市地》。
⑥ （明）计成，《园冶·相地·傍宅地》。
⑦ （明）计成，《园冶·借景》，"临月美人"指梅花，典故出自《舆图摘要》。
⑧ （明）计成，《园冶·相地·江湖地》。
⑨ （明）计成，《园冶·立基》。
⑩ （明）计成，《园冶·门窗》。

将对"影"元素的因借发挥到了极致，全园一派柳影、水影、山影，风姿绰约（图6-7）。扬州八怪之一郑板桥也对植物景观与气象环境的搭配颇为推崇，"一方天井，修竹数竿，……而风中雨中有声，日中月中有影"，曲曲数竿修竹，风月总相宜（图6-8）。

在此特别值得一提的是声景。李渔《闲情偶记》就明确提出："种树非止娱目，兼为悦耳。"植物景观的声景多因熏风、洒雨、飞雪而生，并辅以虫唱鸟鸣。早在宋代，朱长文《乐圃记》中指出的"松、桧、梧、柏、黄杨、冬青、椅桐、柽、柳之类，柯叶相幡，与风飘扬，高或参云"，就是对风穿树叶之景与声的描摹，并应用到园景中。明末澞上书屋中听雨楼以梧桐、松树品会声景，"桐响松鸣，时时

图6-7 影园想象复原鸟瞰（图片来源：引自《中国古代园林史》）

图6-8 江南古典园林植物景观与月（a）、影（b）、霞（c）的搭配（图片来源：图6-8a引自《中国美术全集》）

（a）　　　　　　　（b）　　　　　　　（c）

闻雨"，与今日留园佳晴喜雨快雪亭旁矗立梧桐来表达"喜雨"之情类同。清·张潮《幽梦影》中就作如是观——"春听鸟声；夏听蝉声；秋听虫声；冬听雪声；白昼听棋声；月下听箫声；山中听松风声；水际听欸乃声"，将四时、昼夜、各处所听之声都进行了总结。此外，松涛作为江南古典园林中最为常见的声景，被广泛应用，早如南朝陶弘景"特爱松风，庭院皆植松，每闻其响，欣然为乐"，现存拙政园听松风处、狮子林听涛亭、怡园松籁堂等处，时闻涛声。

"因借天巧"的天巧，是天然之巧——色、香、时、气、象、声的天生之巧——天色、天香、天时、天气、天象、天声，仅仅是天生万物之中的一部分。实际上，自然界中的天生万物，每一种都不是孤立存在的，它们不仅对自身所处的无机环境产生一定的影响，也和其他生物发生着千丝万缕的复杂关系，由此形成了生态交互作用。这一作用既基于生物物种之间的种间关系，也基于同种生物个体之间的种内关系，因而生态交互作用是基于生物之间关系的基础之上的。所以，生态交互作用显现出植物和植物之间、植物和动物之间、人与动植物之间的复杂关系。这一复杂关系是天然发生的，营造植物景观时同样可以巧借。

江南古典园林历来就注重在植物景观中形成良好的生态环境，注重植物与环境中动物之间的关系，引来动物与植物搭配成景。早在魏晋时期就开始"览卉物观鱼鸟"，出现了晴蝶飘兰径的景观形式。到隋唐时期以观萤火虫为胜的萤苑更是颇具巧思。清人《幽梦影》中也写道"艺花可以邀蝶……植柳可以邀蝉"，其中所透露出来的审美情怀也是与植物景观及其内涵难以分离的。

《园冶》中对动物与植物相搭配的景观有所论述，如"林阴初出莺歌""梧叶忽惊秋落，虫草鸣幽"❶，而《长物志》中称画眉"当觅茂林高树，听其自然弄声"，仙鹤则是"空林野墅，白石青松，惟此君最宜"，将动物与植物生动而自然地融合在一起，纳入同一景观之中（图6-9、图6-10）。

6.2.2 因借地宜——景到随机

《园冶·相地》开篇便论述了植物景观因用地类别不同而形成不同的特色，以此来说明如何借植物景观在造园之中因借地宜，也就是因地制宜而"景到随机"❶——"新筑易乎开基，只可栽杨移竹；旧园妙于翻造，自然古木繁花"。新辟场地宜移栽易于成活的竹、杨、柳，旧园则宜凭古木交柯、繁花似锦取胜。更进一步则是"多年树木，碍筑檐垣；让一步可以立根，砌数桠不妨封顶"，要求在造园中保护古树，充分认识到"雕栋飞楹构易，荫槐挺玉成难"，建筑选址应让位于古树，以保护为重，实在不能兼顾，可酌情对古树稍事修剪，但应以保留其风姿为前提。而《园冶·立

图6-9 江南园林绘画作品中的动物与植物景观（图片来源：引自《中国美术全集》）

图6-10 现存江南古典园林中的动物与植物景观

（a）豫园垂柳拂水扰鱼；
（b）郭庄白鹅与梅花水洞

❶（明）计成，《园冶·园说》："凡结林园，无分村郭，地偏为胜，开林择剪蓬蒿；景到随机……"

❶（明）计成，《园冶·郊野地》：“需陈风月清音，休犯山林罪过。”

❷（明）计成，《园冶·相地》。

❸（明）计成，《园冶·相地·山林地》。

❹（清）陈淏子，《花镜·课花十八法·种植位置法》。

基》中更明确指出：“凡园圃立基，定厅堂为主。……倘有乔木数株，仅就中庭一二。”“开林须酌有因”❶也是在反复强调充分尊重场地特色，了解植物特点，在改造植被时需要三思而后行。《长物志·花木篇》“银杏”条也谈道“吴中刹宇及旧家名园，大有合抱者”，便是说明古银杏在园林中的应用，其成景俱佳。另外，计成还提出“新植似不必”，可见古树之景观功用是新植之物无法替代的（图6-11）。古木或清癯，或具虬曲之姿，是为一园之胜，是植物景观的焦点。如此营造植物景观才是“相地合宜，构园得体”❷“自成天然之趣，不烦人事之工”❸。除了对古木等的巧用，对于野生花卉等植物材料也可巧于因借成景，“虽药苗野卉，皆可点缀姿容，以补园林之不足，使四时有不谢之花”❹。

《园冶·相地》篇将园林用地分为山林地、城市地、村庄地、江湖地、傍宅地、郊野地六大类，并分别进行了详细的阐述。其中对于各种场地原生植被的特色以及植物景观设计的建议对今人颇有启发。如山林地场地基础最佳，具有“有高有凹，有曲有深，有峻而悬，有平而坦，自成天然之趣，不烦人事之工”的特点，其原生植物状况也丰茂，在其中造园时，要巧于因借，园内植物景观也应延续场地整体氛围，以杂树参天、繁花覆地、竹里通幽、松寮隐僻为其典型的植物景观形式（表6-3）。

图6-11 江南古典园林中的古树名木景观

（a）沧浪亭古枫杨；
（b）拙政园文徵明手植紫藤；
（c）网师园古柏

（a）　　　　　　　　（b）　　　　　　　　（c）

《园冶》中对于不同类型园林场地的植物景观特色分析　　表 6-3

用地类别	原植物景观特色	典型园景植物景观	现存园林实例
山林地	植被茂盛，层次丰富，植物种类多，景观清幽①	杂树参天、繁花覆地、竹里通幽、松寮隐僻②	拥翠山庄、寄畅园、西泠印社
城市地	幽偏，易于成林③	竹木傍屋、院广堪梧、堤湾宜柳、花木鲜秀、虚阁荫桐、宜栏芍药、未架蔷薇、窗外蕉影、岩曲松根④	拙政园、怡园、留园、狮子林、沧浪亭、耦园、艺圃、网师园、戒幢律寺西园、瞻园、豫园、个园、何园
村庄地	植被丰富⑤，遍地篱笆，到处桑麻⑥	挑堤种柳、门楼知稼、垒土栽竹、花隐重门、桃李成蹊、围墙编棘、曲径绕篱⑦	小莲庄
郊野地	原生植被丰富⑧	溪湾柳间栽桃、屋绕梅竹、花繁竹深⑨	—
傍宅地	隙地，原生植物较少或无⑩	竹修林茂、柳暗花明、梅竹绕屋⑪	残粒园、鹤园、曲园
江湖地	深柳疏芦⑫	深柳疏芦	嘉兴烟雨楼、莫愁湖胜棋楼

① （明）计成，《园冶·相地·山林地》："园地惟山林最胜，有高有凹，有曲有深，有峻而悬，有平而坦，自成天然之趣，不烦人事之工。入奥疏源，就低凿水，搜土开其穴麓，培山接以房廊。……千峦环翠，万壑流青。"

② （明）计成，《园冶·相地·山林地》："杂树参天，楼阁碍云霞而出没；繁花覆地，亭台突池沼而参差。……竹里通幽，松寮隐僻，送涛声而郁郁……"

③ （明）计成，《园冶·相地·城市地》："市井不可园也；如园之，必向幽偏可筑，……别难成墅，兹易为林。"

④ （明）计成，《园冶·相地·城市地》："竹木遥飞叠雉；临濠蜿蜒，柴荆横引长虹。院广堪梧，堤湾宜柳；别难成墅，兹易为林。架屋随基，浚水坚之石麓；安亭得景，莳花笑以春风。虚阁荫桐，清池涵月。洗出千家烟雨，移将四壁图书。素入镜中飞练，青来郭外环屏。芍药宜栏，蔷薇未架；不妨凭石，最厌编屏；未久重修，安垂不朽？片山多致，寸石生情；窗虚蕉影玲珑，岩曲松根盘礴。足征市隐，犹胜巢居，能为闹处寻幽，胡舍近方图远；得闲即诣，随兴携游。"

⑤ （明）计成，《园冶·相地》："选胜落村，藉参差之深树。"

⑥ （明）计成，《园冶·相地·村庄地》："今耽丘壑者，选村庄之胜，团团篱落，处处桑麻……归林得意，老圃有余。"

⑦ （明）计成，《园冶·相地·村庄地》："古之乐田园者，居于畎亩之中；……凿水为濠，挑堤种柳；门楼知稼，廊庑连芸。……余七分之地，为垒土者四，高卑无论，栽竹相宜。堂虚绿野犹开，花隐重门若掩。掇石莫知山假，到桥若谓津通。桃李成蹊，楼台入画。围墙编棘，窦留山犬迎人；曲径绕篱，苔破家童扫叶……"

⑧ （明）计成，《园冶·相地·郊野地》："郊野择地，依乎平冈曲坞，叠陇乔林，水浚通源……开荒欲引长流，摘景全留杂树。"

⑨ （明）计成，《园冶·相地·郊野地》："月隐清微，屋绕梅余种竹；似多幽趣，更入深情。两三间曲尽春藏，一二处堪为暑避。隔林鸠唤雨，断岸马嘶风。花落呼童，竹深留客。"

⑩ （明）计成，《园冶·相地·傍宅地》："宅傍与后有隙地可葺园，不第便于乐闲，斯谓护宅之佳境也。"

⑪ （明）计成，《园冶·相地·傍宅地》："竹修林茂，柳暗花明。五亩何拘，常余半榻琴书，不尽数竿烟雨。探梅虚蹇，煮雪当姬。"

⑫ （明）计成，《园冶·相地·江湖地》："江干湖畔，深柳疏芦之际，略成小筑，足征大观也。"

❶（清）陈淏子，《花镜·课花十八法·种植位置法》。

除了尊重场地原有的植物景观特色和充分利用原有场地上的树木外，不同用地类型的大小、环境特征各有不同，如山林地地形起伏，江湖地烟波浩渺，城市地面积甚小，傍宅地更是小如芥子残粒，需要根据用地的空间尺度搭配植物的体量。正所谓"如园中地广，多植果木松篁，地隘只能花草药苗"❶。又如留园古木交柯、华步小筑，两个流转的小空间，尺度较小，进深2余米，前者以花台形式展示古柏、山茶、南天竹，后者仅仅以粗朴之紫藤、精巧之南天竹、细密如书带之麦冬来与整个空间的体量相适宜（图6-12）；网师园300m²的中部水面则以玉兰、柏树、白皮松等数株点缀，衬托山水之景；更小的如听枫园，以红枫、山茶、南天竹、蜡梅凸显精致小园之山水之势（图6-13）；留园多为银杏、朴树、香樟、榔榆搭配中部山水之景；拙政园中部山水区

图6-12 留园小空间植物景观处理手法

（a）古木交柯；
（b）华步小筑

图6-13 江南古典园林中植物体量与水体大小

（a）听枫园；
（b）网师园；
（c）拙政园

(a)　　　　　(b)

(a)　　　　　(b)　　　　　(c)

面积较大，林木森然，多植榆树、枫杨、榉树等高大乔木。《长物志》在论述竹子的应用时也谈道，毛竹体量高大，宜山不宜城，城市地私家园林以体量纤巧的白哺鸡竹为佳❶。

园林基地地形丰富，有山有水，"有高有凹，有曲有深，有峻而悬，有平而坦""平冈曲坞，水浚通源"，因此，在配置植物时，各位造园大家也十分注重植物的生态习性。在植物景观营造时先辨植物之性情，"苟于欲园林灿烂，万卉争荣，必分其燥、湿、高、下之性；寒、暄、肥、瘠之宜，则治圃无难矣"❷，植物"宜阴、宜阳、喜燥、喜湿、当瘠、当肥，无一不顺其性情，而朝夕体验之"❸。

《园冶》中认为对于植物景观也应遵循这一原则，水畔栽植桃、柳、兰、红蓼、浮萍等喜水湿的植物或水生植物，如"堤湾宜柳"❹"溪湾柳间栽桃"❺"在涧共修兰芷……插柳沿提，……白萍红蓼，鸥盟同结矶边"❻"凿水为濠，挑堤种柳"❼，此外还有"……垒土者四，高卑无论，栽竹相宜"等。《花镜·课花十八法·种植位置法》❽中就提道："花之喜阳者，引东旭则纳西辉，花之喜荫者，植北囿而领南熏。"《长物志·花木篇》云："秋海棠，性喜阴湿，宜种背阴阶砌。"

6.2.3　因借人工——虚实相生

江南园林是一个生活的空间，"园林多是宅"，园林是居处之所。园林中植物景观的打造，其目的也是为了营造出一个更为宜人的人居环境，除物质环境的舒适外，还包含生态健康，回归自然。"凡静室，须前栽碧梧，后种翠竹，前檐放步，北用暗窗，春冬闭之，以避风雨，夏秋可开，以通凉爽。然碧梧之趣，春冬落叶，以舒负暄融和之乐，夏秋交荫，以蔽炎烁蒸烈之气"❾，这就是时人对一个理想居住环境的简单描述，以求"四时得宜"（图6-14）。这些都是长期对自然界的观察以及生活经验的总结，通过因凭自然，模拟自然，最后在小范围内实现人造自然，创造宜人的人居环境。

《园冶·园说》开篇亦有"凡结林园，……围墙隐约于萝间，架屋蜿蜒于木末。……竹坞寻幽，醉心既是。轩楹高爽，窗户虚邻；纳千顷之汪洋，收四时之烂漫。梧阴匝地，槐荫当庭；插柳沿提，栽梅绕屋；结茅竹里，浚一派之长

❶（明）文震亨，《长物志·花木篇·竹》。

❷（清）陈淏子，《花镜·课花十八法·辨花性情法》。

❸（清）陈淏子，《花镜·课花十八法·课花大略》。

❹（明）计成，《园冶·相地·城市地》。

❺（明）计成，《园冶·相地·郊野地》。

❻（明）计成，《园冶·园说》。

❼（明）计成，《园冶·相地·村庄地》。

❽（清）陈淏子，《花镜·课花十八法·课花大略》。

❾（明）陈继儒，《小窗幽记》。

明·杜琼《两村别墅图》——竹里居

明·文徵明《桐阴小憩图》

元·刘贯道《消夏图》

明·沈贞《竹炉山房图》

图6-14 植物景观与人居环境
（图片来源：引自《中国美术全集》）

❶（明）计成，《园冶·相地·山林地》。

源；……夜雨芭蕉，似杂鲛人之泣泪；晓风杨柳，若翻蛮女之纤腰。移风当窗，分梨为院；溶溶月色，瑟瑟风声；静扰一榻琴书，动涵半轮秋水，清气觉来几席，凡尘顿远襟怀……"之说，其中涉及了藤本、竹、梧桐、槐、柳、梅、芭蕉、梨等多种植物，有提供荫蔽致高爽者，有成幽境致醉心者，有"自成天然之趣"❶一舒胸怀者。这其中所体现出的是江南文人恬淡、冲远、闲适、艺术的人生片段，可见园林以及园林植物都是闲适生活的载体。

　　植物景观可以虚、实二分之。所谓实，即植物个体、群体本身的自然美；而虚则可是虚景，如花影、树影、雨声、风叶声、折竹声、鸟声、蝉鸣、络纬声、芳香之境等，进一步而言，"虚"还可以是其所承载的人文之美。对于植物个体之美，以及光影、声景、芳香之境等景观，前文多有论述，精彩案例比比皆是，在此不再一一赘言，论述重点放在表达自然美以及承载人文美两者间的糅融。

江南古典园林植物景观是主体情感投射到审美客体，客体的审美特性与主体的审美感受相互交融的产物，按物境、情境、意境审美序列的升华，是赏景主体和被赏客体主客观的情感投射、反馈、融合的过程。植物景观风貌自然天成又蕴含了深邃的人文积淀，让人通过听、视、嗅等感受到自然美，内心沉潜观照，意味自出。

《园冶》中对植物景观形式的论述已十分注意虚实对比，可按其侧重不同大致分为两类。

其一侧重自然美，兼顾人文美。典型的如"堂虚绿野犹开，花隐重门若掩"❶"围墙隐约于萝间，架屋蜿蜒于木末"❷"竹里通幽，松寮隐僻"❸"月隐清微，屋绕梅余种竹""两三间曲尽春藏，一二处堪为暑避"❹"花间隐榭，水际安亭，斯园林而得致者。惟榭只隐花间，亭胡拘水际"❺"隐现无穷之态，招摇不尽之春"❻"半窗碧隐蕉桐，环堵翠延萝薜"❼等，以花木与建筑、山石等对比成景，一虚一实，以达"似多幽趣，更入深情"之境。此外在植物景观的营造上也讲求"设若左有茂林，右必留旷野以疏之；前有芳塘，后须筑台榭以实之；外有曲径，内当垒石以邃之"❽。这些形式上的虚实搭配，结合前文论述的对于"天巧""地宜"的因借，都突出地表现了植物的自然美，其中的情感投射与表达是其次的。这一层面的植物景观，以实涵虚，营造的重点还是在植物配置手法、植物种类、种植规模及种植位置上。

其二是以人文美为表现主体，讲求自然美与人文美的相得益彰，情与景可以相互转化，情以景动，景以情牵。"曲曲一湾柳月，濯魄清波"❾，以柳带水，以"水"濯魄，彰显个人的道德情操和价值取向。后人也对此进行了演化，如拙政园松风水阁即取坚强如松、静止如水之意境，与"柳月清波"之意相近。"归林得志，老圃有余"❶"林皋延竚，相缘竹树萧森；城市喧卑，必择居邻闲逸。高原极望，远岫环屏，堂开淑气侵人，门引春流到泽。嫣红艳紫，欣逢花里神仙"❻，所展现的是一派乐闲之姿，也表达出前文所论述的"建园以远俗，筑囿见道心"之隐逸主题。此外，"径缘三益"❷所要表达的植物景观也是前文论述的"美善结合"之景。将松、竹、梅、兰、菊等高度人文化、拟人化，且搭

❶（明）计成，《园冶·相地·村庄地》。

❷（明）计成，《园冶·园说》。

❸（明）计成，《园冶·相地·山林地》。

❹（明）计成，《园冶·相地·郊野地》。

❺（明）计成，《园冶·立基·亭榭基》。

❻（明）计成，《园冶·屋宇》。

❼（明）计成，《园冶·借景》。

❽（清）陈淏子，《花镜·课花十八法·种植位置法》。

❾（明）计成，《园冶·立基》。

配组合其他具观赏性的植物，发挥它们自然美功用的同时，更多的是彰显出深厚文化背景下的人文主题，凸显造园者本身的志向和情趣。

文震亨在《长物志·花木篇》中亦对各花所具品性一一点评，认为金边瑞香、紫荆、玫瑰等非幽人所宜，形色香韵，无一可者。计成《园冶·立基》篇也论及竹、菊之品格"编篱种菊，因之陶令当年；锄岭栽梅，可并庾公故迹"。李渔在《闲情偶寄·种植部》中也谈到黄杨与荷花的君子之德，谓："莲为花之君子，此树当为木之君子。莲为花之君子，茂叔知之；黄杨为木之君子，非稍能格物之笠翁，孰知之哉？"这些精彩的论述，都说明在进行植物景观设计之前，应充分了解植物之性情，以植物景观表达情感，陶冶性情，阐发人生感悟，正可谓"因借无由，触情俱是"❶。

孙筱祥认为江南文人写意山水派园林的三种创作手法为"以景写情""以情造景""情景交融"，这三种手法亦可认为是江南植物景观创作的要义。《小窗幽记》中将各花"因即其佳称待之以客"❷，并兼论各为佳客之品性，可见这种主客关系之妙趣。《幽梦影》中"栽松可以邀风，贮水可以邀萍，筑台可以邀月，种蕉可以邀雨"中的"邀"，便是这种主体意识的投射。所谓"非唯我爱竹石，即竹石亦爱我也"❸，即是主客交流而达到融汇为一。计成认为景观营造及欣赏的境界是"物情所逗，目寄心期"❹，目观心会，观植物形象而感兴，进而产生意境。高濂在《遵生八笺·四时幽赏录》的自序中云："但幽赏真境，遍寰宇间不可穷尽，奈好之者不真，故每人负幽赏，非真境负人也。我辈能高朗襟期，旷达意兴，超尘脱俗，迥具天眼，揽景会心，便得妙观真趣。"道出了景、情、境升华亦是赏景之人的品德、思想的投射过程。

前文在论及文化演变对江南古典园林植物景观的影响时也论及了植物景观的主题以及主题序列。如儒家（美善）之岁寒三友、道家之隐逸、禅宗之公案等，从全园到局部小空间，都是命题作文式的造景，以植物寄托愿景，言志比德，明心见性。

江南古典园林植物景观主要表达的主题可分为经史诗文、言志比德、生活愿景三大类，每类都有其别具一格的植物种类以及配置组合。植物的自然美已经让位于其人文内涵，成为一个符号性的标志（表6-4）。

❶（明）计成，《园冶·借景》中的"愧无买山力，甘为桃源溪口人也"，也表达了对桃花源的向往。

❷（明）陈继儒，《小窗幽记·集倩》云："园花按时开放，因即其佳称待之以客。梅花索笑客，桃花销恨客，杏花倚云客，水仙凌波客，牡丹酣酒客，芍药占春客，萱草忘忧客，莲花禅社客，葵花丹心客，海棠昌州客，桂花青云客，菊花招隐客，兰花幽谷客，醉醺清叙客，腊梅远寄客。须是身闲，方可称为主人。"

❸（清）郑燮，《板桥题画竹石》。

❹（明）计成，《园冶·借景》。

江南古典园林植物景观经典造景主题　　　　　　　　　　表 6-4

主题大类	植物造景主题	植物种类	现存园林实例
经史诗文	芳香主题	桂花	留园闻木樨香处，狮子林双香仙馆、清香馆，郭庄雪香分春，沧浪亭清香馆
		荷花	拙政园远香堂、香洲、雪香云蔚亭
		兰花	拙政园兰雪堂
		梅花	狮子林暗香疏影楼、双香仙馆，沧浪亭闻妙香室
		玉兰	沧浪亭闻妙香室、何园静香馆
		蜡梅	狮子林清香馆、郭庄漪香亭、沧浪亭清香馆
	声景主题	松	拙政园听松风处、怡园松籁阁、寄畅园松风水阁
		芭蕉、荷花	拙政园听雨轩
		荷花	拙政园留听阁
		梧桐	留园佳晴喜雨快雪亭
		枫	听枫园
	诗文题咏	梅花	怡园南雪亭
		梧桐	怡园碧梧栖凤馆
		橘	拙政园待霜亭
		竹	沧浪亭翠玲珑、狮子林修竹阁
言志比德	敬仰先贤	竹	沧浪亭五百名贤祠
		松	狮子林古五松园
		紫藤	拙政园文徵明手植紫藤
		玉兰	拙政园玉兰堂
		蜡梅、芭蕉、海棠、桂花	虎丘五贤堂
	益者三友	松、竹、梅、兰、菊	网师园竹外一枝轩
	隐居不仕	桂花	网师园小山丛桂轩、退思园桂花厅、秋霞圃小山丛桂轩
		竹	沧浪亭
		高大乔木（茂林）	耦园遂谷
生活愿景	桃花源①	桃花	秋霞圃桃花潭
	田园知稼	水稻、蔬菜、果树	留园又一村、拙政园秫香馆
	金玉满堂	桂花、玉兰、牡丹、芍药	网师园、艺圃住宅区

---

① （明）计成，《园冶·自识》载："愧无买山力，甘为桃源溪口人也。"

6.3　植物景观与其他造园要素

《小窗幽记》中的"堂中设木榻四，素屏二，古琴一张，儒道佛书各数卷。乐天既来为主，仰观山，俯听水，傍睨竹树云石"，描绘了一派闲适的园林生活，也精妙地道出了植物与建筑、山石、水体的因借之道。

《园冶》中篇幅颇重的几篇分别为屋宇、掇山、山石，可见建筑与山石在园林中的重要地位。此外，江南园林多为山水园，所以水景也是全园之重。植物与建筑、山石、水体相互因借、结合，共同形成了独具特色的江南古典园林。《长物志·花木篇》《闲情偶记·种植部》虽立足于植物，但也对植物与其他园林要素的结合颇为重视，多有精彩的论述。

6.3.1　植物景观借景园林建筑

江南古典园林中植物与建筑之间的搭配成景前人已多有研究和论述，笔者在此主要是对《园冶》《长物志》等著作进行梳理，以探究植物景观与园林建筑之间如何借景。

陈继儒在《小窗幽记·集倩》中就颇为强调四时之花与不同类型建筑的搭配，如"寒花……宜暖房；温花……宜华堂；暑花……宜水阁；凉花……宜空阶，宜苔径，宜古藤巉石边。若不论风日，不择佳地，神气散缓，了不相属"。《花镜·课花十八法·种植位置法》也对不同花卉与不同建筑类型的搭配有独特的见解，"梅花、蜡瓣之标清，宜疏篱竹坞，曲栏暖阁，……杏花繁灼，宜屋角墙头，……梨之韵，李之洁，宜闲庭旷圃，荷之鲜妍，宜水阁南轩，菊之操介，宜茅舍清斋，海棠韵娇，宜雕墙峻宇，木樨香胜，宜崇台广厦……梧竹致清，宜深院孤亭"。

《园冶》中造园的一个重要思想即"巧于因借"，可分为远借、临借、仰借、俯借和因时而借五类，其中涉及植物景观借景园林建筑的有临借、仰借、俯借三类（表6-5）。或临借"半窗碧隐蕉桐"，或仰借"楼阁碍云霞而出没"，或俯借"池塘倒影"。

《园冶·屋宇》篇载堂、斋、室、房、馆、楼、台、阁、亭、榭、轩、廊等类型多样的园林建筑，不同类型的园林建筑在用途、体量、尺度上是不同的，植物景观也要与其

《园冶》中植物的"借景" 表6-5

借景形式	植物景观
远借	障锦山屏,列千寻之耸翠①
	千峦环翠,万壑流青②
临借	若对邻氏之花③
	窗虚蕉影玲珑④
	堂虚绿野犹开,花隐重门若掩⑤
	移竹当窗,分梨为院①
	寻幽移竹,对景莳花⑥
	半窗碧隐蕉桐,环堵翠延萝薜⑦
仰借	杂树参天,楼阁碍云霞而出没②
	竹木遥飞叠雉④
俯借	繁花覆地②、池塘倒影⑥
因时而借	池荷香绾;梧叶忽惊秋落,虫草鸣幽⑦

① (明)计成,《园冶·园说》。
② (明)计成,《园冶·相地·山林地》。
③ (明)计成,《园冶·相地》。
④ (明)计成,《园冶·相地·城市地》。
⑤ (明)计成,《园冶·相地·村庄地》。
⑥ (明)计成.《园冶·立基》。
⑦ (明)计成,《园冶·借景》。

相协调。《园冶·屋宇》对于园林建筑与植物景观之间的关系也有简要的论述,如榭乃"藉景而成者也。或水边,或花畔,制亦随态";廊"或穷水际,通花渡壑,蜿蜒无尽"。文震亨在《长物志》中对园林建筑与植物景观的关系有更为细致的论述,不同类型的空间宜搭配不同的树种和景观(表6-6)。

　　有些建筑多用来进行聚会、宴饮、清谈等活动,如堂、室,空间氛围以动为主,与之相搭配的花卉以烘托气氛为主,采用的花木色彩也浓烈些许。同时厅堂在建造时也讲求"深奥曲折,通前达后,全在斯半间中,生出幻境也"❶,故因借植物景观,增加建筑空间的层次感,所谓"生出幻境"也。

❶ (明)计成,《园冶·立基·厅堂基》。

《长物志》中植物景观与建筑空间的"因借"　　　　　　表 6-6

建筑类别	原文描述	植物材料	栽植位置	配置手法
门庭	槐、榆宜植门庭，板扉绿映，真翠如幄①	槐、龙爪槐、榆	—	对植
斋	中庭亦须稍广，可种花木，列盆景……庭际……雨渍苔生……绕砌可种翠云草令遍，……②	花木	中庭	群植
		盆景	中庭	—
		翠云草	围墙	群植
	栝子松……斋中宜植一株，下用文石头为台，或用太湖石为栏杆俱可。水仙、兰蕙、萱草之属，杂莳其中③	白皮松	中庭	孤植
		水仙	树池	群植
		兰蕙	树池	群植
		萱草	树池	群植
厅	玉兰，宜种厅事前④	玉兰	厅前	对植数株
	荆棣宜在友于之场⑤	棣棠、紫荆	厅前	群植
亭	丛桂开时……宜辟地二亩，取各种并植，结亭其中，……⑥	桂花	亭周	林植
琴室	或于乔松、修竹、岩洞、石室之下，地清境绝，……⑦	松、竹	中庭、建筑四周、周界	孤植、对植、群植
台阶	须以文石剥成，种绣墩或草花数茎于内，枝叶纷披，映阶傍砌……取顽石具苔斑者嵌之⑧	书带草、草花、苔藓	台阶	少量点缀
墙	有取薜荔根瘗墙下，洒鱼腥水于墙上引蔓……②	薜荔	墙角	—

① （明）文震亨，《长物志·花木篇·槐榆》。
② （明）文震亨，《长物志·室庐篇·山斋》。
③ （明）文震亨，《长物志·花木篇·松》。
④ （明）文震亨，《长物志·花木篇·玉兰》。
⑤ （清）李渔，《闲情偶记·种植部》。
⑥ （明）文震亨，《长物志·花木篇·桂》。
⑦ （明）文震亨，《长物志·室庐篇·桥》。
⑧ （明）文震亨，《长物志·室庐篇·阶》。

　　　　斋、书房等是修身养性之所，环境氛围要求清幽，多栽植竹、松等清雅之物。亭榭"花间隐榭，水际安亭，斯园林而得致者。惟榭只隐花间，亭胡拘水际。通泉竹里，按景山

(a)　　　　　　　　　　(b)　　　　　　　　　　(c)

颠。或翠筠茂密之阿，苍松蟠郁之麓"❶，因景境不同而随
其所宜（图6-15）。

　　李渔《闲情偶寄·种植部》论："树之能为荫者，非槐
即榆。《诗》云：'于我乎，夏屋渠渠。'此二树者，可以呼
为'夏屋'，植于宅旁，与肯堂肯构无别。"可见一些冠大
荫浓的植物有时候还起到了建筑一般的作用，是对建筑功能
的补充。可见植物与建筑二者除了在造景上相互因借，在功
能上也是如此。

6.3.2　植物景观借景园林山石

　　植物与山石之间，见山之秀丽，显树之精神——"山本
顽，有树则灵；山借树而为衣，树为山而骨，树不可繁，要
见山之秀丽；山不可乱，须显树之光辉"❷。植物与山石的
搭配造景多取境于画论，著名的如《林泉高致·画诀》，对
假山的两种形式以及植物景致有精妙的归纳，"山有戴土，
山有戴石。土山戴石，林木瘦耸；石山戴土，林木肥茂。木
有在山，木有在水。在山者，土厚之处有千尺之松"。江南
地区多丘陵，山形大都为坡陀起伏，演化到园林中，假山则
以土山戴石者为多（图6-16）。

　　《园冶·掇山》中对小尺度掇山中植物与山石的搭配论
述较多，如厅山"或有嘉树，稍点玲珑石块；不然，墙中嵌
理壁岩，或顶植卉木垂萝，似有深境也"，书房山等小山应
"或依嘉树卉木，聚散而理"。

　　《长物志》中对于土石山的配置，根据植物种类进行了

图6-15　现存江南古典园林中
植物与建筑因借理论的印证

（a）寄畅园卧云堂；
（b）艺圃傅讬斋；
（c）郭庄卷舒自如亭

❶（明）计成，《园冶·立
基·亭榭基》。

❷（唐）王维，《山水诀》，见：
于民，《中国美学史资料选编》，
复旦大学出版社，2008年。

(a) (b)

图6-16 江南古典园林中山体
栽植的范例

(a) 石山带土；
(b) 土山戴石

❶ (清) 陈淏子,《花镜·课花
十八法·种植位置法》。

❷ (明) 计成,《园冶·相地·
城市地》。

❸ (明) 陈继儒,《小窗幽记·
集韵》。

❹ (清) 张潮,《幽梦影》。

阐述，认为"宜搭配松彰其山形使高者益高，乌桕等有季相变化的植物调其色彩，竹林森森为其基调"（表6-7）。可从中看出，江南古典园林中对于植物景观借景土山，以葱郁之氛围，栽植层次之丰富为其要旨（图6-17）。

对于石山带土类，多以少量植物点缀形成奇骏之景，即"松柏骨苍，宜峭壁奇峰"❶，抑或"岩曲松根盘礴"❷，赏植物根部与山石搭配成趣之美（图6-18）。

除了对山体的因借成景外，植物与置石小品也是妙搭。"栽花种竹，全凭石格取裁"❸，具有独特品性的不同植物搭配了不同种类之石，如梅边之石宜古，松下之石宜拙，竹则宜傍瘦石❹。

《长物志》中土山与植物的"因借"   表 6-7

类别	原文描述	植物材料	栽植位置	配置手法
土石山	山松宜植土岗之上，龙鳞既成，涛声相应	马尾松	山巅	群植
	乌臼，……茂林中有一株两株，不减石径寒山也[①]	乌桕	山坡	与其他树木一起栽植用以点缀
	种竹宜筑土为垅[②]	毛竹（山林地）、哺鸡竹（城市宅）、淡竹、筋竹、斑竹、紫竹、早园竹	—	林植

① (明) 文震亨，《长物志·花木篇·乌臼》。

② (明) 文震亨，《长物志·花木篇·竹》。

图6-17　　　　　　　　　　　　　　　图6-18

6.3.3　植物景观借景园林水体

　　不少江南古典园林都以水体为中心布置全园，"约十亩之基，须开池者三，曲折有情，疏源正可"❶，可见园林水体在园景中的地位。"书房中最宜者，更以山石为池，俯于窗下，似得濠濮间想"，足见水体在园林景观营造中的重要性。

　　虽然园中水面积有限，通过"入奥疏源，就低凿水"❷，采用乱石驳岸、水因岸曲、曲桥穿水而过、花木掩映水池尽头等手法，造就曲水流觞的景深感。园林中，植物景观常与山体结合，与水形成互借。园林中的水体按其形式和尺度大小大致可分为泉、溪、池等，植物景观因借其景，可谓"境仿瀛壶，天然图画，意尽林泉之癖"❸（表6-8）。

　　可见，对于线状水体如泉、溪、涧等，或以高树、竹等夹岸种植，凸显空间的纵深感，形成幽静的氛围；或以桃、李花木点缀，则竹树荫郁、涧壑幽邃。对于面状水体，池中种植水生植物，浮荡清波；池畔种植湿生植物、观花乔灌木，配合山石点缀遮蔽，凸显驳岸的曲折变化，增加观赏层次（表6-9）。

图6-17　土山之葱茏

图6-18　植物根部与山石成景

❶（明）计成，《园冶·相地·村庄地》。

❷（明）计成，《园冶·相地·山林地》。

❸（明）计成，《园冶·屋宇》。

《园冶》中植物与水体的"因借" 表6-8

水体	原文描述	植物材料	栽植位置	配置手法
溪、濠、泉	凿水为濠,挑堤种柳①	垂柳	溪畔	群植
	溪湾柳间栽桃②	垂柳、桃	溪湾	间植
	门湾一带溪流,竹里通幽③;看竹溪湾④;通泉竹里⑤	竹	溪畔、溪湾、泉畔	林植
	或穷水际,通花渡壑⑥	花木	溪畔	群植
池	虚阁荫桐,清池涵月⑦	梧桐	池畔	孤植、对植
	池荷香绾④	荷	池中	群植

① （明）计成,《园冶·相地·村庄地》。
② （明）计成,《园冶·相地·郊野地》。
③ （明）计成,《园冶·相地·山林地》。
④ （明）计成,《园冶·借景》。
⑤ （明）计成,《园冶·立基·亭榭基》。
⑥ （明）计成,《园冶·屋宇·廊》。
⑦ （明）计成,《园冶·相地·城市地》。

❶ （明）文震亨,《长物志·花木篇·竹》。

图6-19 江南古典园林中的桥与植物

《园冶》中有"疏水若为无尽,断处通桥"之论,桥将这一勺之水隔出了空间的层次和深度,也是水景造园的重要元素。《长物志》中的"环水为溪,小桥斜渡"❶之景也是这一手法的另一种表述。在与桥搭配时,植物体量也要与其相宜,典型的如网师园引静桥侧以薜荔、书带草点缀,而豫园会景楼前水面浮桥,以一株姿态颇佳的柳树点缀,这一勺之水更添空间的层次和深度（图6-19）。

《长物志》中植物与水体的"因借"

表 6-9

类别	原文描述	植物材料	栽植位置	配置手法
溪、涧、泉	小溪曲涧，用石子砌者佳，四旁可种绣墩草……①	麦冬	溪畔石侧	少量点缀
	种竹宜筑土为垅，环水为溪②	毛竹（山林地）、哺鸡竹（城市地）、淡竹、筋竹、斑竹、紫竹、早园竹	溪畔	林植
	李如女道士，宜置烟霞泉石间③	李	溪畔石侧	少量点缀
池	较凡桃美，池边宜多植④	桃	池畔	群植
	芙蓉宜植池岸，临水为佳，若他处植之，绝无风致⑤	木芙蓉	池畔	群植
	编篱野岸，不妨间植⑥	木槿	池畔	间植
	顺插为杨，倒插为柳，更须临池种之，柔条拂水……⑦	垂柳、柽柳、枫杨	池畔	群植
	藕花池塘最盛⑧	荷花	池中	群植

① （明）文震亨，《长物志·室庐篇·桥》。
② （明）文震亨，《长物志·花木篇·竹》。
③ （明）文震亨，《长物志·花木篇·李》。
④ （明）文震亨，《长物志·花木篇·桃》。
⑤ （明）文震亨，《长物志·花木篇·芙蓉》；（清）陈淏子，《花镜·课花十八法·种植位置法》也谈道，"芙蓉丽而闲，宜寒江秋沼"。
⑥ （明）文震亨，《长物志·花木篇·木槿》。
⑦ （明）文震亨，《长物志·花木篇·柳》。
⑧ （明）文震亨，《长物志·花木篇·藕花》。

6.4　植物景观的营造程式

　　江南古典园林中常由于植物的形态特征与生态习性，或由于观赏者对植物的主观认识，而形成一些既定的或俗成的植物景观营造程式，如栽梅绕屋，院广堪梧，槐荫当庭，堤弯宜柳等，这些程式常常会影响到风格的形成。江南古典园林植物景观以丰富多样的景象，底蕴丰厚的人文精神使人感觉变化多端。明·郑元勋《园冶·题词》感叹"园之有异宜，无成法，不可得而传也"❶，以此印证植物景观营造式何尝不是——必须"无成法"，才有可能"得而传"，营造程式的不断推出显然有助于植物景观的普遍营造与推广。

❶ （明）计成，《园冶·题词》。

6.4.1　植物景观的配置程式

早在魏晋时期，已经有以芳香为主题的配置程式雏形的出现。南宋的植物景观营造中已经出现了程式化趋向，植物景观从主题到形式在营造之中都已经相对固定，尤其是突出格高韵胜的"松、竹、梅、兰、菊"主题植物景观，私园中几乎无园不有——如松亭（径）、竹径（林）、梅岭（亭）、菊坡（蹊）等。及至明、清两代，植物景观的配置程式更为复杂，兼容了"地、景、情、境"等视觉感受和心理体验，如高阁松风、桐轩延月、梅屋烘晴、松荫眠琴、藤厓仵月等。这类植物景观配置程式就如同诗词歌赋中的英词丽句，画作中的名家妙笔，充满诗意与画意；亦是诸多植物景观营造的经典命题，以待造园者从程式中得其"体"，会其"意"，根据造园实际情况，在营造中释题，便是所谓"一法得道，变法万千"。

植物景观的配置程式就是营造植物景观的应用程式，主要是指植物的种类、数量、位置、规模等在营造之中如何配置，为植物景观营造的"宜"与"不宜"进行程式化应用设计。这些在《长物志》《闲情偶寄》《花镜》中都按当时江南园林植物分类进行了提纲挈领的论述，如"妖冶之桃宜在别墅山隈、小桥溪畔、戏台等喧闹的建筑空间栽植，而不宜在安静的庭院栽植或盆栽观赏，规模宜大量，以群植为主，亦可以柳树为背景""至于清幽之梅，尤其是古梅，宜在山石、庭际近距离观赏，栽植数量不宜多，主要用以点缀，还可与水仙搭配"（表6-10）。

江南古典造园理论著作中的部分植物应用程式　　　　表 6-10

植物种类	配置位置		栽植数量	配置手法	
	宜	不宜		宜	不宜
牡丹	参差数级文石花台、玉砌雕台	木桶、盆盎	大量	按顺序列植、以竹为背景、搭配怪石	牡丹、芍药并列
桃	戏台、别墅山隈、小桥溪畔	盆盎、庭中	大量	林植、以柳为背景	—

续表

植物种类	配置位置		栽植数量	配置手法	
	宜	不宜		宜	不宜
古梅	山石、庭际	—	少	用以点缀、与水仙相配	—
黄山松、白皮松、	广庭、广台	—	两株	对植	—
	斋中小庭院，文石为台或太湖石为栏	—	一株	孤植，可与水仙、兰蕙、萱草相配	—
	峭壁奇峰	—	—	—	—

6.4.2　植物景观的观景意向

　　江南古典园林植物景观的景观意向由"地—景—情—境"四个环节构成，首先观察植物景观所在的场地特征，然后欣赏植物景观的风姿风貌，随后体味植物景观独蕴的情致，最后在感悟之中升华为审美之境。诚所谓见于目前，如在言外，情景交融，境由情生，观景的意向程式如斯而已，只不过，世人少有领悟其真谛者。

　　不过，观景的意向程式也不是一成不变的，在主程式之下有衍生式，于其下又有变式。如"梅花绕屋"就是"绕屋树扶疏"这一主程式的次级衍生式之一。绕屋梅花扶疏，结合赏花环境之"寒花……宜暖房" ❶ "梅花、蜡瓣之标清，曲栏暖阁" ❷ 之谈，由"暖"及"晴"。梅花之景有"爱日烘晴" ❸ 之情感变化，又存"洗雨烘晴，一样春风几样青" ❹ 之题外之意，洗雨且等烘晴，万恨千情也是过眼烟云，何等洒脱。相类的也不少（图6-20）。

　　所有这些主程式、衍生式和变式在应用中往往是忘其形、遵其意、会其神。如拙政园嘉实亭在明朝初建是以江梅百株，观梅子黄熟，取宋·黄庭坚《古风》"江梅有嘉实"之意。到现存园林中，以枇杷拟代梅子黄熟之意境，有异曲同工之妙，亦为"芳叶已漠漠，嘉实复离离" ❺。所以，江南古典园林在景观程式的应用中，不是呆板地复刻，而是因借"天时""地宜"，再加上造园者、园主自身人生的感悟对于程式的再加工、再创造，所以一个主程式能够衍变出多个衍生式及变式，以达到举一反三的观景效果。

❶（明）陈继儒，《小窗幽记》。

❷（清）陈淏子，《花镜·课花十八法·种植位置法》。

❸（唐）宋璟，《梅花赋》。

❹（宋）辛弃疾，《采桑子·书博山道中壁》。

❺（南朝梁）丘迟，《芳树诗》。

(a)   (b)   (c)

图6-20 江南古典园林中典型植
物景观程式的景观意向（图片
来源：引自《寄畅园五十景》）

(a) 梅花绕屋；
(b) 槐荫当庭；
(c) 桃花流水

通过对历代江南古典园林中的植物景观的梳理，可以看出，植物景观与其他造园要素搭配进行借景，促发了观景意向的程式衍变的可行性（表6-11）。

江南古典园林植物景观程式

表6-11

类型	主程式	衍生式	变式
因借建筑	绕屋树扶疏	栽梅绕屋	月隐梅屋、梅竹绕屋、雪香云蔚、竹外一枝、梅圃溪堂、梅花一卷、嘉实离离
		梧阴匝地	虚阁荫桐、半窗桐蕉、院广堪梧、堂虚绿野、桐轩延月、梧桐踏月
		窗虚蕉影	夜雨芭蕉、半窗桐蕉
		松寮隐僻	高阁松风、松荫眠琴、苍松蟠郁、松风寝、岁寒屏
		结茅竹里	竹里通幽、竹暗辟疆、移竹当窗、修篁弄影、梅竹绕屋、竹林精舍、疏篱竹坞、竹影抚日月、梧竹致清、翠筱茂密、日光穿竹、竹亭净深、竹坞幽居、竹林禅诵、万竿苍玉、清荫看竹、倚竹山房、凝香涵碧、箸笠含翠、玉玲珑、翠玲珑
		分梨为院	梨花伴月
	堂虚绿野	槐荫当庭	槐翠如幄
		梧阴匝地	虚阁荫桐、半窗桐蕉、院广堪梧、桐轩延月、梧竹致清、梧下结室
		双桂当庭	双桂流芳、金玉满堂、桂香精舍
		对景莳花	花间隐榭、花隐重门、对景莳花、繁花覆地、借卉饮宴、海棠春坞

类型	主程式	衍生式	变式
因借山石	枯木竹石	粗藤峻厓	藤厓仵月
		小山丛桂	满陇桂雨、闻木樨香、金粟秋影、金粟幽香、桂屏、广寒世界
		锄岭栽梅	岭暖梅先、梅岭春深、梅岭锄月、吴岭梅开、梅花坞春、借芬含雪、长松梅石、平冈艳雪、梅崖飞雪、香雪海、香雪林、凝香涵碧
		风岭松涛	岩曲松根、长松梅石、抚松采霞、岁寒屏
		繁花覆地	陇陇菊坡、菊圃香城、锦谷芳丛、禅房花木深、花露含香、锦泉花屿、通花渡壑、百花堆、彤霞谷
		令节乔林	吾谷枫林
		蟠根嵌石	岩曲松根
因借水体	水木湛清华	堤湾宜柳	柔条拂水、插柳沿提、深柳疏芦、柳月清波、横参翠柳、晓风杨柳、柳暗花明、花醉柳浪、柳待啼莺、柳塘花屿、水畔花竹、柳涧啼莺、杨柳风来、柳塘春色、长堤春柳、柳荫系舫、荷岸观鱼、月堤杨柳、深柳读书
		桃花流水	桃源春霁、临水红霞、花港观鱼、水畔花坞、桃堤柳障、烟霞泉石、春涨流红、锦泉花屿、通花渡壑
		梅花照水	暗香疏影、梅花月上
		池荷香绾	香远益清、荷池浣花、斜泾采香、荷浦熏风、荷风幽室、荷风四面、曲院风荷、藕渠渔乐、方塘荷雨、莲叶东南、藕花香洲、芳所荷亭
		通泉竹里	看竹溪湾、竹风水月
		涧间兰芷	空谷幽兰
		别蒲兼葭	菰蒲生凉
		芙蓉春藻	蓉溪泛棹、芙蓉岸、锦泉花屿
因借道路	径缘三益	三友成蹊	杞菊蹊、菊径、黄花满径、桃李成蹊
		竹里通幽	竹西芳径
		林径香草	飘香蝶兰径、想香径、玄修芳草、撷芳含笑、飞香径、惹香径、林径香草
		曲径绕篱	篱疏绿槿、篱残菊晚、编篱种菊、采菊东篱、结槿篱深
其他	观生意	巡野观稼	绿稻香来、春圃霜林、金橘圃、临田观稼、瑶圃（瑶林玉树）、江梅嘉实、雨窗观稼、带雨春耕、稻塍、学稼、春雨畦、茜野流觞
		古木繁花	古五松园

第 7 章

江南古典园林植物景观的现状考论

7.1　江南古典园林的植物景观空间

《中国大百科全书》（建筑/园林/城市规划卷）将园林植物空间定义为"园林中以植物为主体，经过艺术布局，组成适应园林功能要求和优美植物景观的空间环境"。因此，园林植物空间理应成为研究对象。

植物景观空间相比建筑空间等而言，其形式更为自由和富于变化，具有更多的不确定性和空间流动性，且伴随着天时变化，是变化的植物景观，呈现出流动的空间美。换言之，植物景观的美感除了表现为植物实体元素的个体美之外，由这些实体围合、限制所形成的实在的或暗示性的空间也是植物景观美感的重要来源。植物的个体美更多的是给予欣赏者视觉的刺激，而空间则能带给游人更多的精神上和心理上的体验。

7.1.1　植物景观的空间结构

魏晋南北朝时期，园林以山水地形和植物景观来划分空间，建筑在其中并不起主要的划分空间的作用，植物景观规模较大、风格粗犷，主要为生产性种植，以观"生生不息"之意的原始审美倾向为主。明代乃至宋代以前，园林中建筑密度低、数量少而且个体多于群体，少有以游廊相连接的描写，更没有以建筑围合或划分景域的情况。植物在分割空间方面起到了很大的作用，多通过"大面积的丛植、群植成林，林间留出隙地，虚实相生，幽奥中见旷朗"。到了明代，也有以山水和植物来划分园林整体空间的精彩实例，如前述之计成所建影园。从《文徵明三十一景图》、沈周《东庄图》等画家所绘的明早期园景图中也可以看到，当时的园林空间开合收放，景观层次丰富，但并无太多建筑游廊来串联空间（图7-1、图7-2），植物在分隔园林空间方面起到了较大的作用。

到了清代，园林建筑的密度逐渐上升，山水地形和建筑成为园林空间的主体构架，与现存的江南古典园林的状况相仿（图7-3）。

计成将江南古典园林的场地分为山林地、城市地、村庄地、郊野地、傍宅地和江湖地，江南私家园林以城市地为多，现存江南古典园林之中也以此类型用地的园林为最多。

图7-1 明代绘画作品中展现的植物景观对园林空间的划分（图片来源：引自《中国美术全集》）

图7-2 明代弇山园复原图（图片来源：引自《〈娄东园林志〉初探》）

图7-3 清代随园全貌（图片来源：引自《随园志》）

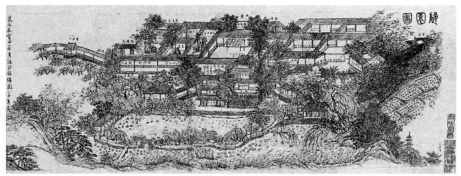

在用地性质的基础上，由于构园要素的不同，私家园林的类型还可按其面积和山水骨架分为山景园、山水园、水景园。

通过对不同用地性质和不同类型的具有代表性的现存江南古典园林进行图解分析，可以看出其空间形成的过程。以山体和水体打下全园的骨架，以建筑、游廊进行空间的细致划分和串联，整体空间体系至此已充分形成。植物在局部空间中进行点缀，丰富局部空间，充分体现了"山以水为血脉，以草木为毛发"的山水画意。

水景园和山水园多以水池作为园林的构图中心，后者还通过水中岛山或者岸边的山石构筑对空间进行分割和组织。同时，园林建筑、游廊对空间进行更为细致的分隔，使其与其他造园要素一起组成了古典园林相互关联的空间体系，空间灵动，富于变化。台地园以地形的梯级变化来形成一个个彼此有高差又相互联系的院落空间，通过高差来形成一个个院落空间序列。

从不同的用地性质上分析，不论是城市地、山林地、村庄地还是江湖地，植物对空间结构的形成无太大影响，其功用更多地偏向丰富局部空间，造园者更多地通过小尺度的设计来实现植物景观的自然美、人文美以及空间时序性，彰显出独具魅力的地域性特色乃至民族特色（图7-4）。

7.1.2 植物景观的空间形态

人们在研究植物景观空间时，通常将通过草坪、地被等水平要素和树群、丛林、绿篱等垂直要素的相互组合形成的植物空间分为开放型空间、半开放型空间、覆盖空间、完全封闭空间和垂直空间五大类（图7-5至图7-9）。

就空间的平面构图而言，上述封闭型、半开放型、垂直型植物空间多用植物进行四面、三面、两面的围合，即形成"口型""U型""L型""平行线型"的空间❶。

由于空间理念起源于欧美，对植物空间的研究也以欧美学者为多，所以他们的研究也较为深入，但欧美学者基于他们国家的园林植物景观所归纳出的植物空间类型，相较于中国古典园林中强调"灵动"的植物景观空间，还是具有一定的局限性的。除上述经典的空间分类外，李雄认为还存在模糊型和焦点型的植物空间。前者是指园林中散置的树丛、孤植树所形成的空间环境，或边缘性空间，或介于各种空间特

❶ 李雄，《园林植物景观的空间意象与结构解析研究》，北京林业大学博士论文，2006年。

沧浪亭（城市地）——
大型山景园

环秀山庄（城市地）——
中型山景园

拙政园（城市地）——
大型山水园

怡园（城市地）——
大型山水园

何园（城市地）——
中型山水园

艺圃（城市地）——
中型山水园

网师园（城市地）——
中型水景园

寄畅园（山林地）——
大型山水园

拥翠山庄（山林地）——
台地园

图7-4 江南古典园林分层结构
及空间的形成过程（每个园子
的三张图片从上到下依次为：
总平面、植物层、建筑层、山
水层）

图7-5 开放型植物空间示意图
（图片来源：引自《风景园林
设计要素》）

图7-6 半开放型植物空间示意图（图片来源：引自《风景园林设计要素》）

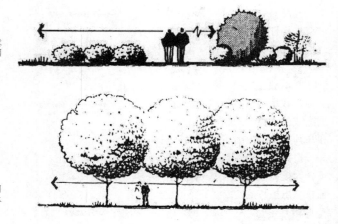

图7-7 覆盖植物空间示意图（图片来源：引自《风景园林设计要素》）

图7-8 完全封闭植物空间示意图（图片来源：引自《风景园林设计要素》）

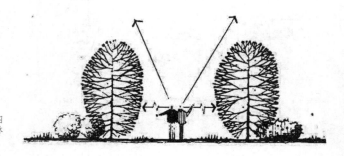

图7-9 垂直植物空间示意图（图片来源：引自《风景园林设计要素》）

点之间的空间类型；后者是以植物为空间视觉焦点的植物空间，与周界空间围合物体有明确区别，而这一视觉焦点的植物的特性就决定了整个空间的特色，对于江南古典园林植物景观的研究非常有借鉴意义（图7-10、图7-11）。

从此前对古典园林空间构成的分析可以看出，植物在江

南古典园林中以装饰性栽植为主，
未有结构性栽植，植物对整体空间
结构形式影响较小。由于江南古典
园林植物景观在空间构成中的局限
性，其单独形成的空间尺度是比较
小的，栽植手法以小规模的群植和
点缀式的孤植、对植等为主，主要
和与其搭配的山体、水体和建筑等造园要素有关。

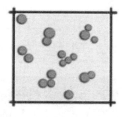

图7-10 模糊型植物空间（图片来源：引自《园林植物景观的空间意象与结构解析研究》）

　　根据植物景观空间类型的划分，江南古典园林植物空间
可分为模糊型和焦点型两类，前者强调空间的流动感，后者
意在突出植物的自然美、人文美。两者可据栽植植物的数量
多寡相互转换，"一虚一实"，虚实相生，共同营造出了江
南园林游赏中独特的心理体验。

　　就模糊型植物景观空间而言，从全园尺度上看，江南古
典园林植物景观呈显著的点状分散分布态势，空间组织关系
模糊（图7-12）。在园林中无规律、无秩序地散布着树木、树
丛，似围非围，似散未散，空间流动感极强。从江南古典园林
的Google Earth卫星图片上能明显看出植物分布的不规律性，
从与之对比的植物种植层平面图上也能看出江南地区不同城
市、不同类型古典园林的植物，特别是乔木，点缀在灵动的
建筑、山水空间格局中，呈零散型分布。

　　在局部由山水、建筑分隔的个体空间中，植物空间也多
以模糊型形式出现，山体以及面积偏大的院落中植物分布零
散，类型倾向不明，边界模糊，界定不清。以苏州拥翠山庄
为例，其内通过建筑、高差变化限定了五个变化流转的空

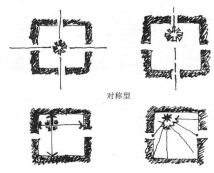

对称型

不对称型

图7-11 焦点型植物空间（图片来源：引自*The Planting Design Handbook*）

间，每个空间中的植物分布没有明确的秩序。配置时充分考虑了植物种类的多样性和主题搭配，形成了富于流动感和延伸感的植物景观空间（图7-13）。

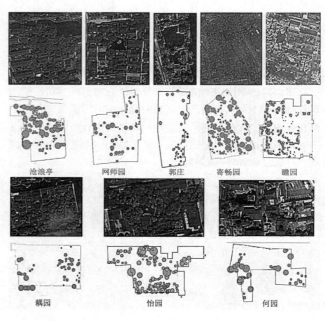

图7-12 江南古典园林中的模糊型植物空间

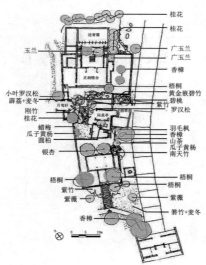

图7-13 拥翠山庄的模糊型植物空间

就焦点型植物景观空间而言，江南古典园林植物在园林中虽分布零散，但其随山就势，依据园林山水形胜，分别构成景观空间的远景、中景或近景，使空间层次更加丰富。中、远景植物景观重在表现植物群落的参差，植物个体或组合的整体形象和色调变化。近景多以视觉焦点的形式出现，使空间显得比较深远。江南古典园林多以建筑、游廊、墙垣围合成小而封闭的院落空间，对于这样的院落空间的处理，多点植植物二三于庭院内做主景，形成焦点型植物景观空间。

焦点型植物空间多以单种植物孤植、丛植，常用的材料有芭蕉、玉兰、南天竹、紫藤等自然美比较突出的植物，或以粉墙为绘，衬托植物的自身特性。

寄畅园秉礼堂院落，在主建筑东侧有两个灰空间，北侧A空间以一棵蜡梅形成中心对称式焦点型空间；南侧B空间以紫藤和南天竹为整个方形空间的视觉焦点，两者相互映衬，形成一个灵动的不对称式焦点结构植物空间（图7-14）。留园入口区的古木交柯与华步小筑的L型庭院，通过山茶、圆

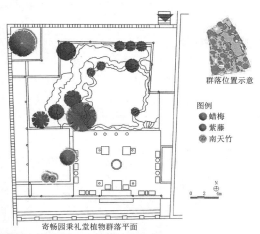

群落位置示意

图例
● 蜡梅
● 紫藤
● 南天竹

N
0　2　4m

寄畅园秉礼堂植物群落平面

A处空间景观　　　B处空间景观-1　　　　B处空间景观-2

图7-14 寄畅园秉礼堂的焦点型空间

柏的搭配形成古木交柯的苍劲古拙之景，并与华步小筑处以紫藤为焦点的另一空间串联，在如此小的院落中，就此形成两个焦点型植物空间，调动游人在进入留园中心景区前期待的情绪。

焦点型植物空间又可用不同种类的植物进行搭配，着重突出主景植物的个性，如拙政园西部倒影楼北侧庭院，从整体布局上看是一个模糊型植物景观空间，榔榆、海棠、桂花、慈孝竹、蜡梅、芭蕉等植物散置于庭院中。庭院中心的一株120年的白木香成为全园的视觉焦点，藤本植物以其独特的形态区别于周围疏植的乔木，巧妙地形成了一个兼具模糊型和焦点型的复合型空间（图7-15）。

7.1.3　植物景观与其他造园要素的景观空间

将植物与建筑、水体、山体等空间骨架构成要素进行搭配，对景观空间的形成有一定的辅助作用。典型的如植物亏蔽是破实生虚，产生模糊的、流动的空间格局的又一手段。通过植物的遮露蔽显，扶疏掩映，使景物显得有纵深感；对实体景物轮廓的软化，使其形态朦胧而模糊，形成虚景，从而形成景深意幽的空间感。如此植物景观的若隐若现所形成的空间虚灵感，在江南古典园林中广为运用。

植物景观丰富空间层次的作用还体现在对景、框景、障景、借景等传统造园手法的运用上。这些前人在研究中已多有论述，在此简言之。其主要是利用植物的姿态、色彩，或

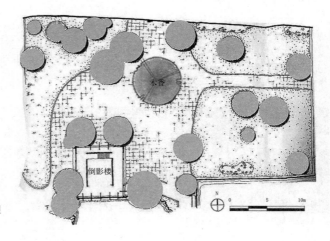

图7-15　拙政园倒影楼的焦点型空间

于漏窗，或于门洞，或于路径，或于游廊尽端处，做对景、
借景（图7-16）；通过植物自身的姿态，特别是树干的巧用
形成框景，形成如画一般的景观（图7-17）；树冠浓密如
幄，对视线产生屏蔽，增加了空间的曲折幽深。在园内透景
线上栽植植物，除了增加空间层次外，还具有一定的空间引
导、渗透作用，通过植物模糊两个空间的边界，将园外的景
观引入园内，从而获得空间的延伸（图7-18）。

　　在此前对江南古典园林设计理论进行的梳理中可
以看出，《园冶》中在阐述植物与建筑的搭配时，强调
"隐""虚"，即通过植物来软化建筑僵硬的线条。如"花间
隐榭""围墙隐约于萝间，架屋蜿蜒于木末"，所论及的就
是使用藤萝、花树来掩映建筑，取得若隐若现的效果。

　　江南古典园林中有诸多院落空间是以墙来划分的，墙
起到了限定和分隔空间的作用。所谓"围墙隐约于萝间"就
是以藤本植物来淡化墙体竖直的体块，如网师园园墙上的木
香、艺圃浴鸥门墙体上的爬山虎等（图7-19）。此外，还可
以"以粉墙为绘"，或在墙前栽植乔木（图7-20），或植以
竹、南天竹、山茶、杜鹃等姿韵、色彩俱佳的植物，凸显植
物自身的美感，增加空间的层次和趣味感，产生"小中见
大"之感（图7-21）。

　　平直的建筑线条与虬曲的植物枝干的对比映衬，是人工
与自然的融汇。若要破解建筑角隅生硬的线条，则可配观
果、观叶、观花、观干等植物（图7-22），如留园绿荫轩，
用枫树巧妙地点缀于建筑角隅，丰富了建筑立面。稍大体量

图7-16 植物对景（腾依辰摄）

图7-17 植物框景

图7-18 植物漏景

图7-16

图7-17

图7-18

图7-19 藤本植物对园墙的虚隐

（*a*）艺圃；
（*b*）网师园

（*a*）   （*b*）

图7-20 乔木与园墙的虚隐
（北塔寺梅圃）

图7-21 艺术化的园墙虚隐
（怡园）

的建筑如拙政园远香堂，以广玉兰、梧桐、糙叶树、榔榆等体量较大的乔木配植于四周，以枝叶色彩的对比、各异的姿态打破了建筑构筑物的生硬线条，与整体建筑环境相得益彰（图7-23）。

    植物景观的空间拓展与园林之中的水体、山体、道路紧密相关。

    首先，园林中的各类水体，无论做主景、配景或小景，无不借助植物来丰富水体景观空间，凸显水体的平远、深远变化。江南古典园林中的水体类型主要有面状水体如湖、

池，线状水体如溪、涧以及点状水体如泉、井三类。

图7-22　植物与墙体角隅

图7-23　远香堂前广玉兰打破建筑生硬的线条

1．面状水体

在江南私家园林中，受面积所限，面状水体多为池。面状水体空间具有均质性特征，通过池边植物分割水面空间，增加层次，从而使得水体空间安静亦气韵生动。

小型水面植物景观以点缀、丰富为主。如网师园，池中植睡莲，留出水面倒映天空和周围景物；池边植以桃、紫叶李、紫藤、云南黄馨等花繁的植物，使得空间活泼，增加景观兴趣点；再以虬曲苍劲的白皮松点缀于池西北，扩展竖向空间。

中型水面植物景观以突出层次为主。如无锡寄畅园的东部绵汇漪，两岸夹峙枫杨、朴树、榉树等大型乔木，倒影森森，有强烈的高深感，更显水体的高远清幽；特别是鹤步滩上的两株枫杨于水面斜探，与东侧知鱼槛共同于水面形成夹峙，在水体中部有一个收束作用，将这个南北长东西窄的水体分隔成收放有致的两大层次。

大型水面植物景观以突出水面岛屿、美化岸线为主。如扬州平山堂西侧水体，以湖中二岛分隔水面，确定整个空间格局。岸边散置垂柳、桂花、朴树、榉树、桑树等；湖中岛上则用观赏性较强、姿态优美的垂柳、红豆树、柿、石楠、木香、琼花等，突出岛上的视觉焦点——船厅和美泉亭，使得两岛形成"浮翠"的景观意向，增添了水面层次，整体景观倒影生动，空间氛围宁静、粗朴（图7-24）。

（a）　　　　　　　　　　　　　（b）　　　　　　　　　　　　　（c）

图7-24 植物对于不同规格面
状水体空间的丰富

（a）网师园；
（b）寄畅园；
（c）平山堂西园

2. 线状水体

沧浪亭和耦园园周都有城市河道，在处理现状水体与线
状河道的关系时，或以乔木夹峙，或以柳树柔条拂水，突出
"水令人远"的意境，以植物衬托水体的平远，凸显私家园
林的"城市山林"之姿。

无锡寄畅园的八音涧位于园西侧山体中，狭长的山体空
间中巨石夹峙，涧旁不杂任何植物，山石顶端种植乔木增加
山体的挺拔感，更显水流绵延，以静衬动（图7-25a）。

此外，园林中还有一些由比较狭窄的水系形成的似溪非
溪、似涧非涧的景观，其处理手法多以岸边横斜的乔木打破
线状空间的方向感，形成几个空间层次，再利用水生植物和
水面倒影使得整个空间更为灵动（图7-25b）。

图7-25 植物对线状水体空间
的烘托

（a）寄畅园八音涧；
（b）瞻园

（a）　　　　　　　　　　　　　（b）

3．点状水体

点状水体的处理多以植物掩映形成背景，或以树木孤植进行点缀。网师园殿春簃庭院西南隅有泉一泓，以"冷泉"为主题，搭配蜡梅突出冬季幽香的主题。拥翠山庄憨憨泉则以修竹数竿于远处衬托。

4．驳岸线

江南古典园林中以不规则的山石驳岸为多，岸线曲折进退，多种云南黄馨、薜荔等，或向水面下垂，或攀附于石上，丰富环水叠石的景观；还可以书带草等点缀，露山石之美，遮堆叠之弊病，宛如山水画中的"点苔"妙笔。

另外，园林中的各类山体，有利于植物与山体的因借成景，成为江南古典园林景观营造的重点之一。"山藉树为衣，树藉山为骨"，山无林不茂。植物的姿态、色彩、季相、疏密等对山体空间有极大的丰富作用，也对景观风格的形成起着重要作用。

1．土山

土山土多石少，在私家园林中山体虽规模体量较小，但多求自然山林之姿态，常利用植物来凸显山巅线条起伏和山坡坡度变化，展现"三远"的空间感受，着力渲染山林空间意境。前文也谈到过古代造园大家对山林空间营造的心得，如计成之"岩曲松根盘礴""苍松蟠郁之麓"，文震亨之"山松宜植土岗之上"等，以植物来形成顶面覆盖型空间，营造安静感，但视觉上仍保持通透。

土山种植讲求林木瘦耸，这样能显著增强山体的空间限定感。如拙政园中部建筑比较分散，密度较低，其水面上两座山体高度偏低且山势平缓，对于空间分割和限定的作用较小，所以山体上的植物就很好地弥补了山体的不足，与绣绮亭土山上的植物一起起到对主景远香堂院落的围合、衬托作用。与此类同的是留园中部景区，其北侧和西侧都以假山为胜，山上的植物依托山势，形成类似密林的景观，与南侧和东侧稍稍点缀建筑的树木一起，围合了整个水体空间（图7-26）。寄畅园也以茂密的山体种植突出山体的限定作用，与北侧嘉树堂及东侧知鱼槛、涵碧亭、郁盘等一系列建筑、游廊共同围合了锦汇漪这一水体空间，围与透、虚与实、自然与人工、起伏与曲折的相映成趣，使得整个空间从本质上极富有层次和趣味。

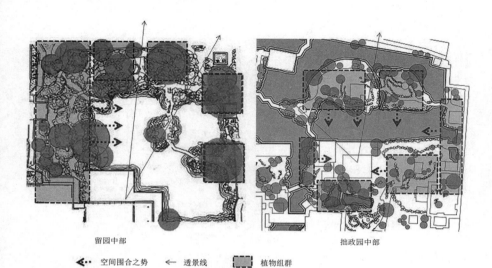

留园中部　　　　　　　　　　　　　　　　　拙政园中部

◄‥‥ 空间围合之势　　←── 透景线　　▓▓ 植物组群

图7-26 土山茂林对园林空间
的围合、限定作用

2. 石山

石山上种植的植物多以点缀为主，讲求以少量植物体现
山林之意境。其上植物或虬曲，或显露其根部来彰显山石之
奇巧，这在前文中已集中论述。

最后，江南古典园林植物景观的"径缘三益"，正是植
物景观与道路结合的最主要方式。植物景观对道路空间的充
实作用，主要是为了凸显出道路的线性空间特性，著名如竹
径模式，通过竹林的夹峙，产生"夹径萧萧竹万枝，云深幽
壑媚幽姿"的幽深感，使得整个空间富有动态感和方向性
（图7-27）。此外，山体道路多以林中穿路的形式出现，在
山体自然山林的氛围烘托下，道路在林下自由蜿蜒，植物与
道路相互因借，打破了道路线性空间的固有模式，形成具有
特定情趣的景观空间。

7.1.4　植物景观的空间意境

前几节所论述的空间是对物质空间本体的探讨。欧美园
林在空间观念中强调的是空间本体秩序和逻辑，而中国园林
则更为强调空间意境。这一空间观念的中国传统，对于空间
的精神性的追求远胜于物质性，在空间中投射观赏者本身的
情绪，追求"我在其中""我物不分"，强调精神境界的追
求。因此，所谓空间意境，实际可以理解为精神空间，与物

（a）　　　　　　　　　　　（b）

图7-27　江南古典私家园林中
的竹径

（a）个园；
（b）沧浪亭

质空间对举。

　　简要言之，中国园林传统的空间观更为注重流动性、参与性、主题性、精神性，前两者可以说是江南园林空间本体中最为突出的特色，其切入点是植物本体、群体的意境。后两者则是空间意境的主要来源，而植物在空间意境中的作用体现在空间主题性与空间时序性两个方面，是通过植物个体的文化意蕴或者形态特征为空间增加新的维度，从而产生全新的空间形式。

　　所谓植物景观的空间主体性，也就是说植物与山水、建筑等构成的景观，已不仅仅局限于其可视的形象实体上，而是传述了园主特定的思想情感。外界的各种因素，如文字、形体、色彩、气味及季相交替、天气的阴晴雨雪变化等都能通过人的感官作用于精神，从而生发出不同的联想，产生不同的意境。植物材料本身就具备多维空间的自然属性、独特的人文精神，故其景观意境空间构成亦是动态而极富变化的。

　　如果说植物景观的主题衍变，其所蕴含的是儒、道、释三家的学理精髓，那么，在江南古典园林中，从全园整体空间氛围到局部山林或建筑院落的部分空间，都有以"集善于美"的植物进行主题命名的主体性空间。前者如南浔小莲庄，园林整体空间以荷花为主题，贯穿始终，与此类同的如个园，以"个"比拟竹子，点明全园空间的植物主题。在局部空间的尺度上，典型的如苏州拙政园山体之北山待霜亭（柑橘）、雪香云蔚亭（梅）；院落之枇杷园（枇杷）、玲珑馆（竹）、海棠春坞（海棠）、玉兰堂（玉兰）、十八曼陀罗馆（山茶），在园林中形成了一个个特色分明的局部主题空间。

观者"随顺自然，物我同一"的心态，使得客观景物也就别有情趣和韵味，可使景观自有限的三维空间引申到宽广的多维空间范畴。芳香主题的植物景观在江南园林中自诞生起就为时人所重视，花木之芬芳其实是对园林实体三维空间维度的补充，无不弥散的花香可以认为是空间的第四个维度。同理如声景主题，利用自然气候现象与植物来丰富空间维度，引发观者的联想、移情，形成情境交汇的空间范例，形成以植物为胜的、独特的多维空间意境。

所谓植物景观空间时序性，也就是说在园林空间的三维特征上，再加上一个时间的空间维度，则形成了独具魅力的时序性空间。植物是古典园林中唯一有生命的造园要素，春、夏、秋、冬的时令变化，抑或是四时之潇洒，都可借助于植物而影响一方的空间感受，给人以独特的精神体验。植物景观设计与其他艺术设计相比较，最大的特点在于其是最具有动态的艺术形式。

"切四时之要"是江南古典园林植物景观营造理法之一，而植物景观的时序性也要体现出不同季相的观赏特征来。从现存的江南古典园林中也能看出，每个园林都十分注重植物景观的四季之变（表7-1）。这种植物景观的时序性常基于建筑院落式布局结构，在其空间连续性的基础上，在人们的游动观赏中，体现时间流动、四季流转之美。

江南古典园林植物景观的时序性　　　　　　　　　　　　　　　表 7-1

园名	季相景观				
	春	夏	秋	冬	四时潇洒
拙政园	玉兰堂、十八曼陀罗馆、雪香云蔚亭、海棠春坞、绣绮亭	芙蓉榭、荷风四面亭、香洲、远香堂、枇杷园、听雨轩、柳荫路曲	待霜亭、梧竹幽居	枇杷园	浮翠阁、绿漪亭
怡园	梅花厅	藕香榭	金粟亭、碧梧栖凤楼	岁寒草庐	四时潇洒亭、锁绿轩、玉延亭、松籁阁

园名	季相景观				
	春	夏	秋	冬	四时潇洒
羡园	海棠书屋、盎春	澹碧轩、织翠轩、潋亭、锦荫山房、延青阁	闻木樨香堂	疏影斋	—
沧浪亭	闻妙香室、闲冷亭、清香馆	藕花水榭、清香馆	—		翠玲珑、五百名贤祠、看山楼
环秀山庄	—	—	补秋坊、问泉亭	—	
拥翠山庄	—	—	月驾轩	问泉亭	拥翠阁、送青簃
网师园	殿春簃	—	小山丛桂轩	冷泉亭	竹外一枝轩、看松读画轩
耦园	—	—	城曲草堂	—	听橹轩
狮子林	暗香疏影楼、梅阁	荷花厅	—	立雪堂	指柏轩、修竹阁
留园	—	绿荫轩	闻木樨香处	—	
平山堂	真赏轩	—	—	—	
个园	春山	夏山	住秋阁	—	
何园	牡丹厅	—	—	雪香分春	—
郭庄	乘风起浪	—	—	—	
醉白池	玉兰院	—	晚香亭、雪海堂	—	
漪园	—	藕香榭	—	梅花厅	小松岗
秋霞圃	—	碧梧轩	丛桂轩	晚香居	环翠轩、岁寒堂

　　从全园空间布局方式上看，植物景观的时序性可分为集锦式散点布局以及串联式两种，前者典型的如拙政园，在全园尺度下，以各季节植物景观为胜的景点散落全园，游赏具有随意性；后者典型的如羡园，全园分为春、夏、秋、冬四个景区，按四季流转顺序串联（图7-28）。

　　这一时序性的空间在全院尺度进行流转，而在每个局部空间的营造中，虽然注重空间的主体性，但其植物景观的营造准则是"主景突出，四季可赏"。在植物配置时注重植物的花期、果期、叶变色期等季相特征和实体美，在小尺度的个体空间、景点中同样通过植物的四季变换体现景观的时间之美（图7-29）。

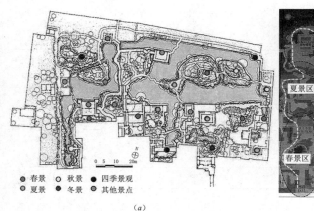

●春景　○秋景　●四季景观
◐夏景　●冬景　●其他景点

（a）　　　　　　　　　　　　　（b）

图7-28 全园尺度的时序性植物景观布局

（a）拙政园中西部时序性空间分散式布局；
（b）羡园时序性空间串联式布局

图7-29 拙政园梧竹幽居四季景观的顺时针流转

7.2 江南古典园林的代表性植物群落

　　江南古典园林的植物景观设计在植物材料平面布局上颇有造诣，丰富了园林整体空间格局；在植物群落立体层次的配置上，也有其鲜明的特色，同样也应该进入研究的视野。

　　历代造园者对植物姿态、体量的重视，都会直接体现在植物群落的结构层次搭配之中。在传统的群落鉴定中，强调群落是整体性的、密闭的自然植物聚落，但随着植物群落生态学的发展，所有这些限制都逐渐弱化，使得群落的概念得以广泛应用。古典园林中的植物配置，特别是建筑院落中的植物景观小品，从某种意义上来说，大都不能算标准的植物群落，但是如果换一个视角进行解读，可将这些主题式造景的植物小品视为文化型植物群落来进行研究。

通过实地调研江南古典园林植物群落分布的特点，将重点放在山体、水体和建筑区的植物配置上，以有明确边界的植物聚落作为一个单独的群落，作为个案研究对象。

7.2.1　山体植物群落的个案研究

1．苏州沧浪亭山体（土山）

该群落位于沧浪亭南部山体上，是以山景为胜的沧浪亭的代表性景观，主要表现"草树郁然"的山林景观，层次分明，与沧浪亭粗朴、自然的风格相匹配，可从中一窥宋代遗风。

整个山体以常绿乔木香樟和桂花构成群落的上、中层骨架，特别是规格、冠幅较大的香樟，在整个群落中占据了主导地位。落叶乔木如榉树、银杏、榔榆也有较大的数量，亦是整体群落的骨干植物。这些高大的骨干植物依山就势地形成了整个群落优美的天际线，浓密的树冠使得山林空间具有一定的覆盖感。中下层的植物高度与上层差距较大，多数高度仅在上层乔木高度的1/3以下，使得群落层次十分清晰。中层以海桐、瓜子黄杨和紫红叶羽毛枫点缀，使得冠下空间十分通透，视线不受阻隔。灌木层以含笑、洒金东瀛珊瑚、凤尾兰、南天竹、海仙花、山麻杆、蜡梅点缀，数量极少，其中17株山茶以盆栽形式出现在北侧林缘。下层地被以箬竹、扶芳藤、薜荔为盛，箬竹多出现在山体道路边缘以及山体四周。在山体上的主体建筑沧浪亭四周以体量较大的香樟、榉树、银杏模糊地限定了一个"U"形空间，紫红叶鸡爪槭和紫藤搭配在其西侧。与山林整体素淡的氛围稍有区别，沧浪亭四周植物的搭配虽然保持了简单的结构层次，但在植物材料的选择上注重了观赏性，以植物色彩对建筑空间进行一个暗示（表7-2）。

在季相搭配上，四季虽然都有观花或观色叶的植物，但个体植物数量很少，多数只有一株，所以整个山体的植物景观以绿色为全年基调，偶尔穿插黄、红等鲜亮色调，是前述江南古典园林植物审美中"以素药艳"之审美倾向的体现（图7-30）。

苏州沧浪亭山体植物群落组成

表 7-2

植物种类	生活型	观赏期	数量/盖度	胸径（cm）	冠幅（m）	株高（m）
香樟	常绿乔木	—	8 株	35	15.0	18.0
桂花	常绿乔木	花期秋季	5 株	9	2.4	6.0
柚子	常绿乔木	—	1 株	12	2.2	3.0
女贞	常绿乔木	—	2 株	16	3.2	7.0
梧桐	落叶乔木	—	1 株	17	4.0	8.0
银杏	落叶乔木	秋色叶	1 株	23	6.0	14.0
榉树	落叶乔木	—	4 株	32	14.0	21.0
榔榆	落叶乔木	—	5 株	18	8.0	17.0
朴树	落叶乔木	—	2 株	23	9.0	16.0
海桐	常绿小乔木	—	2 株	9	4.5	4.0
瓜子黄杨	常绿小乔木	—	1 株	7	2.2	3.4
紫红叶羽毛枫	落叶小乔木	常年异色	1 株	5	1.3	1.5
含笑	常绿灌木	花期春季	1 株	—	0.7	0.6
山茶	常绿灌木	花期春季	17 株	—	0.4	0.7
洒金东瀛珊瑚	常绿灌木	—	4 株	—	0.8	0.6
凤尾兰	常绿灌木	花期夏季	1 株	—	0.4	0.6
南天竹	常绿灌木	果期冬季	1 株	—	0.5	0.7
大花栀子	常绿灌木	花期夏季	1 株	—	0.8	1.0
海仙花	落叶灌木	花期春季	1 株	—	1.2	1.5
山麻杆	落叶灌木	春色叶	1 株	—	0.6	1.5
蜡梅	落叶灌木	花期冬季	2 株	—	1.1	1.7
薜荔	常绿藤本	—	10%	—	—	—
扶芳藤	常绿藤本	—	40%	—	—	—
紫藤	落叶藤本	花期春季	1 株	—	—	—
麦冬	常绿草本	—	20%	—	—	—
阔叶箬竹	竹类		20%	—	—	—

群落位置示意

沧浪亭山区植物群落平面

图7-30 苏州沧浪亭山体植物
群落分析

2. 拙政园北山（待霜亭）植物群落（土山）

拙政园北山是一处以"待霜"为命题的主题式山体群落，以柑橘之"洞庭须待满林霜"的语意来释题。14棵柑橘是整个群落的基调植物，植于待霜亭四周，其中13棵错落有致地分布于南侧山坡主要观赏面，1棵位于北坡。与柑橘待霜的主要观赏季相呼应，山坡上栽植鸡爪槭、乌桕等秋色叶树种，调节秋季景观色彩，烘托氛围，同时配置于亭西北，待到赏橘之时以桂花之馥郁来拓展植物景观的层次（表7-3）。

群落上层以枫杨、全缘叶栾树、榉树等树冠开展、枝繁叶茂的乔木为主，多栽植于山麓，在彰显山体气势、烘托山林氛围的同时，对山顶"待霜"主景进行一定的虚隐、围合。大量菲黄竹被用作地被，其他灌木多靠近山体边缘出现，使得待霜亭四周"柑橘-菲黄竹"的植物群落层次十分清晰。

苏州拙政园北山植物群落组成   表 7-3

植物种类	生活型	观赏期	数量/盖度	胸径(cm)	冠幅(m)	株高(m)
圆柏	常绿乔木	—	2株	27.0	4.0	7.0
桂花	常绿乔木	花期秋季	2株	4.5	2.2	3.0
枫杨	落叶乔木		1株	38.0	6.0	10.0
榉树	落叶乔木		1株	30.0	8.0	10.0
朴树	落叶乔木		2株	25.0	9.0	5.0
全缘叶栾树	落叶乔木	花期夏季	2株	30.0	8.5	12.0
梅	落叶乔木	花期春季	2株	10.0	3.5	2.4
山茱萸	落叶乔木		1株	13.0	5.0	5.0
乌桕	落叶乔木	秋色叶	1株	26.0	7.6	10.0
榔榆	落叶乔木		2株	22.0	6.4	9.0
柑橘	常绿小乔木	果期秋季	14株	15.0	2.0	1.8
鸡爪槭	落叶小乔木	秋色叶	5株	13.0	5.5	4.2
云南黄馨	常绿灌木	花期春季	16株		2.2	1.5
毛白杜鹃	落叶灌木	花期春季	4株		1.2	0.8
火棘	常绿灌木	花期春季	1株		1.4	0.9
扶芳藤	常绿藤本	—	10%	—	—	—
薜荔	常绿藤本		—	—	—	—
麦冬	常绿草本		—			
菲黄竹	竹类		60%			0.7

整个山体上有两条道路穿行，在道路的起点、转折点，以虬曲之圆柏、清秀之鸡爪槭作为提示，使得整个空间富有节奏感。

由于整个山体位于拙政园中部水区，以湖中岛形式出现，其山麓滨水植物多使用云南黄馨、火棘等，缓解驳岸线的生硬感。西南山脚的两棵榔榆向水面微微倾斜，使得山体空间和水体空间有机地结合起来。

在季相搭配上，整个群落以秋季为主要观赏期，秋花、秋叶、秋果三者相映成趣。此外，春季观水畔之云南黄馨、梅花照水；夏季林木森森，竹影摇曳，整体风格疏朗典雅。

　　总体而言，整个植物群落主题鲜明，山麓栽植体量较大的乔木，形成较为模糊的围合空间，有一定的内向性。群落层次结构清晰，中层小乔木和灌木结合山势地形，对游人视线产生一定的亏避，使得整个空间主景突出，层次丰富，步移景异（图7-31）。

　　3．无锡寄畅园西部山体植物群落（土山）

　　寄畅园是一个山林地性质的古典园林，位于惠山东麓。园中在堆山叠石时，将假山依惠山东麓山势做余脉状，山体植物景观也以极力表现山林风貌为旨趣。该群落位于寄畅园九狮台北侧，鹤步滩东侧，山体上无道路穿行。江南典型植被为常绿落叶阔叶混交林——落叶树春发嫩绿，夏被浓荫，

图7-31　苏州拙政园北山（待霜亭）植物群落分析

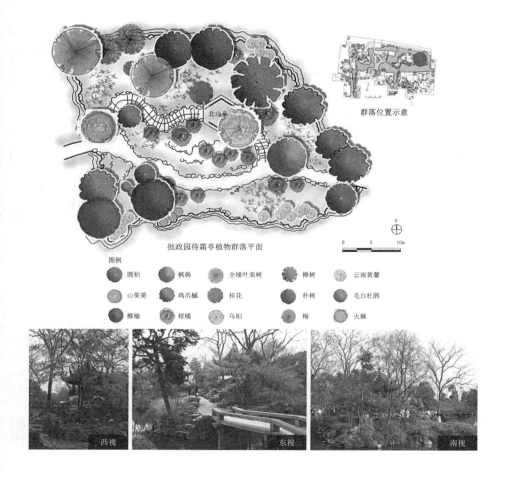

秋叶胜似春花，冬育枯木寒林，常绿树则保持四时景象的盛妆，该山体群落也是以极力模拟这一自然植被景观为主，经过艺术性的提炼，以高大的香樟、朴树、榉树、枫杨形成上层较为郁闭的覆盖空间，中层以桂花、瓜子黄杨、山茶等点缀其间，辅以洒金东瀛珊瑚、棕竹，使得中间层次也十分丰富。地被层也种类丰富，靠近西侧园路区域片植二月兰，衬以箬竹，模拟自然条件下林缘春时山花烂漫之感觉；东侧则植以麦冬、薜荔等，彰显野趣之姿（表7-4）。

整个植物群落艺术地再现了"寄畅山水荫"的造园主题，拙树参天，古朴清幽，四时以绿色调为主，常绿树和落叶树枝叶不同的质感、绿色度的对比、搭配，使得整个群落外观统一而富于变化，与惠山之景浑然一体（图7-32）。

无锡寄畅园西部山体植物群落组成

表 7-4

植物种类	生活型	观赏期	数量/盖度	胸径（cm）	冠幅（m）	株高（m）
罗汉松	常绿乔木	—	1株	8	2.5	5.0
香樟	常绿乔木	—	4株	15	5.0	15.0
朴树	落叶乔木	—	5株	25	8.0	17.0
榉树	落叶乔木	—	1株	35	18.0	25.0
枫杨	落叶乔木	—	1株	40	20.0	27.0
梧桐	落叶乔木	—	2株	14	7.0	13.0
玉兰	落叶乔木	花期春季	1株	8	3.0	6.0
桂花	常绿小乔木	花期秋季	1株	8	4.0	5.0
瓜子黄杨	常绿小乔木	—	6株	8	2.5	4.0
山茶	常绿灌木	花期春季	5株	—	1.5	2.5
洒金东瀛珊瑚	常绿灌木	—	6株	—	0.7	0.8
棕竹	常绿灌木	—	5%	—	—	1.0
琼花	落叶灌木	花期春季	1株	—	2.5	3.0
薜荔	常绿藤本	—	5%	—	—	—
麦冬	常绿草本	—	20%	—	—	—
二月兰	多年生草本	花期春季	60%	—	—	—
箬竹	竹类	—	10%	—	—	0.4

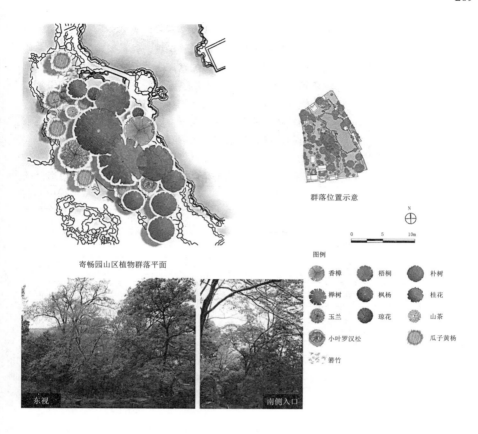

寄畅园山区植物群落平面

群落位置示意

图例

香樟	梧桐	朴树
榉树	枫杨	桂花
玉兰	琼花	山茶
小叶罗汉松		瓜子黄杨
箬竹		

东视 | 南侧入口

图7-32 无锡寄畅园西部山体植物群落分析

4. 苏州艺圃南部假山植物群落（石山）

艺圃整个园景风格保留有明代江南园林幽静、开朗、质朴之风。其南侧假山是全园的景观主要对景，山石嶙峋，树木葱郁，颇具奇秀之美。

整个山体倚靠园墙，以湖石于北侧主要观赏面叠成绝壁、危径，形成富于变化又较自然的山体，山势连绵之感扩大了园林空间的纵深。

在植物群落配置时，首先沿曲折的院墙栽植桂花、慈孝竹遮挡墙体，有意识地模糊园界。其次，在山体内道路两侧点植枫杨、银杏、紫红叶鸡爪槭、楝树等乔木，下层栽植凤尾竹，兼有瓜子黄杨、蜡梅等小乔木、灌木。上层乔木提供了很好的荫蔽，在游人视线高度处无任何遮蔽。由于山体南侧地势较低，虽栽植了大量乔、灌木，但其在主要观赏面并无显现（表7-5）。

　　在山顶的高处，植以冠型丰满、姿态挺拔的朴树、白皮松，作为整个山体视觉的焦点，两者无论是在植物的平面构图还是在立面组织上都占据了绝对的主导地位。北侧山体主要为绝壁，坡度较大，且所欣赏的主体是湖石之美。在这一区域的植物搭配上，以"点苔"的手法将云南黄馨、薜荔点缀于石间，最大限度地凸显山石之美。

苏州艺圃山体植物群落组成　　　　表7-5

植物种类	生活型	观赏期	数量/盖度	胸径（cm）	冠幅（m）	株高（m）
白皮松	常绿乔木	—	1株	28.0	17.0	21.0
罗汉松	常绿乔木	—	1株	5.4	0.6	1.0
棕榈	常绿乔木	—	1株	12.0	2.0	11.0
银杏	落叶乔木	秋色叶	1株	22.0	14.0	20.0
楝树	落叶乔木	—	1株	9.0	2.4	4.0
枫杨	落叶乔木	—	1株	13.0	4.0	8.0
桂花	常绿小乔木	花期秋季	12株	10.0	3.0	4.0
山茶	常绿小乔木	花期春季	1株	7.0	1.0	1.0
瓜子黄杨	常绿小乔木	—	1株	6.0	1.0	2.0
羽毛枫	落叶小乔木	秋色叶	2株	7.0	1.9	2.0
紫红叶鸡爪槭	落叶小乔木	常年异色	3株	6.0	0.9	1.8
南天竹	常绿灌木	果期冬季	1株	—	0.6	0.6
迎春	落叶灌木	花期春季	3株	—	0.8	0.5
蜡梅	落叶灌木	花期冬季	2株	—	1.2	1.5
薜荔	常绿藤本	—	10%	—	—	—
扶芳藤	常绿藤本	—	10%	—	—	—
麦冬	常绿草本	—	5%	—	—	—
凤尾竹	竹类	—	10%	—	—	0.7
慈孝竹	竹类	—	5%	—	—	2.8

整个群落以一常绿针叶树，一落叶乔木各为主景，植物群落色泽素淡，观花植物较少，三株紫红叶鸡爪槭在较为郁闭的林下空间成为视觉焦点。秋季桂花飘香，冬季蜡梅绽放，两者以其馥郁芬芳给人带来无尽的幽思，扩展了山体空间的层次（图7-33）。

5. 南京瞻园北山植物群落（石山）

瞻园假山与艺圃类同，也是靠园墙而建。山体东北地势较低处一株二球悬铃木的株高达到25.6m，冠幅14m，在整个群落的平面和立面上都占有主导地位，成为整个群落的视觉焦点。其西侧群植五株香樟，以虚隐园墙，树下中层植以法

图7-33 苏州艺圃山体植物群落分析

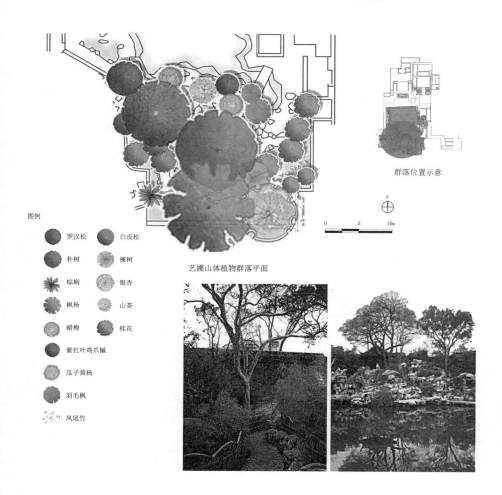

群落位置示意

图例

罗汉松　　白皮松

朴树　　　楝树

棕榈　　　银杏

枫杨　　　山茶

蜡梅　　　桂花

紫红叶鸡爪槭

瓜子黄杨

羽毛枫

凤尾竹

N

0　5　10m

艺圃山体植物群落平面

国冬青形成高篱，进一步弱化墙体的体块。山体东侧不再栽植上层乔木，仅以栀子等低矮灌木点缀，暗示山体边界的同时以其花香丰富山体景观空间（表7-6）。

山体以湖石搭建，所以南侧主山体栽植以姿态为胜的松柏类，树体高度较小，树冠如伞，与山石相映成趣；再以络石等藤蔓类植物点缀于山石间，颇有画意。山体中部有一平台，南侧以湖石形成绝壁，壁脚以南天竹作基础种植，洁白的石壁凸显了黑松和日本五针松苍绿的枝叶，将这一中景层次衬托得十分丰富。南部山麓山势平缓，与水面相接，点缀以元宝枫、云南黄馨等植株低矮、观赏性俱佳的乔、灌木。

南京瞻园北山植物群落组成　　　　　　　　　　表 7-6

植物种类	生活型	观赏期	数量/盖度	胸径（cm）	冠幅（cm）	株高（cm）
黑松	常绿乔木	—	4 株	24.5	4.0	5.0
日本五针松	常绿乔木	—	2 株	9.0	5.0	7.0
女贞	常绿乔木	—	4 株	9.0	2.5	4.0
棕榈	常绿乔木	—	1 株	13.0	2.2	6.0
元宝枫	落叶乔木	秋色叶	1 株	8.4	2.7	3.6
二球悬铃木	落叶乔木	—	3 株	34.0	16.0	23.0
香樟	落叶乔木	—	5 株	28.5	14.0	19.5
龙爪槐	落叶乔木	—	1 株	7.0	1.7	2.4
海桐	常绿小乔木	—	1 株	9.0	2.9	3.2
云南黄馨	常绿灌木	花期春季	2 株	—	1.2	0.7
法国冬青	常绿灌木	—	4 株	—	0.7	2.5
南天竹	常绿灌木	果期冬季	7 株	—	0.5	0.4
大花栀子	常绿灌木	花期夏季	7 株	—	0.8	1.0
络石	常绿藤本	—	20%	—	—	—
爬山虎	落叶藤本	—	—	—	—	—
紫藤	落叶藤本	花期春季	1 株	—	—	—
薜荔	常绿藤本	—	—	—	—	—
麦冬	常绿草本	—	—	—	—	—
吉祥草	常绿草本	—	—	—	—	—

　　总体而言，整个山体的北侧地势较低处栽植了数量较多、体量规格较大的常绿阔叶植物，以浓绿的叶色凸显洁白的湖石，形成了"树屏"一样的背景。山巅以黑松、日本五针松等松柏类与湖石形成经典的"岩曲松根盘礴""苍松蟠郁之麓"之景。南侧以花色、叶色清浅的植物形成淡出的效果，如是一个"远景—中景—前景"的山体植物景观层次就十分清晰地显现出来，整体风格自然不乏精致，空间层次清晰，凸显了山体的深远感（图7-34）。

图7-34 南京瞻园北山植物群落组成

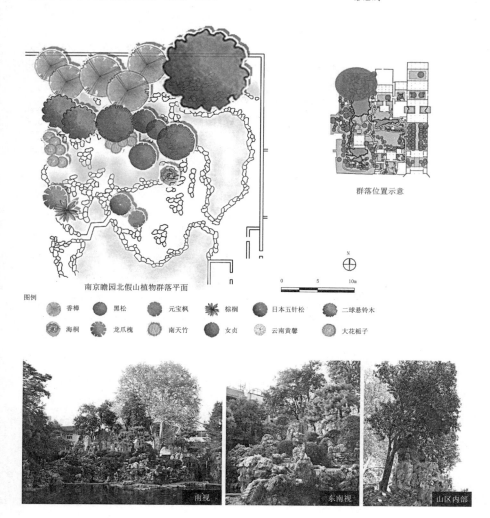

南京瞻园北假山植物群落平面

群落位置示意

图例：香樟　黑松　元宝枫　棕榈　日本五针松　二球悬铃木　海桐　龙爪槐　南天竹　女贞　云南黄馨　大花栀子

南视　东南视　山区内部

6. 扬州何园假山植物群落（石山）

何园作为晚清园林的代表，风格已趋向精致化。该组植物群落位于何园中心水面池西，假山逶迤向南，峰峦叠嶂。

整个假山可分为两个部分，东侧主观赏面为湖石假山，西侧为黄石假山蹬道。湖石假山西侧植有六株桂花作为背景，呼应了山体西侧建筑桂花厅之主题。临水则点缀圆球状大叶黄杨一株，衬托山石之洁白（表7-7）。

黄石假山的高度低于湖石假山，掩映其后，与园墙相接，成蹬道状，坡度极大。在其南侧制高点点缀两株白皮松、一株马尾松，更显山石的险峻。同时在整个群落的立面构图上，其挺拔的树姿，浓绿的叶色，舒散的树冠与元宝枫形成了绝佳的对比，使得整个山体空间灵动而富有生趣。北

扬州何园山体植物群落组成　　　　　表7-7

植物种类	生活型	观赏期	数量（株）	胸径（cm）	冠幅（cm）	株高（cm）
马尾松	常绿乔木	—	1	23.5	12.0	17.0
白皮松	常绿乔木	—	2	25.0	14.0	18.0
桂花	常绿乔木	花期秋季	6	11.6	2.0	3.0
女贞	常绿乔木	—	1	12.3	3.2	4.0
朴树	落叶乔木	—	1	21.5	13.0	18.0
元宝枫	落叶乔木	秋色叶	3	8.0	4.2	5.0
梧桐	落叶乔木	—	1	15.0	7.0	12.0
梅	落叶乔木	花期春季	1	7.0	2.0	3.2
瓜子黄杨	常绿小乔木	—	1	6.0	1.8	2.5
枇杷	常绿小乔木	果期夏季	1	12.0	5.0	6.0
洒金东瀛珊瑚	常绿灌木	—	1	—	0.7	1.0
南天竹	常绿灌木	果期冬季	1	—	0.4	0.8
大叶黄杨	常绿灌木	—	1	—	0.8	0.7
卫矛	落叶灌木	—	3	—	—	0.5
蜡梅	落叶灌木	—	3	—	1.3	1.7
小叶女贞	落叶灌木	—	1	—	0.4	0.6
杜鹃	落叶灌木	花期春季	1	—	0.6	0.5
箬竹	竹类	—	1	—	—	—

侧黄石山体植物栽植选择注重四时观赏的特性，植有春季观花之梅，夏季观果之枇杷、冬季观果之南天竹以及芬芳之蜡梅，虽数量较少，但与湖石区桂花树丛相搭配，在这一狭长的山体空间中，即可体会四时之流转（图7-35）。

　　7. 扬州个园四季假山（石山）

　　个园以假山来体现四季景色，颇具巧思，无论是在山石堆叠还是在植物配置上，其遵循的都是"春山淡冶而如笑，夏山苍翠而如滴，秋山明净而如妆，冬山惨淡而如睡"的画论要则。

　　春山植物群落层次以"竹-草"两层结构为主，以刚竹搭配石笋，简洁地表达"淡冶"的风貌，给人留下无尽的想象空间。

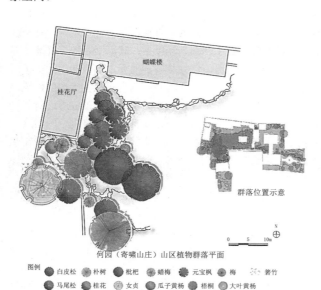

图例　●白皮松　●朴树　●枇杷　●蜡梅　●元宝枫　●梅　※箸竹
　　　●马尾松　●桂花　●女贞　●瓜子黄杨　●梧桐　●大叶黄杨

何园（寄啸山庄）山区植物群落平面

群落位置示意

图7-35 扬州何园山体植物群落分析

东视

东南视

山区内部

夏山之"苍翠如滴"则通过栽植常绿乔木来表现。其北部山顶平台靠近园墙处种植女贞、枇杷、圆柏等常绿针叶、阔叶乔木，形成背景，西侧则片植黄金嵌碧竹，植物群体四季常青。山腰石上以常绿灌木——云南黄馨形成"点苔"之效果，前景则是一株规格较大的广玉兰。从山巅到山脚，由远及近，使用六种"四时潇洒"可观的常绿乔灌木、竹类，贴切地阐释了夏山的主题。此外，在山顶鹤亭东侧点缀紫藤一丛，对建筑空间起到一个提示、烘托的作用。夏山南侧水池中荷花飘香，也使得整个山体景观更为清幽。

秋山由黄石假山堆叠而成，以山石之暖黄色调凸显秋季之明净。在植物配置上，同样以秋季季相景观突出的植物进行配置，如元宝枫、羽毛枫、紫红叶鸡爪槭的秋色叶，桂花馥郁的秋花。元宝枫是整个植物群落中栽植量最大的植物，从山体北侧到南侧都有栽植，可谓群落的骨干树种。整个群落植株的高度都较小，都为3m以下。其原因是为更好地凸显山体自身险峻的山势，以规格较小的乔木点缀其上，提示山体中蹬道的走向，以及石室、石桥飞梁、深谷绝洞的位置。山顶的住秋阁前以元宝枫和紫红叶鸡爪槭群植成屏，对其形成了很好的亏蔽，从住秋阁俯瞰园景，则更富有空间层次。拂云亭东侧有四株桂花，除凸显秋季主题外，在8月桂花飘香之时，通过林下石洞，使香气飘至山体内部石室。这种通过叠山掇石形成通道来传送植物芬芳，以求丰富山体空间、建筑空间的做法，在夏山中也有应用，使得植物景观与山石景观巧妙地融为一体，令人折服。

冬山群落位于建筑南侧，南倚高墙，院落空间东西长、南北窄。植物群落以一株体量、规格较大的榆树形成立面和平面的构图中心，打破院落空间的封闭感。其下植有花期或果期在冬季的蜡梅三株、南天竹一株，与宣石相配。植物材料虽简单，但以黄花、红果兼花香凸显"冬景"主题，充分利用了植物自然之美（表7-8）。

简要言之，个园四季假山的植物群落垂直结构简单，多是"竹-草""乔-竹"或"乔-灌"两层结构，虽然四季假山都有各自的季节主题和景观意向，但各山在凸显自身特点的同时，也对个园"竹"的主题有所呼应，如春山之刚竹、夏山之黄金嵌碧竹、秋山之茶杆竹、冬山呼应春山之刚竹，正所谓"春夏秋冬山光异趣，风晴雨露竹影多姿"（图7-36至图7-39）。

扬州个园四季假山植物群落组成　　　　　表 7-8

分区	植物种类	生活型	观赏期	数量／盖度	胸径（cm）	冠幅（cm）	株高（cm）
春山	刚竹	竹类	—	90%	—	—	3.2
	麦冬	常绿草本	—	90%	—	—	—
夏山	圆柏	常绿乔木	—	1 株	20	9.5	9.0
	女贞	常绿乔木	—	1 株	13	7.0	7.5
	广玉兰	常绿乔木	花期夏季	1 株	26	17.0	21.0
	枇杷	常绿小乔木	果期夏季	4 株	11	2.7	3.2
	云南黄馨	常绿灌木	花期春季	2 株	—	1.5	0.5
	紫藤	落叶藤本	花期春季	1 株	—	—	—
	黄金嵌碧竹	竹类		15%			3.1
秋山	黑松	常绿乔木	—	5 株	9	2.2	3.0
	罗汉松	常绿乔木	—	1 株	7	2.4	0.9
	圆柏	常绿乔木	—	2 株	11	2.1	3.0
	桂花	常绿乔木	花期秋季	4 株	8	1.9	2.7
	女贞	常绿乔木	—	1 株	12	3.0	3.0
	瓜子黄杨	常绿小乔木	—	1 株	9	2.1	2.5
	构骨	常绿小乔木	果期秋季	1 株	7	1.7	2.0
	元宝枫	落叶乔木	秋色叶	8 株	6	1.9	2.2
	紫红叶鸡爪槭	落叶小乔木	常年异色	3 株	4	1.1	1.4
	羽毛枫	落叶小乔木	秋色叶	2 株	8	1.5	2.0
	卫矛	落叶灌木	—	1 株	—	0.7	0.6
	杜鹃	落叶灌木	花期春季	1 株	—	0.6	0.4
	茶杆竹	竹类	—	10%			1.3
冬山	榆树	落叶乔木	—	1 株	26	13.0	18.5
	蜡梅	落叶灌木	花期冬季	3 株	—	1.4	2.4
	南天竹	常绿灌木	果期冬季	1 株	—	0.8	1.1
	麦冬	常绿草本	—	10%	—	—	—

图7-36 扬州个园春山植物群落分析

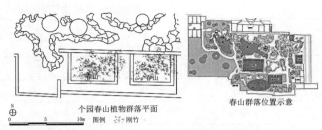

个园春山植物群落平面

春山群落位置示意

N
0 5 10m 图例 ⚡刚竹

东视

南视

西视

图7-37 扬州个园夏山植物群落分析

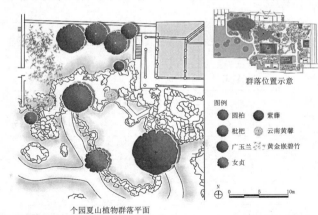

群落位置示意

图例

⬤ 圆柏　⬤ 紫藤
⬤ 枇杷　⬤ 云南黄馨
⬤ 广玉兰　黄金嵌碧竹
⬤ 女贞

N
0 5 10m

个园夏山植物群落平面

南视

东视

山区内部

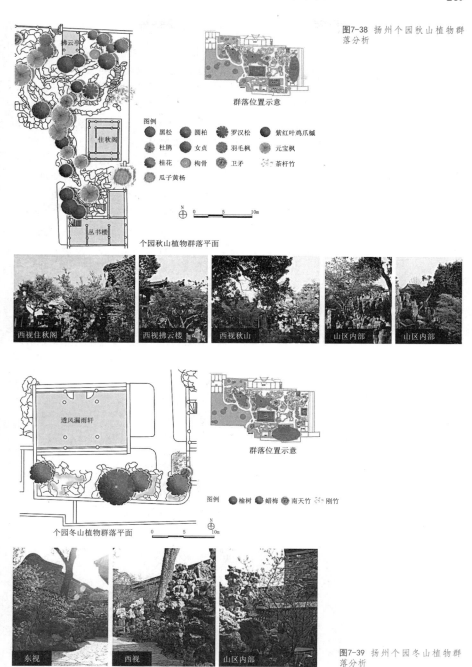

图7-38　扬州个园秋山植物群落分析

群落位置示意

图例
黑松　圆柏　罗汉松　紫红叶鸡爪槭
杜鹃　女贞　羽毛枫　元宝枫
桂花　枸骨　卫矛　茶杆竹
瓜子黄杨

个园秋山植物群落平面

西视住秋阁　西视拂云楼　西视秋山　山区内部　山区内部

透风漏雨轩

群落位置示意

图例　榆树　蜡梅　南天竹　刚竹

个园冬山植物群落平面

东视　西视　山区内部

图7-39　扬州个园冬山植物群落分析

7.2.2　水体区植物群落的个案研究

1．无锡寄畅园滨水植物群落（面状水体）

　　无锡寄畅园东部水面锦汇漪在前面论述植物对于水体空间的丰富时也有所论及。从其配置的植物群落看来，植物数量虽然偏少，分布也较为零散，但其突出特点是根据岸线走势，合理搭配植物，使得前景、中景、背景层次清晰，季相特色分明。位于水面轴线尽端的嘉树堂是整个植物群落的背景，隔水相望时，向水中蜿蜒伸出的鹤步滩上的枫杨以其婆娑的姿态成为整个群落视觉的焦点。中景则是具有渲染力且色泽对比强烈的石楠和桃花，且树姿极度向水面倾斜，开花季节，红、白二色成为该组植物群落的视觉焦点，与深色的建筑背景产生剧烈的色彩反差，也能跳出前景绿色的基调，为碧绿平静的水面带来一个具有视觉冲击力的兴奋点。

　　就群落的竖向构成而言，该群落以枫杨、香樟、朴树、木瓜为上层，树姿挺拔；中层以观花的紫薇、碧桃、琼花和石楠进行点缀，株高仅为上层乔木高度的1/2～1/3，上中层群落层次关系清晰，突出春花烂漫的群落季相特征（表7-9）。在整体苍凉廓落、古朴清幽的园林氛围中，依托全园绿色的园林基调，以素药艳，借植物季相美含蓄地形成一个观者游赏的心理体验高潮（图7-40）。

无锡寄畅园滨水植物群落组成　　　　　　　　　表 7-9

植物种类	生活型	观赏期	数量 / 盖度	胸径（cm）	冠幅（cm）	株高（cm）
枫杨	落叶乔木	—	1 株	32	17.0	18.0
香樟	落叶乔木	—	1 株	26	12.0	15.0
朴树	落叶乔木	—	1 株	23	8.0	17.0
木瓜	落叶乔木	花期春季	1 株	20	8.0	13.0
石楠	常绿小乔木	花期春季	1 株	8	4.0	5.0
紫薇	落叶小乔木	花期夏季	1 株	7	0.8	3.0
碧桃	落叶小乔木	花期春季	2 株	8	2.0	0.8
琼花	落叶灌木	花期春季	1 株		2.7	2.5
薜荔	常绿藤本		30%			

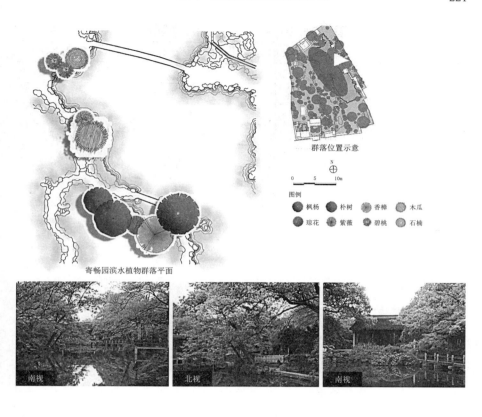

群落位置示意

N

0　5　10m

图例

枫杨　朴树　香樟　木瓜

琼花　紫薇　碧桃　石楠

寄畅园滨水植物群落平面

南视　　　北视　　　南视

2. 苏州网师园中心水面滨水植物群落（面状水体）

图7-40 无锡寄畅园滨水植物群落分析

网师园是一个中型水景园，水景是全园景观的中心，探究其滨水植物群落的配置，可以从中探究江南古典私家园林滨水植物配置的特点。

水体面积虽只有300余平方米，但整体空间突出地体现了空灵的特色以及小中见大的造园手法。除了池周建筑、山体在体量上巧妙搭配外，植物的作用也不容忽视。整个滨水植物群落的植物种类，特别是灌木的种类丰富，体量与小水面相适应，在艺术效果上既统一又富于变化（表7-10）。

首先，以水面西北的一棵高大、葱郁的白皮松形成整个群落平面和立面的焦点，将观者的视线吸引到水面最长轴线的尽头，加深了空间的纵深感。

其次，池东住宅大厅及楼厅的高耸的山墙直接暴露在园内，所以结合射鸭廊等建筑，设置了一组植物小品进行遮

苏州网师园中心水面滨水植物群落组成　　　　　表 7-10

植物种类	生活型	观赏期	数量（株）	胸径（cm）	冠幅（cm）	株高（cm）
白皮松	常绿乔木	—	1	34.0	9.0	8.0
黑松	常绿乔木	—	1	7.0	1.2	0.8
桂花	常绿乔木	花期秋季	6	12.0	2.7	3.2
玉兰	落叶乔木	花期春季	1	29.3	6.0	5.7
紫叶李	落叶小乔木	常年异色	1	5.0	1.1	1.6
梅花	落叶小乔木	花期春季	1	8.0	0.9	1.2
垂丝海棠	落叶小乔木	花期春季	1	7.0	0.6	1.5
紫薇	落叶小乔木	花期夏季	1	4.0	0.6	1.2
山茶	常绿灌木	花期春季	2	—	0.4	0.4
云南黄馨	常绿灌木	花期春季	4	—	0.7	0.5
南天竹	常绿灌木	果期冬季	1	—	0.6	0.8
紫荆	落叶灌木	—	2	—	0.7	1.1
蜡梅	落叶灌木	花期冬季	1	—	1.3	1.6
薜荔	常绿藤本	—	1	—	—	—
紫藤	落叶藤本	花期春季	—	—	—	—
吉祥草	常绿草本	—	—	—	—	—
麦冬	常绿草本	—	—	—	—	—
睡莲	水生花卉	花期夏季	—	—	—	—

挡。选用了观赏性状突出的桂花、紫荆、紫叶李、紫藤等乔灌木、藤本植物，以粉墙为衬托，以叶色、花色来虚化高大山墙的体块感。在射鸭廊与竹外一枝轩的转角连接处，搭配黑松、梅花组合，在彰显人文美的前提下，以植物的自然之美化解建筑生硬的转角。

其三，池南侧有一组黄石假山，其上点缀玉兰、紫荆和蜡梅，十分简洁。特别是玉兰，以其巨大的体量和纵横自在的姿态，与北侧白皮松呼应成趣。春季花时紫红的花色也与黄石假山形成了一定的对比，对比色的使用为景观增添了活力。

其四，东侧的月到风来亭则尽量保持水岸线自然山石的蜿蜒，仅在局部零散点缀云南黄馨，使得整个滨水群落的四个方向有不同的高度、密度和节奏，丰富了水体空间的形式（图7-41）。

图7-41 苏州网师园中心水面
滨水植物群落分析

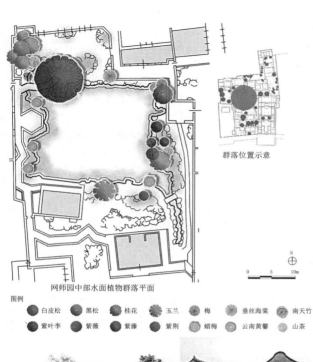

群落位置示意

网师园中部水面植物群落平面

图例

● 白皮松	● 黑松	● 桂花	● 玉兰	● 梅	● 垂丝海棠	● 南天竹
● 紫叶李	● 紫薇	● 紫藤	● 紫荆	● 蜡梅	● 云南黄馨	● 山茶

北视

西视

东视

3．杭州郭庄南北水面滨水植物群落（面状水体）

杭州郭庄是一个大型的水景园，水面占全园面积的29%，其水景特色在于南、北两个水面形成的反差对比。南侧是传统的山石驳岸水面，北侧则以平直的岸线围合静水水面，这在江南园林中比较少见。两种不同风格的水面在同一个园林中出现，植物群落的配置也各有特色，两者反差对比，值得借鉴和学习。

（1）南部水面。

南部水面是传统的山石驳岸，岸线曲折，进退自如，池周布置了卷舒自如亭、雪香分春水榭、锦苏楼等建筑，对水体空间进行围合。整个滨水群落以突出植物自然美为主，以绿色为整体基调，精巧地搭配绿色度深浅各一的乔木，局部以常年异色叶者进行点缀，风格雅洁，自然又不失精致之趣。

群落南侧是雪香分春水榭，仅在水池转角处植南天竹、火棘各一，虚化转角，不再植其他任何杂木（表7-11）。

东侧卷舒自如亭侧植物组以体量较小的羽毛枫、紫红叶鸡爪槭为主，簇拥在亭子檐下，与亭的体量相适宜。亭西侧一高一矮两株紫红叶鸡爪槭临水，叶色深红浓艳，跳出整体群落嫩绿的背景色调，对视线有强烈的聚焦作用。

北侧两宜楼成"品"字形水平分布，岸线平直，在水岸西北以一株树体高大、树冠圆润的香樟从竖向上打破空间的僵直感，中层仅在建筑转角处种植洒金东瀛珊瑚软化边角，下层以云南黄馨、紫藤、薜荔等点缀岸边山石，形成典型的焦点突出式的"乔-草"植物竖向结构。

杭州郭庄南部滨水植物群落组成　　　　　表 7-11

植物种类	生活型	观赏期	数量（株）	胸径（cm）	冠幅（cm）	株高（cm）
罗汉松	常绿乔木	—	1	4	1.2	1.4
女贞	常绿乔木	—	1	22	13.5	20.0
香樟	落叶乔木	—	1	31	15.0	24.0
紫红叶鸡爪槭	落叶小乔木	常年异色	1	7	2.1	2.6
羽毛枫	落叶小乔木	秋色叶	2	8	2.6	2.6
紫薇	落叶小乔木	花期夏季	3	4	0.9	1.8
含笑	常绿灌木	花期春季	3	—	0.6	0.7
云南黄馨	常绿灌木	花期春季	7	—	0.9	0.6
洒金东瀛珊瑚	常绿灌木	—	4	—	1.3	1.7
构骨	常绿灌木	果期秋季	1	—	0.8	0.8
火棘	常绿灌木	花期春季	3	—	0.8	0.9
南天竹	常绿灌木	果期冬季	1	—	0.6	0.7
月季	落叶灌木	花期春季	4	—	0.4	0.4
紫藤	落叶藤本	花期春季	3	—	—	—
薜荔	常绿藤本					
麦冬	常绿草本					

西侧植物组在结构上与北侧类似，上层乔木较少，仅在池南侧转角处植女贞一株暗示水系的边界；岸边山石上遍植次第开放的云南黄馨、紫藤、构骨等灌木，顺次更替着观赏的焦点，使得山石驳岸充满生机（图7-42）。

（2）北部水面。

北部水面岸线平直，水池寥阔，池方如镜，将植物、建筑、云月倒影入水中，取得"一镜天开"的效果。

在植物群落的配置中，充分考虑了植物倒影与水平如镜的效果的打造。水面北侧靠近园墙，不规则地列植大量桂花虚隐园墙。其中点植两株水杉，其高耸的圆锥形树形以强烈的竖向线条感化解平静水面的平直，同时高大的树体也倒影于池中，使得水景层次更为更富。更因借园外的水杉

图7-42 杭州郭庄南部滨水植物群落分析

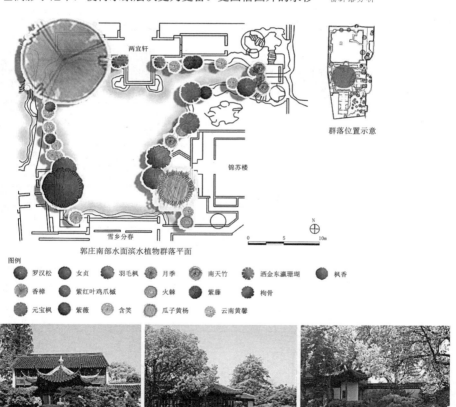

两宜轩

锦苏楼

雪乡分春

郭庄南部水面滨水植物群落平面

群落位置示意

N

0　　5　　10m

图例

● 罗汉松　● 女贞　● 羽毛枫　● 月季　● 南天竹　● 洒金东瀛珊瑚　● 枫香

● 香樟　● 紫红叶鸡爪槭　● 火棘　● 紫藤　● 构骨

● 元宝枫　● 紫薇　● 含笑　● 瓜子黄杨　● 云南黄馨

西视　　　西北视　　　东北视

林入园，使得水体的远景层次十分分明。北侧岸边点植垂柳一株、银杏一株，两株树形迥异的乔木是整个群落的中景。东侧桂花为上层乔木，下层搭配观花乔灌木，春季花时烂漫（表7-12）。

杭州郭庄北部滨水植物群落组成　　　　　　　　表 7-12

植物种类	生活型	观赏期	数量（株）	胸径（cm）	冠幅（cm）	株高（cm）
罗汉松	常绿乔木	—	7	5.0	0.5	0.6
桂花	常绿乔木	花期秋季	25	9.0	1.8	3.3
香樟	常绿乔木	—	4	40.0	16.0	23.0
水杉	落叶乔木	—	3	25.5	2.0	25.0
玉兰	落叶乔木	花期春季	11.0	3.0	3.6
银杏	落叶乔木	秋色叶	2	27.0	15.0	20.2
垂柳	落叶乔木	—	1	13.2	3.5	5.0
碧桃	落叶小乔木	花期春季	1	8.0	1.7	2.0
梅花	落叶小乔木	花期春季	1	6.0	1.4	1.8
垂丝海棠	落叶小乔木	花期春季	1	4.0	1.2	1.5
云南黄馨	常绿灌木	花期春季	1	—	1.2	0.8
山茶	常绿灌木	花期春季	1	—	0.7	0.9
龟甲冬青	常绿灌木	—	3	—	0.8	0.5
月季	落叶灌木	花期夏季	—	—	0.6	9.5
花叶长春蔓	常绿蔓性灌木	—	—	—	—	—
芭蕉	多年生草本	—	3	—	2.0	4.1
中华常春藤	常绿藤本	—	—	—	—	—
扶芳藤	常绿藤本	—	—	—	—	—
凌霄	落叶藤本	花期夏季	—	—	—	—
哺鸡竹	竹类	—	—	—	—	—
吉祥草	常绿草本	—	—	—	—	—
麦冬	常绿草本	—	—	—	—	—
玉簪	多年生草本	花期夏季	—	—	—	11.0
红花酢浆草	多年生草本	花期春季	—	—	—	—
睡莲	水生花卉	花期夏季	—	—	—	—

南侧两宜轩前栽植睡莲，其分布范围受到良好的控制，因此保证了大水面倒影的整体景观效果。同时睡莲夏季开花时，从两宜轩北望，则形成整个北部滨水植物群落的前景，"前景—中景—远景"三个植物景观层次至此形成。

由于北部水体南北纵深在40m以上，从两宜轩内隔水远眺整个滨水群落，水面宽度为水杉高度的两倍左右。植物群落细部的质感、形态已模糊不清，但不同植物种类深浅不一的绿色调、各异的树体形态和轮廓组成了一幅浓淡相宜的滨水画卷（图7-43）。

4. 苏州沧浪亭园周水系滨水植物群落（线状水体）

沧浪亭三面环水，园因水而活，其入口区与这一水系的因借关系已为众多江南古典园林研究者所称道。

图7-43 杭州郭庄北部滨水植物群落分析

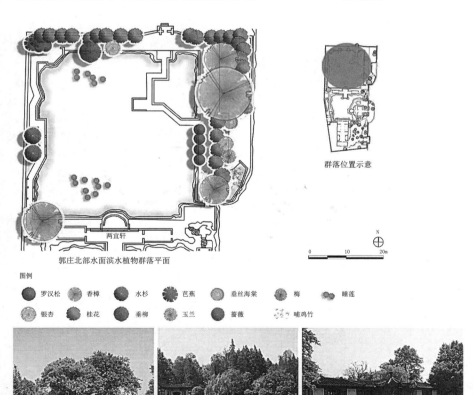

群落位置示意

郭庄北部水面滨水植物群落平面

图例

罗汉松　香樟　水杉　芭蕉　垂丝海棠　梅　睡莲
银杏　桂花　垂柳　玉兰　蔷薇　哺鸡竹

西视　　南视　　东北视

整个滨水群落以植株高大的枫杨、榉树、榔榆、梧桐、糙叶树等落叶乔木为主体，沿水岸栽植；中层仅点缀石楠、云南黄馨等，株高仅为上层乔木高度的1/3～1/5，较大的层次落差使得群落结构关系十分清晰。上层乔木的枝干清晰地显示出来，在透景的同时，也对沧浪亭的空间周界进行了一定程度的围合和提示，使人在园外就产生对园内景色的向往（表7-13）。同时，从水畔委蛇的修廊和面水轩外望，乔木的枝干也有框景的效果。整个群落以落叶乔木为主，三季葱茏，冬季则赏树木冬态的线条之美，以粉墙为衬，极具画意（图7-44）。

5. 苏州留园"活泼泼地"滨水植物群落（线状水体）

"活泼泼地"所要表现的是追求禅宗"本心本性"的境界，体现在植物景观上则是对自然质朴之姿的追求。

轩南蜿蜒的线状水体两侧植物群落层次较为分明。从平面上看，位于群落东南侧的香樟以其较大的冠幅和16m的株高成为整个群落的制高点。葱茏的树冠为活泼泼地整体环境空间提供了很好的荫蔽，使得空间更为幽静。中层乔木沿水系两岸自然式散落，株高与香樟差距甚大，在近人尺度形成了很好的植物群落层次。同时，为体现"鸢飞鱼跃"的生动感，下层较为密集的云南黄馨的圆拱形枝条和鲜黄的花色使得整个水系空间宁静中见跃动（表7-14）。在季相景观上，以碧桃、楝树含蓄地提点春季景观，以群植的元宝枫的秋色提示时间的流逝。从整体上而言，群落还是以绿色为基调的（图7-45）。

苏州沧浪亭园周水系滨水植物群落组成　　　　表 7-13

植物种类	生活型	观赏期	数量（株）	胸径（cm）	冠幅（cm）	株高（cm）
枫杨	落叶乔木	—	2	25.0	13.0	22
榉树	落叶乔木	—	7	13.0	17.0	18
榔榆	落叶乔木	—	2	18.0	10.5	17
梧桐	落叶乔木	—	1	20.0	9.0	13
糙叶树	落叶乔木	—	1	28.0	21.5	26
石楠	常绿小乔木	花期春季	1	12.5	4.0	4
云南黄馨	常绿灌木		5	—	—	—
薜荔	常绿藤本					

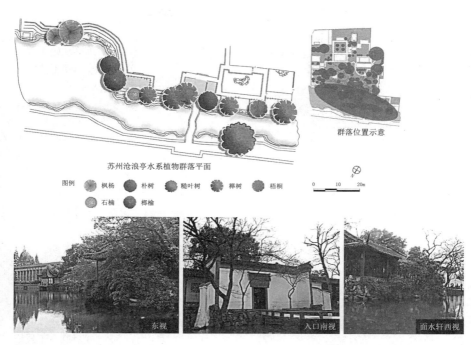

群落位置示意

苏州沧浪亭水系植物群落平面

图例　枫杨　　朴树　　糙叶树　　榉树　　梧桐

石楠　　榔榆

0　10　20m

东视

入口南视

面水轩西视

图7-44 苏州沧浪亭园周水系滨水植物群落分析

苏州留园活泼泼地滨水植物群落组成　　　　　　表 7-14

植物种类	生活型	观赏期	数量 / 盖度	胸径（cm）	冠幅（cm）	株高（cm）
罗汉松	常绿乔木	—	1 株	8.0	1.8	3.0
扁柏	常绿乔木	—	1 株	11.0	2.1	4.0
香樟	常绿乔木	—	1 株	23.2	13.5	16.0
女贞	常绿乔木	—	2 株	8.0	2.2	3.0
元宝枫	落叶乔木	秋色叶	8 株	7.0	2.0	2.5
楝树	落叶乔木	花期春季	1 株	12.0	3.0	5.0
垂柳	落叶乔木	—	2 株	13.0	3.2	5.6
碧桃	落叶小乔木	花期春季	1 株	7.0	1.8	2.5
云南黄馨	常绿灌木	花期春季	6 株	—	1.2	0.8
哺鸡竹	竹类	—	—	—	—	2.4
箬竹	竹类	—	—	—	—	0.5
麦冬	常绿草本	—	20%	—	—	—

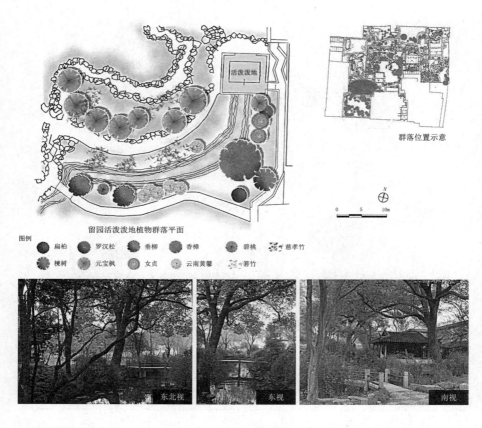

群落位置示意

留园活泼泼地植物群落平面

图例　扁柏　罗汉松　垂柳　香樟　碧桃　慈孝竹
棟树　元宝枫　女贞　云南黄馨　箬竹

东北视　东视　南视

图7-45 苏州留园活泼泼地滨水植物群落分析

6. 苏州拙政园荷风四面亭滨水植物群落

荷风四面亭植物群落的特色一言以蔽之，即"四壁荷花三面柳"，此诗文精妙地概括出荷风四面亭群落配置的植物种类、方位以及景观重点。

从图7-46的荷风四面亭群落平面可以看出，四株姿态各异的垂柳分别点缀于南、北及东侧水岸，与东岸的榔榆、榉树一起，对岛中亭形成一个模糊的"U"形围合空间，使得从亭中望远香堂、雪香云蔚亭、香洲等各景时，四周的乔木树干都能形成很好的框景，增加了景观的画意和空间的层次。

整个群落凸显的是春季柳条青青，夏季荷花飘香的景观特色，冬季可观残荷、圆柏、女贞以及榔榆斑驳之树干，使得整个群落不至于单调（表7-15）。此外，岸际山石间还点缀了连翘、云南黄馨、月季等春季观花植物，不过植物都比较低矮，不破坏群落整体主题突出、层次清晰的特点（图7-46）。

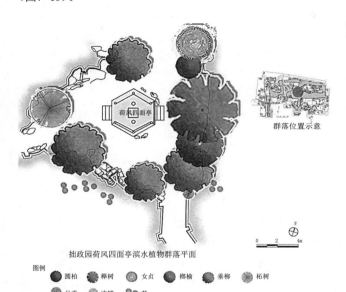

图7-46 苏州拙政园荷风四面亭滨水植物群落分析

拙政园荷风四面亭滨水植物群落平面

群落位置示意

图例
圆柏　榉树　女贞　榔榆　垂柳　柘树
月季　连翘　荷

南视

北视

东视

苏州拙政园荷风四面亭滨水植物群落组成　　　　表 7-15

植物种类	生活型	观赏期	数量（株）	胸径（cm）	冠幅（cm）	株高（cm）
圆柏	常绿乔木	—	1	17.0	0.6	3.0
女贞	常绿乔木	—	1	13.3	4.0	4.7
垂柳	落叶乔木	—	4	21.2	4.3	4.7
榔榆	落叶乔木	—	1	27.0	6.0	6.7

植物种类	生活型	观赏期	数量（株）	胸径（cm）	冠幅（cm）	株高（cm）
榉树	落叶乔木	—	1	23.0	6.2	8.0
柘树	落叶乔木	—	1	32.0	8.0	7.3
云南黄馨	常绿灌木	花期春季	1	—	0.5	0.7
连翘	落叶灌木	花期春季	3	—	0.7	0.6
月季	落叶灌木	花期夏季	4	—	0.4	0.4
扶芳藤	常绿藤本	—	—	—	—	—
薜荔	常绿藤本	—	—	—	—	—
荷	水生花卉	花期夏季	—	—	—	—

7.2.3　建筑区植物群落的个案研究

1. 苏州拙政园玉兰堂植物群落

前文也提过院落空间的植物群落多是命题作文式的主题植物小品。玉兰堂植物景观群落，无论是在数量上还是在体量上，都以玉兰为主景，在堂前形成不规则的对植，使得整个院落空间富于灵动，两相顾盼。堂南侧结合山石，配以西府海棠、燕子花，突出整个院落的春季主题（表7-16、图7-47）。

苏州拙政园玉兰堂植物群落组成　　　表7-16

植物种类	生活型	观赏期	数量（株）	胸径（cm）	冠幅（m）	株高（m）
玉兰	落叶乔木	花期春季	5	9	1.7	2.3
西府海棠	落叶小乔木	花期春季	1	5	1.6	1.7
棕竹	常绿灌木	—	1	—	0.6	1.1
南天竹	常绿灌木	果期冬季	—	—	0.9	1.3
扶芳藤	常绿藤本	—	—	—	—	—
燕子花	宿根草本	花期春季	—	—	—	—
麦冬	常绿草本	—	—	—	—	—

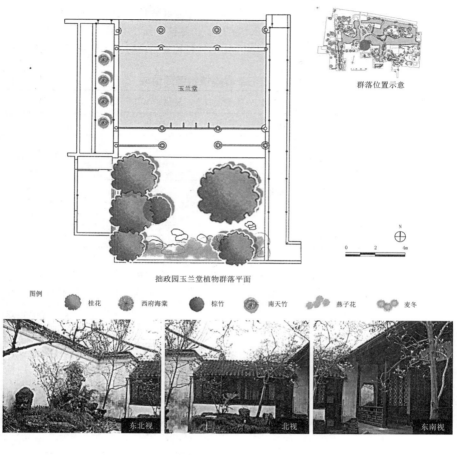

拙政园玉兰堂植物群落平面

群落位置示意

图例　桂花　西府海棠　棕竹　南天竹　燕子花　麦冬

东北视　北视　东南视

2. 苏州拙政园海棠春坞植物群落

海棠春坞是拙政园著名的院落，是读书休憩的场所，院落植物景观宜静观。此外，还使用海棠花形的铺地这样的符号化元素与建筑题榜一起进一步明确局部植物景观特征。

由于院落面积较小，两株体量相当的西府海棠和垂丝海棠分别对植于两侧，暗示了观景空间的边界，两个树体形成一个虚面，对其南侧的南天竹-慈孝竹搭配山石的小景形成了框景。整组植物衬以粉墙，形成了一幅颇具巧思的"无心画"（表7-17）。

院落里还有两个天井灰空间分别以孤植植物形成两个小的焦点型植物空间。西侧植以木瓜，烘托院落春景氛围；东

图7-47　苏州拙政园玉兰堂植物群落分析

侧植以南天竹，与院落主景相呼应（图7-48）。

3．苏州网师园小山丛桂轩植物群落

网师园的小山丛桂轩植物群落除了突出秋景主题外，前

苏州拙政园海棠春坞植物群落组成　　　　　　表 7-17

植物种类	生活型	观赏期	数量（株）	胸径（cm）	冠幅（m）	株高（m）
木瓜	落叶乔木	花期春季	1	17.2	6.0	7.0
西府海棠	落叶小乔木	花期春季	1	5.0	1.6	1.9
垂丝海棠	落叶小乔木	花期春季	1	6.0	1.8	2.1
南天竹	常绿灌木	果期冬季	2	—	0.8	0.7
麦冬	常绿草本	—	—	—	—	—
慈孝竹	竹类	—	—	—	—	—

图7-48 苏州拙政园海棠春坞
植物群落分析

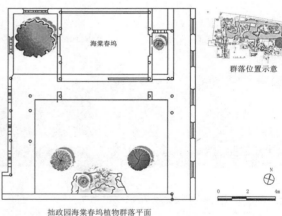

群落位置示意

拙政园海棠春坞植物群落平面

图例　木瓜　西府海棠　垂丝海棠　南天竹　慈孝竹

东视　　　东南视

南视

海棠花瓣形铺地

文在论述道家隐逸思想和禅宗公案时也论及这一实例，可见
其中蕴含的文化深意。

整个群落南密北疏，南侧八株平均株高3m的桂花对主建
筑形成一个类似"L"形的围合，虽树体不大，但与院落体
量十分相适。上层以桂花为骨干树种，堂前点缀元宝枫，以
调节秋季群落色彩，跳出整体以深绿色为色调的群落背景；
下层植物株高度与上层差距较大，层次结构分明；桂花、元
宝枫虬曲的枝干以粉墙为衬，如水墨线条，平添几分画意
（表7-18）。

建筑南侧为黄石假山，与建筑距离极近，空间逼仄。在
这一狭长空间中，两端处分别点植桂花，暗示了空间的边界
和行进方向。

整个群落层次清晰，以桂花与山石的搭配写意山林，并
以馥郁之芬芳给游人带来无尽的情感体验（图7-49）。

4. 苏州拙政园枇杷园（嘉实亭-玲珑馆）植物群落

前文在论述植物景观程式时，也谈到枇杷园的植物景观
变式的产生和来源，其主要体现的主题是"嘉实离离"。同
时，园内还有玲珑馆，竹景则成为整个群落造景主题的次要
表达中心。

首先，整个院落北高南低，主要观赏面是北部嘉实亭和
东侧玲珑馆。在南部地势较高的绣绮亭附近栽植树体规格较
大的榉树三株、枫杨一株，成为整个群落的最高点。其下依
山势配植枇杷四株，对人的视线进行一定的遮蔽，使得在院

苏州网师园小山丛桂轩庭院植物群落组成 　　　　　表 7-18

植物种类	生活型	观赏期	数量/盖度	胸径（cm）	冠幅（cm）	株高（cm）
元宝枫	落叶乔木	—	2 株	10	2.2	2.9
桂花	常绿小乔木	花期秋季	8 株	13	2.8	3.0
瓜子黄杨	常绿小乔木	—	1 株	12	3.1	3.4
南天竹	常绿灌木	果期冬季	4 株	—	0.5	0.7
薜荔	常绿藤本	—	—	—	—	—
木香	落叶藤本	花期春季	—	—	—	—
哺鸡竹	竹类	—	5%	—	—	—
麦冬	常绿草本	—	5%	—	—	—

图例　　🔴 桂花　　🟡 瓜子黄杨　　🔴 元宝枫　　🔴 南天竹　　🟤 木香　　🌿 哺鸡竹

网师园小山丛桂轩植物群落平面

群落位置示意

东视　　　西视　　　东北视　　　轩西侧

图7-49 苏州网师园小山丛桂轩庭院植物群落组成

落中北望绣绮亭的层次更为丰富。

　　其次，在"嘉实"主题的表达上，以玲珑馆建筑轴线为中心，沿园墙和嘉实亭北侧在全园成一个"U"形的围合，使得主景观面上的主题表达十分突出。11株枇杷分布于嘉实亭东、西两侧，西八东三，形成不对称式的对植。亭东南点缀梧桐一株，以其高大的体量成为这一景观面的制高点，与北部山体高大的乔木相呼应。其虽不形成荫蔽，但暗示了建筑空间的存在，并很好地从竖向上反衬了枇杷的体量，使得整个枇杷树丛的水平线条、面状感增强，更显葱郁。

　　其三，"玲珑（竹）"副主题的表达更为含蓄。园内植以四种竹类，以种/品种的丰富来烘托主题。由于玲珑馆是东西向的，则西侧竹种为观赏性较高的黄金嵌碧竹，作为枇杷林的背景，个别山石角隅点缀箬竹几丛；嘉实亭南侧则群植体量稍小的紫竹，亭中漏窗结合竹景形成了"无心画"，在枇杷的掩映中，隐晦地呼应了"玲珑"主题（图7-50、表7-19）。

图7-50　苏州拙政园枇杷园院落植物群落分析

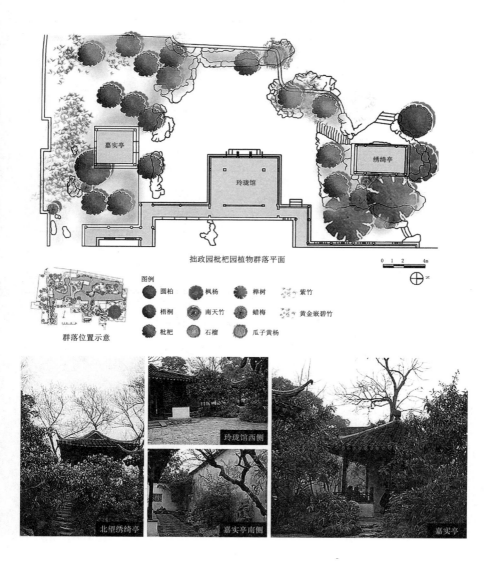

拙政园枇杷园植物群落平面

群落位置示意

图例

圆柏　　枫杨　　榉树　　紫竹
梧桐　　南天竹　蜡梅　　黄金嵌碧竹
枇杷　　石榴　　瓜子黄杨

玲珑馆西侧

北望绣绮亭　　嘉实亭南侧　　嘉实亭

苏州拙政园枇杷园院落植物群落组成 表 7-19

植物种类	生活型	观赏期	数量（株）	胸径（cm）	冠幅（cm）	株高（cm）
圆柏	常绿乔木	—	1	12	2.1	5.0
榉树	落叶乔木	—	3	34	16.0	17.0
梧桐	落叶乔木	—	1	16	7.0	12.2
枫杨	落叶乔木	—	1	22	13.0	15.2
瓜子黄杨	常绿小乔木	—	1	7	2.3	3.0
枇杷	常绿小乔木	果期夏季	19	10	2.6	3.4
石榴	落叶小乔木	花期夏季	1	8	1.9	2.4
大花栀子	常绿灌木	花期夏季	5	—	0.6	0.7
南天竹	常绿灌木	果期冬季	2	—	0.7	0.7
蜡梅	落叶灌木	花期冬季	4	—	1.2	2.2
杜鹃	落叶灌木	花期春季	2	—	0.4	0.6
扶芳藤	常绿藤本	—	—	—	—	—
红花酢浆草	多年生草本	花期春季				
麦冬	常绿草本					
慈孝竹	竹类					2.3
箬竹	竹类					0.6
黄金嵌碧竹	竹类					2.6
紫竹	竹类					0.9

7.2.4 植物群落的配置特点

江南古典园林植物群落组成在地带性植被特征的基础上，受到文化因素的强烈影响，虽然组成种类以亚热带植物为主，主要有松科、蔷薇科、木犀科、樟科、榆科、卫矛科、杨柳科、禾本科等，但在植物种类的选择上有很强的偏好性。

纵观山体、水体和建筑区出现的植物群落，基本上是以常绿落叶阔叶混交林的树种为主，而落叶阔叶树、常绿阔叶树和常绿针叶树次之，季相集中于春、秋两季。江南古典园林，特别是代表了其风格特征的私家园林，其植物景观都是人为精心栽植而呈现出来的。人工植物群落由于种类较单一，配置模式由人设定。

　　就群落的水平结构而言，其建群种的水平分布格局较机械，一般呈有规律的集合排列。江南古典园林的植物群落水平层面上的搭配模式主要是以混交式为主，纯林较少见。乔木层以两种或两种以上的树种为建群混种而成，主要类型有针阔混交、常绿落叶阔叶混交、落叶树混交三类。

　　从群落的垂直结构而言，江南古典园林植物群落类型丰富多样，山体植物属性结构层次比较复杂，建筑区植物群落较为简单。根据群落垂直结构基本上可以划分为两大类型，即单层型群落模式和复层型群落模式。

　　江南古典园林植物群落以复层结构的乔木林为主，而"灌-地被"和"单层"结构鲜见。植物景观配置模式以"乔-灌-地被"复层模式为主，该模式下常见的垂直结构有"乔-灌-地被""乔-小乔-灌-地被""乔-灌"三种，其中以"乔-小乔-灌-地被"结构为构建模式的群落出现的频率最高，群落结构相对最完善。虽然层次结构丰富，但上层乔木与中层"小乔-灌"的株高差距较大，刻意使中层植物矮化，凸显林下空间的灵动流转以及视线的通透性。特别是山体植物群落，土山类上层乔木以落叶阔叶乔木为主，中层以常绿阔叶乔木为主；石山类则上层乔木以常绿针叶乔木为主，群落更为注重装饰性特征。"乔-灌"结构的群落出现频率较低，主要分布于一些私密性较强的院落空间，适合于近距离观赏。

7.2.5　植物种类的历史构成

　　江南古典园林中所应用的植物种类相当广泛，在此前对植物景观发展进行历史性梳理的前提下，选取魏晋南北朝、南宋、明清为时间节点，同时结合现状植物种类调研，以踏查数据进行分析，并与历史文献记载进行比较，以期能对与景观风貌形成密切相关的植物种类构成的变化规律有一个初步探索。

　　因此，通过查找相关资料和走访专家，确定对现存古典园林进行调查的范围。这一调查范围涉及苏州、上海、扬州、无锡、南京和杭州，其中园林保存较好且具有代表性的不同建造年代（宋/明/元/清）的、不同尺度（1500m² 以下/1500~4000m²/4000m²以上）的及不同类型的江南古典私家园林21个，按场地性质分为城市地19个，山林地2个（表7-20）。

江南古典园林植物种类研究样地及简要特征　　表 7-20

城市	古典园林名称	园林面积（m²）	修建年代
苏州	沧浪亭	11000	宋代
	狮子林	9338	元代
	艺圃	3800	明代
	拙政园（中、西部）	20667	清代（园子中部有明代遗风）
	留园	23300	清代
	网师园	3335	清代
	环秀山庄	2001	清代
	耦园	3300	清代
	怡园	5336	清代
	拥翠山庄	682	清代
	曲园	2800	清代
	半园	1130	清代
	听枫园	1133	晚清
上海	豫园	20000	明代
	内园①	1533	清代
扬州	个园	23000	晚清
	何园	14000	晚清
	平山堂	17000	明代
无锡	寄畅园	9905	明代
南京	瞻园	5336	清代
杭州	郭庄	9788	晚清

①内园为豫园园中园。

　　调查方式主要是：在上述确定的古典私家园林中，对植物进行全园普查，即全园范围内的每木调查；对植物的定植点依据现状图纸、测量做到较为精确的定位，并在图纸上记录表达；对园内所有植物的生长状况资料进行测量记录，古树名木另行记录级别和生长年限。

　　调查所记录的内容包括：乔木的种名、株高、胸径、冠幅、物候期；灌木的种名、高度、冠幅、株数（面积）、物候期；草本的种名、高度、株数（面积）、物候期；藤本的种名、株数、高度、物候期；盆花等单独标注、记录。

7.3　植物景观的类比分析

7.3.1　植物景观的植物类别

1. 植物种类

植物种类的多少是体现植物多样性的重要特征之一，也是体现植物景观特色的最基础指标。由表7-21可以看出，随着时代的发展，园林植物种类无论是种类数量还是分布的科属范围，都是越来越丰富的，这与前文谈到的园艺技术的进步以及植物的积极引种有密切关系。魏晋植物科数多于南宋，其一个原因是魏晋时期江南古典园林植物材料大部分出自谢灵运《山居赋》，其中记载的26种草本，大多为野生种，所以后世园林中鲜见。

历代江南古典园林植物科、属、种统计表　　表 7-21

朝代	科	属	种
魏晋	34	50	58
南宋	29	43	68
明清	40	64	104
现存园林	74	147	217

现存江南古典园林中植物种类有217种，隶属于74科147属，其中裸子植物6科13属20种，被子植物68科134属197种。从木本植物的类型来看，常绿针叶乔木4科8属16种，常绿阔叶乔木9科11属12种，落叶阔叶乔木19科26属29种，常绿阔叶小乔木和灌木22科35属43种，落叶阔叶小乔木和灌木19科30属51种，常绿藤本5科5属6种，落叶藤本2科3属3种，竹类1科10属19种。从植物构成要素分析，主要以蔷薇科10属24种，禾本科10属19种，木犀科6属11种，松科2属6种为主。

从图7-51可以看出，从魏晋到明清，乔木种类基本保持在30～40，到了现代，小乔木和灌木的应用种类大幅度上升。原因可能是：其一，古籍中的记载带有一定的选择性和

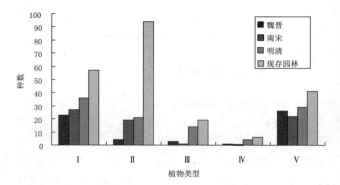

图7-51 历代江南古典园林不同生长类型植物种数对比

I—乔木；II—小乔木/灌木；
III—竹类；IV—藤本；
V—草本

偏好性；其二，近代园林植物种类比以往更为丰富，选择余地更大；其三，受到现代园林植物种植形式的影响，大量城市园林中的下木材料进入古典园林，典型的如西洋杜鹃、小叶黄杨、金叶女贞、洒金东瀛珊瑚及八角金盘等。

　　从表7-22可以看出，植物的种类多寡与园林的面积存在正相关的趋势，即面积越大的园林，植物种类也越多，其科属分布也更为广泛。园林面积越小，供植物景观发挥的余地也越小，同时园林植物景观的高度主题化和程式化，使得应用的植物种类相对集中。

　　现存园林虽然总的科数、属数、种类数上远高于魏晋、南宋和明清的历史记载，但是论及单个园林时，其植物种类却大多远逊于历代名园。明清时期各造园专著中记录的大都是江南地区的私家园林植物，其种（或品种）达到了104种。而现存园林植物种类数最多者为拙政园和留园，其内植物种类也仅分别有76种和82种，植物种类最少的是听枫园，只有8种，平均每个古典园林应用的植物种类是45种。

沧浪亭等21座江南古典园林植物种类统计　表7-22

园名	种数					合计
	乔木	灌木	草本	藤本	竹类	
听枫园	6	2	—	—	—	8
曲园	3	7	—	—	—	10
半园	5	12	—	1	1	19
环秀山庄	13	4	3	1	—	21

续表

园名	种数					合计
	乔木	灌木	草本	藤本	竹类	
内园	13	13	3	2	—	31
个园	14	10	6	2	5	37
拥翠山庄	11	6	14	2	5	38
网师园	18	12	5	1	3	39
艺圃	18	10	4	4	3	39
何园	21	20	3	2	—	46
怡园	20	18	3	2	5	48
耦园	25	13	3	4	3	48
平山堂	29	12	4	3	1	49
寄畅园	22	13	9	6	3	53
狮子林	25	23	3	1	2	54
沧浪亭	21	13	5	4	15	58
郭庄	20	21	8	6	3	58
瞻园	29	24	3	4	4	64
豫园	28	26	7	5	3	69
拙政园	38	20	8	5	5	76
留园	35	29	7	5	6	82

2. 植物区系

种子植物是江南古典园林植物区系的主体。参照吴征镒"中国种子植物属的地理分布区类型系统",划分出147个种子植物属的分布区类型,结果见表7-23。

147个种子植物属在地理成分上隶属于15个分布区类型,说明江南古典园林植物区系在区系地理、区系发生上与世界各地植物区系有着广泛的、不同程度的联系,地理成分具有一定的多样性。从江南古典园林种子植物属的分布类型看,东亚分布类型的属占主导地位,共25属,占总属数的17.1%,其次是泛热带分布、北温带分布及东亚和北美间断分布,分别为23属、22属和20属,占总属数的15.8%、15.1%和13.7%,这四种分布型一起构成了江南古典园林植物区系主体。

沧浪亭等 21 座江南古典园林种子植物属的
分布区类型   表 7-23

序号	分布区类型	属数	占总属数比（%）
1	世界分布	9	6.2
2	泛热带分布	23	15.8
3	热带亚洲和热带美洲间断分布	2	1.4
4	旧世界热带分布	5	3.4
5	热带亚洲至热带大洋洲分布	4	2.7
6	热带亚洲至热带非洲分布	1	0.7
7	热带亚洲分布	8	5.5
8	北温带分布	22	15.1
9	东亚和北美间断分布	20	13.7
10	旧世界温带分布	16	11.0
11	温带亚洲分布	1	0.7
12	地中海、西亚至中亚分布	2	1.4
13	中亚分布	1	0.7
14	东亚分布	25	17.1
15	中国特有分布	7	4.8
	总计	147	100.0

温带分布类型的属高达94属，占本区系属总数的64.4%；而热带分布类型只有43属，仅占本区系属数的29.5%。由此可见，江南古典园林植物区系成分具有显著的温带性，这与江南古典园林所处的地理位置和环境密切相关。

3. 植物来源

从植物材料来源分析，现存江南古典园林中乡土植物108种，占植物总数的49.77%；国内引进种62种，占28.57%，国外引进种47种，占21.66%（表7-24）。乡土植物种类接近1/2，国外引进种占到了1/5，如雪松、八角金盘、日本晚樱、西洋常春藤等，还有一品红、西洋水仙、比利时杜鹃、密叶龙血树等时令性花卉，有些种类与江南古典园林景观的整体风貌极不协调，破坏了园林意境和美感，如雪松和密叶龙血树等。由于现存江南古典园林的分布城市广泛，就调研的六个分布相对集中的城市而言，各个城市的古典园林中乡土植物的应用比例都在50%以上（苏州50%，扬州53.9%，南京55.22%，上海56.6%，无锡58.5%，杭州63.79%），国内引进种占30%左右（苏州31.6%，扬州31.4%，南京25.4%，上海29.2%，无锡32.1%，杭州25.7%），国外引进种占10%～20%（苏州18.45%，扬州14.7%，南京19.4%，上海14.1%，无锡9.4%，杭州10.4%），可见江南地区各古典园林都较好地体现了以乡土植物来造景的植物地域特色。

历代江南古典园林植物来源统计　　　表 7-24

朝代	乡土植物	占总种数（%）	国内引进种	占总种数（%）	国外引进种	占总种数（%）	合计种数
魏晋	51	96.2	2	3.8	0	0.0	53
南宋	41	59.4	22	31.9	6	8.7	69
明清	62	59.6	29	27.9	13	12.5	104
现存	108	49.8	62	28.6	47	21.7	217

从江南园林的整个发展脉络来看，魏晋时期的园林大多依托当地的天然植被建园，其园内乡土植物比例达到了90%以上，由于兼顾生产，引进植物包括小麦、小米等，大多是果树和农作物。到南宋和明清，乡土植物的比例在60%左右，江南园艺的高度发达，使得国内外品种的交流也开始兴盛，这在前述江南植物景观的影响因素时也有所提及。南宋园林31.88%的植物从国内其他地区引进，国外引进占8.7%。国内引进种包括玫瑰、木芙蓉、荔枝等22种，国外引进包括石榴、罂粟、虞美人、水仙等6种。明清国外引种的比例进一步增大，国外引进种包括广玉兰、茉莉、芭蕉、金钱花、虎刺梅等13种，占植物总数的12.5%。

从整个发展趋势来看，历代江南古典园林中乡土植物在植物景观中占绝对优势，很好地体现了植物材料的地域特色；同时从国内外积极地引种观赏性状好的植物，增加园林物种的丰富性和景观的多样性。

7.3.2　植物景观的植物构成

1. 植物构成结构

在江南古典园林的植物构成结构上，乔木与灌木的种数比为1：0.75，数量比为1：0.87；其中常绿乔木与落叶乔木种数比为1：1.93，数量比为1：1.94。常绿灌木与落叶灌木的种数比为1：1.56，数量比为1：0.5。整体而言，常绿木本植物与落叶木本植物的种数比为1：1.2，数量比为1：1.04（表7-25）。无论是种类还是数量，乔木都略多于灌木，说明乔木在江南古典园林植物景观风格形成中的重要性。且落叶乔木的种数和数量基本上都是常绿乔木的两倍。常绿灌木与落叶灌木的种数比为1：1.56，而数量比则为1：0.5，可见在实际应用中，落叶灌木种类虽然丰富，但应用数量较少，且多用作点缀，典型的如海仙花、杜鹃、木槿等。

从今人的研究来看，江南地区典型地带性植被类型依次为落叶阔叶林、落叶常绿阔叶混交林和常绿阔叶林。落叶常绿阔叶混交林是落叶林与常绿阔叶林之间的过渡类型，林内落叶树的种类与数量往往超过常绿树，落叶层片占优势地位。即使是常绿阔叶林，其林内落叶阔叶树的种类往往超过常绿阔叶树，但后者的多度与盖度均占显著优势地位，以常绿层片为主，所以外貌为常绿阔叶林。可见江南古典园林植物与自然植被群落外貌虽存在一定差异，但地带性植被特征对其植物景观也产生了显著的影响。

古典园林植物群落中落叶植物比例较高，可因其植物生长的季节性，构成四季不同的景色，从而使得群落的外貌季相变化显著，更具有观赏性。通过选择不同的树种和不同的

沧浪亭等21座江南古典园林木本植物种类、数量比　　表7-25

朝代	乔木：灌木		常绿乔木：落叶乔木		常绿灌木：落叶灌木		常绿树种：落叶树种	
	种数比	数量比	种数比	数量比	种数比	数量比	种数比	数量比
魏晋	1：0.17		1：6.67		1：3.00		1：5.75	
南宋	1：0.70		1：4.40		1：1.38		1：2.54	
明清	1：0.58		1：6.20		1：1.10		1：2.80	
现存	1：0.75	1：0.87	1：1.93	1：1.94	1：1.56	1：0.5	1：1.19	1：1.04

搭配、配置方式，可以塑造各异的景观效果，并通过植物群落呈现不同的意境。在局部景点上，对常绿阔叶林植物群落也有所模拟，典型的如"小山丛桂"的景观。其与自然形成的常绿阔叶林群落类似，以常绿植物占优，群落较郁闭，林冠较为整齐，色泽较为稳定（一般为深绿色）。

　　就植物层次结构而言，在现今江南地带性自然群落中，乔木与灌木种数的比例约为 1∶3.5；灌木层植物的丰富，形成了复层混交的群落模式，空间相对闭合，人为活动受到限制，视线也受到一定的遮挡。而在江南古典园林中，乔木与灌木种数的比例为 1∶0.75。不同结构的植物群落必然形成不同的植物景观空间体验。江南古典园林中，乔木比重高于灌木，易形成疏朗的游憩空间及开阔的视野，便于游客深入其中，在内部各景点停留，以植物造景，在其中感受诗情画意的意境。这一植物结构的设计是与造景意图紧密相关的，也是对地带性植物景观的艺术化再现。

　　就历代植物结构的发展演变规律而言，魏晋、南宋、明清的江南古典园林中常绿乔木和落叶乔木的种数比显著区别于今日，而灌木层的种类比例历代都比较趋近。可以说，在江南古典园林的发展过程中，对植物材料的认识是在不断加深的，发展到后期，植物材料的选择更为精炼，种类相对集中，且大量生产性的树种如板栗等退出了园林。程式化的搭配使得常绿乔木种类常集中于白皮松、黑松、马尾松等，而落叶树种也经过长期的选择，固定于树冠秀美、姿态挺拔并兼顾季相变化的树种。当然，这一现象从另一方面解读也可视为现存江南古典园林植物景观营造中存在的问题。从南宋的桂隐林泉开始，灌木特别是观花灌木的应用，就受到了人们的重视，这一传统一直延续到今日。

　　就单个古典园林的植物结构而论，园林面积较小的古园，乔木与灌木的种数比例相对较低，典型如半园、曲园，应用的乔木较少、灌木较多，可见古典园林中植物的选择注重与园林的体量相匹配。就乔木的常绿、落叶种类比而言，以山景为胜的园林，如艺圃、拙政园等，落叶乔木的比例较高，以落叶乔木的树姿、季相变化形成多变的山林景观。寄畅园、沧浪亭、平山堂、耦园中落叶灌木的比例较高，前三者园林风格朴野，更接近自然，特别是寄畅园这一山林地属性的园林，其植物景观风貌更接近于自然地带性植被的特征，林下灌木种类相对较多；而耦园风格较为工丽，其中的落叶灌木大多为观花类，即使是在东园黄石山体上，也配置了紫荆、山茶、紫薇、碧桃多种观花灌木和小乔木（表7-26）。

2．植物应用频度

植物的应用频度可以反映江南古典园林植物资源的应用情况以及群落中的主要物种构成。江南古典园林植物

沧浪亭等21座江南各古典园林木本植物种类比　　　　　　表7-26

园名	种数比			
	乔木：灌木	常绿乔木：落叶乔木	常绿灌木：落叶灌木	常绿树种：落叶树种
环秀山庄	1：0.31	1：1.6	1：3	1：1.13
拥翠山庄	1：0.55	1：2.67	1：2	1：1.43
网师园	1：0.67	1：2	1：1.4	1：1.31
怡园	1：0.90	1：2.33	1：1.57	1：1.24
听枫园	1：0.33	1：0.5	1：1	1：0.6
耦园	1：0.52	1：1.5	1：2.25	1：1
半园	1：2.40	1：1.5	1：1.4	1：0.89
狮子林	1：0.92	1：1.78	1：1.56	1：1.09
艺圃	1：0.56	1：3.5	1：0.67	1：2.5
曲园	1：2.33	—	1：1.33	1：1.5
沧浪亭	1：0.62	1：1.63	1：2.25	1：1
留园	1：0.83	1：1.5	1：1.23	1：1.13
拙政园	1：0.53	1：2.8	1：1.22	1：1.76
内园	1：1	1：1.67	1：1.6	1：0.86
豫园	1：0.93	1：2.11	1：1.36	1：1.25
平山堂	1：0.41	1：2.63	1：3	1：1.41
个园	1：0.71	1：1.8	1：1.5	1：1.18
何园	1：0.95	1：2	1：2.33	1：0.95
寄畅园	1：0.59	1：1.75	1：1.6	1：1.19
郭庄	1：1.05	1：2.33	1：2	1：1.05
瞻园	1：0.83	1：1.9	1：2.43	1：0.96

景观的植物频度范围覆盖了六个等级，分别是小于10%、
10%～20%、20%～40%、40%～60%、60%～80%以及大于80%。
从表7-27可以看出，14种植物的应用频度达到了60%以上，
其中蜡梅、南天竹、桂花、荷花、银杏、马尾松、玉兰、紫
藤、瓜子黄杨等都是极具人文内涵的植物，其美善结合之姿
成为人们寄托情感、抒发胸臆的最佳载体。应用频度较低的
以草花类以及国外引进树木、花卉种类为多，还有一些野生
花卉。

沧浪亭等21座江南古典园林植物应用频度

表 7-27

频度（f）	树种
$f \geqslant 80\%$	蜡梅、麦冬、南天竹、桂花、荷花
$60\% \leqslant f < 80\%$	银杏、元宝枫、黑松、玉兰、紫藤、瓜子黄杨、紫薇、女贞、梅
$40\% \leqslant f < 60\%$	罗汉松、刚竹、圆柏、朴树、广玉兰、红枫、山茶、枇杷、西府海棠、云南黄馨、榉树、鸡爪槭、梧桐、洒金东瀛珊瑚、慈竹、芭蕉、枫杨、薜荔、含笑、香樟、贴梗海棠、小叶黄杨、沿阶草、阔叶土麦冬
$20\% \leqslant f < 40\%$	枸骨、石榴、杜鹃、箬竹、白皮松、垂柳、牡丹、木香、紫荆、垂丝海棠、迎春、紫竹、棕榈、榔榆、海桐、月季、碧桃、龙爪槐、金丝桃、八角金盘、凤尾竹、石楠、木瓜、大叶黄杨、卫矛、地锦、连翘、栀子花、珊瑚树、琼花、黄金间碧竹、德国鸢尾、日本五针松、芍药、阔叶十大功劳、樱花、胡颓子、柿树、络石、凌霄、二月兰、燕子花
$10\% \leqslant f < 20\%$	龙柏、八仙花、蔷薇、紫叶李、柑橘、苦楝、山麻杆、紫丁香、荚蒾、小叶罗汉松、糙叶树、枫香、大叶冬青、羽毛枫、结香、常春藤、小叶女贞、夹竹桃、凤尾兰、华山松、水杉、常春油麻藤、葡萄、木槿、木芙蓉、粉单竹
$f < 10\%$	雪松、杉木、侧柏、扁柏、榆树、桑、楠木、蚊母树、红花檵木、法桐、火棘、山荆子、李、桃花、国槐、柚子、黄连木、扶芳藤、丝棉木、复羽叶栾树、毛白杜鹃、苍耳、三色堇、野芝麻、黑松、柳杉、落羽杉、香柏、洒金柏、沙地柏、香榧、山核桃、化香、栲树、青檀、柘树、花毛茛、八角、西洋山梅花、虎耳草、二球悬铃木、白鹃梅、棣棠、紫叶桃、榆叶梅、麦李、日本晚樱、悬钩子、白花紫荆、红豆树、橘、臭椿、乌桕、一品红、雀舌黄杨、龟甲冬青、金边大叶黄杨、樟叶槭、全缘叶栾树、拐枣、枣、茶梅、柽柳、瑞香、西洋常春藤、熊掌木、白蜡、金钟花、白丁香、金叶女贞、白花夹竹桃、花叶长春蔓、大花栀子、六月雪、木本绣球、寿竹、绿槽竹、湘妃竹、石绿竹、毛环竹、方竹、黄槽竹、苦竹、菲白竹、长叶箬竹、单枝竹、茶杆竹、萱草、玉簪、郁金香、葡萄风信子、阔叶沿阶草、密叶龙血树、新几内亚凤仙、广东万年青、菖蒲、黄菖蒲、水仙、大吴风草、翠菊、瓜叶菊、银叶菊、雏菊、蒲公英、四季秋海棠、伽蓝菜、仙客来、角堇、观赏番薯、水葱、红花酢浆草

　　根据各频度段包含植物的数量，统计出各频度段出现的百分比例。各频度段所占比例（该频段植物种类数与总种类数的比值）在0～51.15％之间变化。变化趋势基本上是随着频度的增大呈下降趋势，即各频度段所包含的植物种类数量随着频度的增大而递减。小于10%的频度出现的百分比最大，为51.15％，即该频度范围内包含的植物种类最多。大于80%的频度出现的百分比最小，仅占2.3％，即该频度范围内包含的植物种类最少，相当于小于10%的频度内植物数量的1/25。江南古典园林各频度段出现的百分比随着频度的增大，呈递减的趋势，但在10%～20%频度段，出现了略微增大的变化，频度段出现的百分比由12.44％增大到了19.35％，继而又迅速减小到11.06％。在大于40%的频度范围内，各频度段的下降变化趋势较均匀。

　　可见江南古典园林植物应用的种类带有很强的偏好性，进一步反映了古典园林植物选择的相对集中性和单调性，在树种选择时更为看重的是其内在人文美；但从整体上而言，植物种类还是较为丰富的，低应用频度的植物较多，达到50%以上。

　　3. 径阶树高结构

　　就植物的径阶结构而言，在调研的样地中，乔木树种的平均胸径为24.43cm。其中，胸径小于10cm的乔木占总数量的9.7%；胸径10～20cm的占32.4％；胸径20～30cm的占35.8％；胸径30～40cm的占14.5%，胸径40～50cm的乔木（占5.1％）多于胸径为50cm的乔木（占2.5%）。胸径20～40cm的乔木占到了总数的50.3%。可见，江南古典园林中的植物虽多为中华人民共和国成立后恢复，但栽植时间已经较长，大树的比例较高。胸径大于50cm的多为古树香樟、枫杨、银杏等，个别古树干径达1m以上。干径小于10cm的多为元宝枫、紫红叶鸡爪槭、瓜子黄杨、龙爪槐等。

　　就植物的树高结构而言，木本植物的平均株高为9.3m。株高大于15m的大乔木层植物占总数的12.1%；株高10～15m的中层乔木，占30.4%；株高5～10m的为小乔木层，占18.3%；株高小于5m的灌木层占39.3%，群落层次分明，中、下层株高差距较大，与前文在优秀群落分析时得出的结论一致。在实际调研中发现，株高小于5m的灌木层中有很多生活型为小乔木的植物，特别是用于点景使用的观花类植物，如梅、碧桃等。

　　4.　植物季相结构

　　植物频度大于20%的70种树种中，春季观花的植物比重最高，同时，松柏类和常绿阔叶植物的穿插点缀使得植物风貌随四季流转的同时，也能保持一定的绿色基调（表7-28）。春季观花的植物种数是夏、秋两季的三倍，但是应用频度没有荷花、桂花、南天竹等夏、秋、冬三季观赏的植物频度高，两者是一个微妙的平衡关系。

沧浪亭等 21 座江南古典园林中应用频度大于 20% 的
植物种类的季相结构　　　　　　　　　　表 7-28

季节	植物种类	主色调	所占比例（%）
春季	石楠、玉兰、樱花、梅花、垂丝海棠、山茶、牡丹、贴梗海棠、紫荆、琼花、月季、结香、杜鹃、云南黄馨、迎春、含笑、紫藤、木香、芍药、二月兰、燕子花、德国鸢尾	白-粉红-紫、红、黄、紫	30
夏季	广玉兰、枇杷、石榴、大花栀子、海桐、荷花、凌霄	白-粉红-红	10
秋季	桂花、银杏、柿、元宝枫、紫红叶鸡爪槭、鸡爪槭	红-黄	10
冬季	蜡梅、南天竹、枇杷、枸骨	红-黄	7

7.4　植物景观的空间群落

　　明代乃至宋代以前，江南古典园林中建筑的密度低、数量少，而且个体多于群体，鲜有以游廊相连接的记载，更没有以建筑围合或划分景域的情况，植物在分割空间方面起到了很大作用。此后，园林建筑的密度逐渐上升，山水地形和建筑成为园林空间的主体构架，建筑所围合的院落成为植物景观的主要装点对象。从不同的用地性质上分析，不论是城市地、山林地、村庄地还是江湖地，植物对空间结构的形成无太大影响，其功用更多的是偏向丰富局部空间变化，通过小尺度设计来实现植物景观自然美、人文美以及空间时序性，彰显出独具魅力的地域性特色乃至民族特色。

　　从植物群落上来说，依照山水形势和建筑所划分出的主要园林空间，从山体植物群落、滨水植物群落以及与建筑相搭配的植物群落三个类别入手，进行案例研究。江南古典园林植物群落以复层结构的乔木林为主，植物景观配置模式以"乔-灌-地被"复层模式为主，其中以"乔-小乔-灌木-地被"结构为构建模式的群落出现频率最高，但上层乔木多比中层"小乔-灌"高出2～3倍，通过中层植物矮化，以凸显林下空间的灵动流转以及视线的通透性。特别是山体植物群落，土山类上层乔木以落叶阔叶乔木为主，中层以常绿阔叶乔木为主；石山类则上层乔木以常绿针叶乔木为主，群落更为注重装饰性特征。"乔-灌"结构的群落出现频率较低，主要分布于一些私密性较强的院落空间，适合于近距离观赏。

从植物种类构成上来说，植物景观艺术性地再现了江南地带性植物群落的结构特点，如竹林、亚热带落叶阔叶林、亚热带常绿落叶阔叶混交林、亚热带常绿阔叶林、亚热带针叶林。在以绿色为主基调的前提下，有意识地加大了阔叶落叶树的比例，特别是具有季相变化的树种，遵循园林植物的人文内涵，加以协调、优化和应用。陈从周认为"江南私家园林以落叶树为主，配合若干常绿树，再辅以藤萝、竹、芭蕉、草花等构成植物配置基调"，从数据上看，植物种类构成、结构与世人的感性认识是一致的。

第 8 章

结束语

　　江南古典园林植物景观地域特色的最终形成，离不开多方面因素的共同作用。自然环境与社会变迁直接影响下的江南，在地域文化演变之中生成了江南独特的文化心态和审美情趣——"和润雅致""清雅灵秀""柔润细腻"，形成植物景观的江南格调，促使花卉雅集、郊外访花风靡江南。

　　江南古典园林出现之初，就以"观生意"作为植物景观的营造要旨。随着园林营建的类型分化，树意苍然成为园林植物景观的营造追求。植物景观的营造在规模日益扩大的同时，也渐渐趋于程式化，直至植物景观的营造在不变与变的相反相成之中图新求异，蔚为江南之大观。

　　江南古典园林植物景观的发展过程中，是儒道释三家在暗中牵引着植物景观的主题衍变，呈现出植物景观的人文风韵；与此同时，中国诗画传统直接赋予植物景观以诗情画意，体现出江南植物景观的审美意境，所有这一切铸就了植物景观的江南辉煌。

　　江南古典园林植物景观营造，秉承"精于体宜，巧于因借"的理念，不仅贯通了天、地、人之巧而相得益彰，而且促成了山、水、屋之助而相辅相成，在因借成景与时空变幻空间的协同之中，营造出植物景观的江南特色。

　　江南古典园林植物景观的地域特色，理应进入研究的视野，更应成为研究的对象。这一研究的意义，不仅在于要怎样保护和恢复现存古典园林植物景观，更在于要如何走出园林植物景观在当今的发展之路，从而有助于解决中国风景园林当下面临的诸多难题。

参考文献

古籍文献

[1] （明）陈继儒，陈铭点校. 小窗幽记 [M]. 杭州：浙江古籍出版社，1995.

[2] （清）陈淏子辑. 伊钦恒校注. 花镜 [M]. 北京：北京农业出版社，1962：39～77.

[3] （西晋）陈寿. 三国志 [M]. 杭州：浙江古籍出版社，2000.

[4] （宋）程俱撰. 永瑢等辑. 北山小集提要. 四库全书总目卷一百五十六 [M]. 上海：商务印书馆，1933：3289

[5] （南宋）范成大著. 陆振岳校. 吴郡志 [M]. 南京：江苏古籍出版社，1999：186

[6] （南宋）范成大. 范村菊谱 [M]. 上海：上海商务印书馆，1930.

[7] （唐）房玄龄. 晋书 [M]·北京：中华书局，1974：1734，2072-2075，2102，2099

[8] （元）高德基. 平江记事 [M]. 上海：商务印书馆，1939：3.

[9] （明）高濂. 遵生八笺 [M]. 重庆：重庆大学出版社，2003.

[10] （晋）葛洪. 杨明照校注. 抱朴子外篇校笺（上）[M]. 北京：中华书局，1991：616.

[11] （清）顾禄. 艺菊须知·二卷·刻本 [M]. 苏州：金闾顾氏校经精舍，1838.

[12] （明）顾炎武著. 黄汝成（清）集释. 日知录集释 [M]. 长沙：岳麓书社，1994：5.

[13] （清）顾祖禹撰. 贺次君，施和金点校. 读史方舆纪要·卷二十 [M]. 北京：中华书局，2005：965-966，967.

[14] （明）计成. 陈植注释. 园冶注释 [M]. 北京：中国建筑工业出版社，1988.

[15] （清）计楠. 菊说·一卷 [M]. 刻本. 吴江：沈氏世楷堂，1833.

[16] （北魏）郦道元. 陈桥驿校注. 水经注校证 [M]. 北京：中华书局，2007.

[17]（清）李斗. 扬州画舫录——清代史料笔记丛刊 [M]. 北京：中华书局，1997

[18]（宋）李昉. 太平御览卷·八百二十四 [M]. 北京：中华书局，1960：946

[19]（唐）李复言. 续玄怪录 [M]. 北京：中华书局，2005：184.

[20]（明）李日华. 味水轩日记 [M]. 上海：上海远东出版社：1996：484，487，488.

[21]（唐）李延寿. 南史 [M]. 北京：中华书局，1975：153-154，436，397，1100，1928-1929

[22]（清）李渔. 闲情偶寄 [M]. 南京：江苏广陵古籍刻印社，1991：301-320.

[23]（清）李渔. 王连海注释. 闲情偶记图说 [M]. 济南：山东画报出版社，2003：213.

[24]（南朝）刘庆义. 徐震鄂校注. 世说新语校笺 [M]. 北京：中华书局，1984：67，360.

[25] 刘纬毅辑. 汉唐方志辑佚 [M]. 北京：北京图书馆出版社，1997.

[26] 逯钦立辑校. 先秦汉魏晋南北朝诗 [M]. 北京：中华书局，1995：1860.

[27] 清圣祖敕撰. 刘野校注. 御定广群芳谱 [M]. 长春：吉林出版集团，2005.

[28]（南朝梁）任昉. 述异记世说新语 [M]. 长春：吉林出版集团，2005

[29]（清）沈复. 浮生六记 [M]. 北京：人民文学出版社，1994.

[30]（梁）沈约. 宋书 [M]. 北京：中华书局，1974：1768，2277.

[31]（宋）施宿等撰. 嘉泰会稽志. 清嘉庆戊辰重镌 [M]. 采鞠轩藏版. 台北：大化书局，1988.

[32]（宋）史铸. 百菊集谱 [M]. 影印本. 北京：中国书店，1988.

[33]（宋）苏东坡. 苏东坡集第四册 [M]. 北京：商务印书馆.

[34] 唐圭璋校注. 全宋词 [M]. 北京：中华书局，1965.

[35]（明）屠隆. 考槃余事//王文濡. 说库 [M]. 杭州：浙江古籍出版社，1986．

[36]（宋）王安石. 王安石全集·卷一 [M]. 上海：上海古籍出版社：1999.

[37]（北宋）王安石.（南宋）李壁笺注. 王荆文公诗·笺注卷四十 [M]. 北京：中华书局，1958.

［38］（清）王倬. 看花述异记［M］. 上海：上海国学扶轮社排印本.

［39］（唐）魏徵. 隋书［M］. 北京：中华书局：1997.

［40］（明）文震亨. 陈植校译. 杨超伯校订. 长物志校注［M］. 南京：江苏科学出版社，1984：41-96.

［41］（清）吴其濬著. 张瑞贤等校释. 植物名实图考校释［M］. 北京：中医古籍出版社，2007.

［42］（宋）吴自牧. 梦梁录［M］. 陕西：西安三秦出版社，2004：292.

［43］（宋）吴自牧. 梦梁录·卷十二［M］. 杭州：浙江人民出版社，1984：106.

［44］（梁）萧统编. 昭明文选附考异［M］. 郑州：中州古籍出版社，1990：273.

［45］（梁）萧子显. 南齐书·列传卷三十三［M］. 北京：中华书局，1972：638.

［46］（清）谢家福. 五亩园小志//谢家福. 望炊楼丛书［M］. 苏州：文学山房汇印本，1924.

［47］（明）徐达左. 金兰集［M］. 济南：齐鲁书社，1997.

［48］（唐）许嵩. 建康实录·卷四［M］. 北京：中华书局，1986：98.

［49］（唐）许嵩. 建康实录·卷十七［M］. 北京：中华书局，1986：681

［50］（明）杨循吉. 陈其弟点校. 吴中小志丛刊［M］. 扬州：广陵书社：2004.

［51］（南朝）姚察. 梁书·卷二十五［M］. 北京：中华书局，2003.

［52］（明）袁宏道. 袁中郎全集：卷3［M］. 台北：清流出版社，1976.

［53］（清）袁枚. 随园诗话：卷1［M］. 北京：人民文学出版社，1999.

［54］（宋）乐史. 王文楚校注. 太平寰宇记——中国古代地理总志丛刊［M］. 北京：中华书局，2008.

［55］（清）张潮. 幽梦影［M］. 杭州：浙江古籍出版社，1995.

［56］（南宋）张敦颐. 王进珊校点. 六朝事迹编类［M］. 南京：南京出版社：1989：12.

［57］（东汉）赵晔. 吴越春秋［M］. 南京：江苏古籍出版社，1999：69，73.

［58］（北宋）朱长文. 吴郡图经续记［M］. 南京：江苏古籍出版社，1999：67，71.

[59] （西汉）司马迁. 史记·卷一百三十 [M]. 北京：中华书局，
        1959.

[60] （清）严可均辑. 全梁文 [M]. 北京：商务印书馆，1999.

[61] （南朝梁陈间）佚名. 何清谷校注. 三辅黄图校注 [M]. 西安：
        三秦出版社，2006.

[62] （清）翟灏等辑. 湖山便览·卷一 [M]. 上海：上海古籍出版
        社，1998.

[63] （清）张紫琳辑. 红兰逸乘 [M]. 上海：上海书店出版社，
        1994.

[64] 中华书局编辑部辑. 全唐诗 [M]. 北京：中华书局，1960.

[65] （明）周履靖. 菊谱 [M]. 影印本. 长沙：商务印书馆，1940.

[66] （宋）周密. 齐东野语 [M]. 北京：中华书局，2004.

[67] （宋）周密. 武林旧事——中华经典随笔 [M]. 北京：中华书
        局，2007.

[68] （南宋）祝穆，祝洙. 方舆胜览 [M]. 影印上海图书馆藏宋
        咸淳二至三年（1266-1267）刻本. 上海：上海古籍出版社，
        1991：47.

[69] （清）陈漠子辑. 伊钦恒校注. 花镜 [M]. 北京：中华书局，
        1957.

[70] （宋）李格非. 洛阳名园记 [M]. 文学古籍刊行社，1955.

现当代文献

[71] 陈从周. 说园 [M]. 上海：同济大学出版社，1984：3-4，6.

[72] 陈俊愉. 程绪珂. 中国花经 [M]. 上海：上海文化出版社，
        1990.

[73] 陈俊愉. 中国梅花 [M]. 海口：海南出版社，1996.

[74] 陈植. 园冶注释 [M]. 北京：中国建筑工业出版社，1988.

[75] 陈植，张公驰 [M]. 中国历代名园选注录. 合肥：安徽科学
        技术出版社，1983.

[76] 刘敦桢. 苏州古典园林 [M]. 北京：中国建筑工业出版社，
        1979：44-50.

[77] 刘敦桢. 刘敦桢文集（4）[M]，北京：中国建筑工业出版社，
        1992.

[78] 孟兆祯. 避暑山庄园林艺术 [M]. 北京：紫禁城出版社，
        1985：17-109.

[79] 彭一刚. 中国古典园林分析 [M]. 北京：中国建筑工业出版

社，1986：47-49，92-102.

[80] 苏雪痕. 植物造景 [M]. 北京：中国林业出版社，1994，
     1-72.

[81] 孙筱祥. 园林艺术及园林设计 [M]. 北京：北京林学院刊印
     刷厂印，1981.

[82] 孙晓翔. 江苏文人写意山水派园林//北京林学院林业史研究
     室. 林业史园林史论文集第一辑 [M]. 北京：北京林业大学
     内部发行，1982：36-48.

[83] 童寯. 江南园林志 [M]. 北京：中国建筑工业出版社，1984：
     3-27.

[84] 童寯. 东南园墅 [M]. 北京：中国建筑工业出版社，1997：
     10，46.

[85] 汪菊渊. 中国古代园林史（上下卷）[M]. 北京：中国建筑工
     业出版社，2006：28，93-96，681-899

[86] 吴玉贵，华飞. 四库全书精品文存[M]. 北京：团结出版社，
     1997.

[87] 杨鸿勋. 江南园林论 [M]. 上海：上海人民出版社，1994：
     194-229.

[88] 中华书局编辑部. 全唐诗（全15册增订本）[M]. 北京：中华
     书局，1999.

[89] 周维权. 中国古典园林史 [M]. 北京：清华大学出版社，
     1999.

[90] 周振鹤. 释江南. 中华文史论丛（第49辑）[M]. 上海：上海
     古籍出版，1992.

[91] 朱钧珍. 中国园林植物景观艺术 [M]. 北京：中国建筑工业
     出版社，2003.

[92] 宗白华. 艺境 [M]. 北京：北京大学出版社，2003：105-108.

[93] 佐藤昌. 中國造園史（上·中·下卷）[M]. 日本公園绿地協
     會，1991.

英文文献

[94] Attiret,Jean-Denis, S.J. A Particular Account of the
     Emperor of China's Gardens near Pekin//John Barnhart,
     Richard. Peach Blossom Spring: Gardens and Flowers in
     Chinese Painting[M]. New York: Metropolitan Museum of
     Art, 1983.

[95] Bickford, Maggie (ed.). Bones of Jade, Soul of Ice. The Flowering Plum in Chinese Art[M]. New Haven: Yale University Art Gallery, 1985.

[96] John Dixon Hunt, Peter Wills. The genius of the place: the English landscape garden, 1620~1820[M]. Cambridge: MIT press, 1927: 29-30.

附录

江南古典园林现状及古籍记载植物材料名录 附表 1

科名	属名	中文名	学名	生活型
裸子植物				
银杏科	银杏属	银杏	*Ginkgo biloba*	落叶乔木
松科	雪松属	雪松 ※	*Cedrus deodara*	常绿乔木
	松属	华山松	*Pinus armandii*	常绿乔木
		日本五针松 ※	*Pinus parviflora*	常绿乔木
		白皮松	*Pinus bungeana*	常绿乔木
		黑松	*Pinus thunbergii*	常绿乔木
杉科	杉木属	杉木	*Cunninghamia lanceolata*	常绿乔木
	柳杉属	柳杉	*Cryptomeria fortunei*	常绿乔木
	落羽杉属	落羽杉 ※	*Taxodium distichum*	落叶乔木
	水杉属	水杉 ※	*Metasequoia glyptostroboides*	落叶乔木
柏科	侧柏属	侧柏	*Platycladus orientalis*	常绿乔木
		洒金柏 ※	*Platycladus orientalis* ‘Aurea’	常绿灌木
	崖柏属	香柏	*Thuja occidentalis*	常绿灌木
	扁柏属	扁柏	*Chamaecyparis obtusa*	常绿乔木
	圆柏属	圆柏	*Sabina chinensis*	常绿乔木
		沙地柏 ※	*Sabina vulgaris*	常绿灌木
	刺柏属	龙柏 ※	*Juniperus chinensis* ‘Kaizuca’	常绿小乔木
罗汉松科	罗汉松属	罗汉松	*Podocarpus macrophyllus*	常绿乔木
		小叶罗汉松	*Podocarpus pilgeri*	常绿乔木
红豆杉科	香榧属	香榧	*Torreya grandis*	常绿乔木
被子植物——双子叶植物				
木兰科	木兰属	玉兰	*Yulania denudata*	落叶乔木
		二乔玉兰	*Yulania × soulangeana*	落叶乔木
	北美木兰属	广玉兰	*Magnolia grandiflora*	常绿乔木
	含笑属	含笑	*Michelia figo*	常绿灌木
		黄兰 *	*Michelia champaca*	常绿乔木
	木莲属	木莲 *	*Manglietia fordiana*	常绿乔木
蜡梅科	蜡梅属	蜡梅	*Chimonanthus praecox*	落叶灌木

科名	属名	中名	学名	生活型
樟科	樟属	香樟	*Cinnamomum camphora*	常绿乔木
	楠木属	楠木	*Phoebe zhennan*	常绿乔木
八角科	八角属	八角	*Illicium verum*	常绿乔木
莲科	莲属	荷花	*Nelumbo nucifera*	多年生水生植物
睡莲科	睡莲属	睡莲	*Nymphaea alba*	多年生水生植物
	荇菜属	荇菜	*Nymphoides peltatum*	多年生水生植物
	芡属	芡实 *	*Euryale ferox*	多年生水生植物
毛茛科	毛茛属	花毛茛 ※	*Ranunculus asiaticus*	多年生宿根草本
小檗科	十大功劳属	阔叶十大功劳 ※	*Mahonia bealei*	常绿灌木
	南天竹属	南天竹	*Nandina domestica*	常绿灌木
罂粟科	罂粟属	虞美人	*Papaver rhoeas*	一年生草本
		罂粟花 *	*Papaver somniferum*	二年生草本
悬铃木科	悬铃木属	三球悬铃木 ※	*Platanus orientalis*	落叶乔木
		二球悬铃木 ※	*Platanus hispanica*	落叶乔木
金缕梅科	枫香属	枫香	*Liquidambar formosana*	落叶乔木
	蚊母树属	蚊母树 ※	*Distylium racemosum*	常绿灌木或小乔木
	檵木属	檵木 ※	*Loropetalum chinense*	常绿灌木
榆科	榆属	榆树	*Ulmus pumila*	落叶乔木
		榔榆	*Ulmus parvifolia*	落叶乔木
	榉属	榉树	*Zelkova serrata*	落叶乔木
	朴属	朴树	*Celtis sinensis*	落叶乔木
	糙叶树属	糙叶树 ※	*Aphananthe aspera*	落叶乔木
	青檀属	青檀	*Pteroceltis tatarinowii*	落叶乔木
桑科	桑属	桑	*Morus alba*	落叶乔木
	柘树属	柘树	*Cudrania tricuspidata*	落叶灌木或小乔木
	榕属	无花果 *	*Ficus carica*	落叶灌木或乔木
		薜荔	*Ficus pumila*	木质藤本
荨麻科	苎麻属	苎麻 *	*Boehmeria nivea*	多年生宿根草本
胡桃科	枫杨属	枫杨	*Pterocarya stenoptera*	落叶乔木

科名	属名	中名	学名	生活型
胡桃科	山核桃属	山核桃	*Carya cathayensis*	落叶乔木
	化香属	化香	*Platycarya strobilacea*	落叶小乔木
杨梅科	杨梅属	杨梅	*Myrica rubra*	常绿灌木或小乔木
山毛榉科	栲树属	栲树 *	*Castanopsis fargesii*	常绿乔木
	栗属	板栗 *	*Castanea mollissima*	落叶乔木
	栎属	槲栎 *	*Quercus aliena*	落叶乔木
仙人掌科	昙花属	昙花	*Epiphyllum oxypetalum*	灌木状肉质植物
苋科	青葙属	鸡冠花	*Celosia Cristata*	一年生草本
	藜属	藜 *	*Chenopodium album*	一年生草本
	苋属	苋 *	*Amaranthus tricolor*	一年生草本
蓼科	蓼属	红蓼 *	*Polygonum orientale*	一年生草本
芍药科	芍药属	牡丹	*Paeonia suffruticosa*	落叶亚灌木
		芍药	*Paeonia lactiflora*	多年生宿根草本
山茶科	山茶属	山茶	*Camellia japonica*	常绿灌木或小乔木
		茶梅 ※	*Camellia sasanqua*	常绿灌木或小乔木
藤黄科	金丝桃属	金丝桃	*Hypericum chinense*	半常绿小灌木
锦葵科	梧桐属	梧桐	*Firmiana simplex*	落叶乔木
	午时花属	午时花 *	*Pentapetes phoenicea*	一年生草花
	木槿属	木槿	*Hibiscus syriacus*	落叶灌木
		木芙蓉	*Hibiscus mutabilis*	落叶灌木或小乔木
		芙蓉葵	*Hibiscus moscheutos*	落叶灌木
		朱槿 *	*Hibiscus rosa-sinensis*	落叶灌木
	秋葵属	秋葵 *	*Abelmoschus moschatus*	一年生草本
堇菜科	堇菜属	角堇 ※	*Viola cornuta*	一年生草本
		三色堇 ※	*Viola tricolor*	一年生草本
柽柳科	柽柳属	柽柳 *	*Tamarix chinensis*	落叶小乔木
秋海棠科	秋海棠属	四季秋海棠 ※	*Begonia×semperflorens-cultorum*	多年生草本
杨柳科	柳属	柳树	*Salix babylonica*	落叶乔木

科名	属名	中名	学名	生活型
杨柳科	柳属	垂柳	*Salix babylonica*	落叶乔木
	杨属	杨树	*Popolus* spp.	落叶乔木
十字花科	诸葛菜属	二月兰	*Orychophragmus violaceus*	二年生草本
杜鹃花科	杜鹃花属	杜鹃	*Rhododendron simsii*	落叶或半常绿灌木
		毛白杜鹃	*Rhododendron mucronatum*	半常绿灌木
菱科	菱属	菱 *	*Trapa bispinosa*	一年生水生植物
石榴科	石榴属	石榴	*Punica granatum*	落叶灌木或小乔木
柿树科	柿树属	柿树	*Diospyros kaki*	落叶乔木
报春花科	仙客来属	仙客来 ※	*Cyclamen persicum*	多年生草本
海桐科	海桐属	海桐 ※	*Pittosporum tobira*	常绿灌木
绣球花科	山梅花属	欧洲山梅花 ※	*Philadelphus coronarius*	落叶灌木
	绣球属	八仙花	*Hydrangea macrophylla*	落叶灌木
景天科	伽蓝菜属	伽蓝菜 ※	*Kalanchoe laciniata*	多年生肉质草本
虎耳草科	虎耳草属	虎耳草	*Saxifraga stolonifera*	多年生草本
蔷薇科	白鹃梅属	白鹃梅	*Exochorda racemosa*	落叶灌木
	火棘属	火棘	*Pyracantha fortuneana*	常绿灌木
	枇杷属	枇杷	*Eriobotrya japonica*	常绿小乔木
	石楠属	椤木石楠 *	*Photinia bodinieri*	常绿乔木或灌木
		石楠	*Photinia serrulata*	常绿灌木或小乔木
	木瓜属	贴梗海棠	*Chaenomeles speciosa*	落叶灌木
		木瓜	*Chaenomeles sinensis*	落叶小乔木
	苹果属	西府海棠	*Malus micromalus*	落叶小乔木
		苹果 *	*Malus pumila*	落叶乔木
		沙梨 *	*Malus pyrifolia*	落叶乔木
		山荆子	*Malus baccata*	落叶乔木
		垂丝海棠	*Malus halliana*	落叶小乔木
	蔷薇属	蔷薇	*Rosa multiflora*	落叶灌木
		黄蔷薇	*Rosa hugonis*	落叶灌木
		月季	*Rosa chinensis*	常绿或半常绿灌木

科名	属名	中名	学名	生活型
蔷薇科	蔷薇属	玫瑰 *	*Rosa rugosa*	落叶灌木
		荼蘼 *	*Rosa rubus*	落叶小灌木
		木香	*Rosa banksiae*	落叶或半常绿灌木
	棣棠属	棣棠	*Kerria japonica*	常绿或半常绿灌木
	李属	李	*Prunus salicina*	落叶乔木
		紫叶李 ※	*Prunus cerasifera* 'Atropurpurea'	落叶小乔木
		梅	*Prunus mume*	落叶小乔木
		江梅	*Prunus mume* f. *simpliciflora*	落叶小乔木
		黄香梅 *	*Prunus mume* var. *flavescens*	落叶小乔木
		红梅	*Prunus mume* var. *purpurea*	落叶小乔木
		桃花 *	*Prunus persica*	落叶小乔木
		碧桃	*Prunus persica* 'Duplex'	落叶小乔木
		绯桃	*Prunus persica* 'Magnifica'	落叶小乔木
		绛桃	*Prunus persica* 'Camelliaeflora'	落叶小乔木
		紫叶桃 ※	*Prunus persica* 'Atropurpurea'	落叶小乔木
		杏	*Prunus armeniaca*	落叶乔木
		榆叶梅	*Prunus triloba*	落叶灌木
		麦李 *	*Prunus glandulosa*	落叶灌木
		樱桃	*Prunus pseudocerasus*	落叶乔木
		樱花 ※	*Prunus serrulata*	落叶乔木
		日本晚樱 ※	*Prunus serrulata* var. *lannesiana*	落叶乔木
	悬钩子属	悬钩子 *	*Rubus corchorifolius*	落叶灌木
苏木科	皂荚属	皂荚	*Gleditsia sinensis*	落叶乔木
豆科	紫荆属	紫荆	*Cercis chinensis*	落叶灌木或小乔木
		白花紫荆	*Cercis chinensis* 'Alba'	落叶灌木或小乔木
	紫藤属	紫藤	*Wisteria sinensis*	落叶攀缘灌木
		白花紫藤	*Wisteria sinensis* 'Alba'	落叶攀缘灌木
		藤萝	*Wisteria villosa*	落叶攀缘灌木
	油麻藤属	常春油麻藤 ※	*Mucuna sempervirens*	常绿木质藤本

科名	属名	中名	学名	生活型
豆科	红豆树属	红豆树	*Ormosia hosiei*	常绿乔木
	槐属	国槐	*Sophora japonica*	落叶乔木
		龙爪槐	*Sophora japonica* 'Pendula'	落叶乔木
	苜蓿属	苜蓿*	*Medicago sativa*	多年生草本
	扁豆属	扁豆*	*Lablab purpureus*	一年生草本
胡颓子科	胡颓子属	胡颓子	*Elaeagnus pungens*	常绿灌木
千屈菜科	紫薇属	紫薇	*Lagerstroemia indica*	落叶灌木或小乔木
瑞香科	瑞香属	瑞香	*Daphne odora*	落叶灌木
	结香属	结香	*Edgeworthia chrysantha*	落叶灌木
山茱萸科	桃叶珊瑚属	洒金东瀛珊瑚	*Aucuba japonica* 'Variegata'	常绿灌木
卫矛科	卫矛属	大叶黄杨	*Euonymus japonicus*	常绿灌木或小乔木
		金边黄杨	*Euonymus japonicus* 'Aureo-marginatus'	常绿灌木或小乔木
		扶芳藤	*Euonymus fortunei*	常绿藤本
		卫矛	*Euonymus alatus*	落叶灌木
		丝绵木	*Euonymus maackii*	落叶小乔木
冬青科	冬青属	枸骨	*Ilex cornuta*	常绿灌木或小乔木
		冬青	*Ilex purpurea*	常绿乔木
		龟甲冬青※	*Ilex crenata* var. *convexa*	常绿灌木
		大叶冬青	*Ilex platyphylla*	常绿乔木
黄杨科	黄杨属	小叶黄杨	*Buxus microphylla*	常绿灌木
		瓜子黄杨	*Buxus sinica*	常绿灌木
		雀舌黄杨	*Buxus bodinieri*	常绿灌木
大戟科	乌桕属	乌桕	*Triadica sebifera*	落叶乔木
	山麻杆属	山麻杆	*Alchornea davidii*	落叶小灌木
	大戟属	一品红※	*Euphorbia pulcherrima*	常绿灌木

续表

科名	属名	中名	学名	生活型
鼠李科	枳椇属	拐枣	*Hovenia acerba*	落叶乔木
	枣属	枣	*Ziziphus jujuba*	落叶灌木或小乔木
葡萄科	葡萄属	葡萄	*Vitis vinifera*	落叶蔓生草质藤本
	地锦属	地锦	*Parthenocissus tricuspidata*	落叶木质藤本
无患子科	栾属	复羽叶栾树	*Koelreuteria bipinnata*	落叶乔木
		全缘叶栾树	*Koelreuteria bipinnata*	落叶乔木
	荔枝属	荔枝 *	*Litchi chinensis*	常绿乔木
	槭属	鸡爪槭	*Acer palmatum*	落叶灌木或小乔木
		红枫	*Acer palmatum* 'Atropurpureum'	落叶灌木或小乔木
		羽毛枫	*Acer palmatum* var. dissectum	落叶灌木或小乔木
		樟叶槭 ※	*Acer coriaceifolium*	落叶乔木
七叶树科	七叶树属	七叶树	*Aesculus chinensis*	落叶乔木
漆树科	黄连木属	黄连木	*Pistacia chinensis*	落叶乔木
苦木科	臭椿属	臭椿	*Ailanthus altissima*	落叶乔木
楝科	楝属	苦楝	*Melia azedarach*	落叶乔木
芸香科	柑橘属	柑橘	*Citrus reticulata*	常绿小乔木
		柚子	*Citrus grandis*	常绿小乔木
		香橼 *	*Citrus medica*	常绿小乔木或灌木
		橙	*Citrus sinensis*	常绿乔木
		金橘	*Citrus japonica*	常绿灌木
	花椒属	花椒 *	*Zanthoxylum bungeanum*	落叶灌木或小乔木
酢浆草科	酢浆草属	红花酢浆草 ※	*Oxalis corymbosa*	多年生草本
凤仙花科	凤仙花属	新几内亚凤仙 ※	*Impatiens linearifolia*	多年生常绿草本
		凤仙花	*Impatiens balsamina*	一年生草本
五加科	常春藤属	中华常春藤	*Hedera nepalensis*	常绿藤本
		洋常春藤 ※	*Hedera helix*	常绿藤本
	八角金盘属	八角金盘 ※	*Fatsia japonica*	常绿灌木
	熊掌木属	熊掌木 ※	*Fatshedera lizei*	常绿灌木

科名	属名	中名	学名	生活型
夹竹桃科	络石属	络石	*Trachelospermum jasminoides*	常绿藤本
	夹竹桃属	夹竹桃	*Nerium indicum*	常绿灌木
		白花夹竹桃	*Nerium oleander* 'Paihua'	常绿灌木
	蔓长春花属	花叶长春蔓	*Nerium major* 'Variegata'	常绿蔓性灌木
	夜来香属	夜来香 *	*Telosma cordata*	藤状灌木
茄科	枸杞属	枸杞 *	*Lycium chinense*	落叶灌木
旋花科	番薯属	金叶薯 ※	*Ipomoea batatas* 'Aurea'	多年生草本
	菟丝子属	菟丝子 *	*Cuscuta chinensis*	一年生寄生草本
	虎掌藤属	牵牛花 *	*Pharbitis nil*	一年生缠绕草本
唇形科	野芝麻属	野芝麻	*Lamium barbatum*	多年生草本
	薄荷属	薄荷 *	*Mentha canadensis*	多年生宿根草本
	藿香属	藿香 *	*Agastache rugosa*	多年生草本
木犀科	白蜡树属	白蜡	*Fraxinus chinensis*	落叶乔木
木犀科	连翘属	连翘	*Forsythia suspensa*	落叶灌木
		金钟花	*Forsythia viridissima*	落叶灌木
	丁香属	白丁香	*Syringa oblata* 'Alba'	落叶灌木或小乔木
		紫丁香	*Syringa oblata*	落叶灌木或小乔木
	女贞属	女贞	*Ligustrum lucidum*	常绿乔木
		小叶女贞	*Ligustrum quihoui*	落叶灌木
		金叶女贞 ※	*Ligustrum × vicaryi*	半常绿灌木
	木犀属	桂花	*Osmanthus fragrans*	常绿小乔木
		丹桂	*Osmanthus fragrans* var. *aurantiacus*	常绿小乔木
	素馨属	迎春	*Jasminum nudiflorum*	落叶灌木
		云南黄馨	*Jasminum mesnyi*	半常绿灌木
紫葳科	梓树属	楸树	*Catalpa bungei*	落叶乔木
	凌霄属	凌霄	*Campsis grandiflora*	落叶藤本
茜草科	栀子花属	栀子花	*Gardenia jasminoides*	常绿灌木
		大花栀子	*Gardenia jasminoides* 'Grandiflora'	常绿灌木
	六月雪属	六月雪	*Serissa japonica*	常绿或半常绿灌木

续表

科名	属名	中名	学名	生活型
忍冬科	忍冬属	金银花	*Lonicera japonica*	多年生半常绿藤本
五福花科	荚蒾属	珊瑚树 ※	*Viburnum odoratissimum*	常绿灌木或小乔木
		荚蒾	*Viburnum dilatatum*	落叶灌木
		绣球荚蒾	*Viburnum macrocephalum*	落叶灌木
		琼花	*Viburnum macrocephalum* f. *keteleeri*	落叶灌木
菊科	大吴风属草	大吴风草 ※	*Farfugium japonicum*	常绿多年生草本
	菊花属	菊花	*Chrysanthemum* ×*morifolium*	多年生宿根草本
	苍耳属	苍耳	*Xanthium strumarium*	一年生草本
	翠菊属	翠菊 ※	*Callistephus chinensis*	一年生草本
	瓜叶菊属	瓜叶菊 ※	*Pericallis hybrida*	多年生草本
	千里光属	银叶菊 ※	*Senecio cineraria*	多年生草本
	泽兰属	泽兰 *	*Eupatorium japonicum*	多年生草本
	蒿属	艾草 *	*Artemisia argyi*	多年生草本
	雏菊属	雏菊 ※	*Bellis perennis*	多年生草本
	向日葵属	向日葵	*Helianthus annuus*	一年生草本
	蒲公英属	蒲公英	*Taraxacum officinale*	多年生草本
	紫菀属	马兰 *	*Aster indicus*	多年生草本
单子叶植物				
泽泻科	慈姑属	慈姑	*Sagittaria trifolia* subsp. *leucopetala*	多年生草本
天南星科	广东万年青属	广东万年青 ※	*Aglaonema modestum*	多年生常绿草本
	菖蒲属	菖蒲	*Acorus calamus*	多年水生草本
	白鹤芋属	白鹤芋 ※	*Spathiphyllum kochii*	多年生常绿草本
浮萍科	萍属	四叶萍	*Marsilea quadrifolia*	多年生水生草本
棕榈科	棕榈属	棕榈	*Trachycarpus fortunei*	常绿乔木
莎草科	藨草属	水葱 ※	*Scirpus validus*	多年生草本

科名	属名	中名	学名	生活型
禾本科	刚竹属	刚竹	*Phyllostachys bambusoides*	散生型竹
		寿竹	*Phyllostachys bambusoides* f. *shouzhu*	散生型竹
		紫竹	*Phyllostachys nigra*	散生型竹
		湘妃竹	*Phyllostachys bambusoides* f. *lacrima-deae*	散生型竹
		石绿竹	*Phyllostachys arcana*	散生型竹
		黄槽竹	*Phyllostachys aureosulcata*	散生型竹
	方竹属	方竹	*Chimonobambusa quadrangularis*	丛生型竹
	簕竹属	凤尾竹	*Bambusa multiplex* f. *fernleaf*	丛生型竹
		黄金间碧竹	*Bambusa vulgaris* f. *vittata*	丛生型竹
		粉单竹	*Bambusa chungii*	丛生型竹
		慈竹	*Bambusa emeiensis*	丛生型竹
		佛肚竹	*Bambusa ventricosa*	混生型竹
	苦竹属	苦竹	*Pleioblastus amarus*	混生型竹
		菲白竹	*Pleioblastus fortunei*	混生型竹
	箬竹属	阔叶箬竹	*Indocalamus latifolius*	混生型竹
		箬竹	*Indocalamus tessellatus*	混生型竹
	越南竹属	单枝竹	*Bonia saxatilis*	混生型竹
	倭竹属	茶杆竹	*Arundinaria amabilis*	混生型竹
	芦苇属	芦苇	*Phragmites australis*	多年生草本
	稻属	水稻*	*Oryza sativa*	一年生草本
	菰属	茭白*	*Zizania latifolia*	多年生草本
	白茅属	茅*	*Imperata cylindrica*	多年生草本
	高粱属	秫*	*Sorghum bicolor*	一年生草本
芭蕉科	芭蕉属	芭蕉	*Musa basjoo*	多年生草本
		红蕉*	*Musa coccinea*	多年生草本
姜科	良姜属	良姜*	*Alpinia officinarum*	多年生草本

科名	属名	中名	学名	生活型
百合科	百合属	山丹 *	*Lilium pumilum*	多年生草本
	郁金香属	郁金香 ※	*Tulipa gesneriana*	多年生草本
天门冬科	丝兰属	凤尾兰 ※	*Yucca gloriosa*	常绿灌木
	玉簪属	玉簪	*Hosta plantaginea*	多年生宿根
	蓝壶花属	葡萄风信子 ※	*Muscari botryoides*	多年生草本
	沿阶草属	沿阶草	*Ophiopogon japonicus*	多年生草本
		剑叶沿阶草	*Ophiopogon jaburan*	多年生草本
	吉祥草属	吉祥草	*Reineckea carnea*	多年生草本
	龙血树属	香龙血树 ※	*Dracaena fragrans*	常绿灌木
	麦冬属	麦冬	*Ophiopogon japonicus*	多年生草本
	山麦冬属	阔叶山麦冬	*Liriope platyphylla*	多年生草本
石蒜科	水仙属	水仙	*Narcissus tazetta* var. *chinensis*	多年生草本
	葱属	韭菜	*Allium tuberosum*	多年生草本
		薤 *	*Allium chinense*	多年生草本
鸢尾科	鸢尾属	黄菖蒲 ※	*Iris pseudacorus*	多年生挺水
		燕子花	*Iris laevigata*	多年生挺水
		德国鸢尾 ※	*Iris germanica*	多年生草本
兰科	兰属	春兰	*Cymbidium goeringii*	多年生草本
		蕙兰	*Cymbidium faberi*	多年生草本
阿福花科	萱草属	萱草	*Hemerocallis fulva*	多年生草本
		金针菜 *	*Hemerocallis citrina*	多年生草本
蕨类植物				
肿足蕨科	肿足蕨属	肿足蕨 *	*Hypodematium crenatum*	蕨类植物
桫椤科	桫椤属	桫椤 *	*Alsophila spinulosa*	木本蕨类植物

注：* 为仅在古籍中出现的种类，※ 为仅在现存园林中出现的种类。

致　谢

本书的撰写和出版受到众多师友的指导和支持，在此一并表示衷心感谢。

首先，要感谢导师—北京林业大学园林学院董丽教授在本书撰写过程中的悉心指导。能够成为她的学生是我一生的荣幸。在学术研究的启蒙和成长阶段，导师严谨的治学态度、广阔的学术视野为我指引了投身风景园林的道路。

在本文撰写过程中，得到陈珂、矫明阳、王应临、胡淼淼、夏冰、马跃、赵君、周丽、乔磊、雷维群、晏海、廖圣晓、张超、董政、车笑晨、王雪以及滕依辰的大力帮助。特别感谢张凡，一起江南调研的日子是难忘而美好的。还要感谢同窗好友王子凡与我共同讨论论文思路以及写作方法，给予我极大的借鉴和启发。感谢高幸在日文文献阅读中给予的大力帮助，耐心地为我答疑解惑。感谢好友Cui Guo-haller（郭萃）、Tobias Hallers（伉俪）在德语和法语文献阅读上的帮助。感谢在北京林业大学一同走过的同窗李秉玲、王玮然、刘曦、程鹏、仇银豪、张帆、于晓森以及好友沈颖、杨林森、林暾、郝倩、包韵对论文的帮助以及精神支持。

感谢苏雪痕教授、张树林教授、王莲英教授、李雄教授、成仿云教授、戴思兰教授、王四清研究员以及黄亦工教授对本文在成稿过程中提出的宝贵建议。

感谢我的研究生付甜甜、周鑫、张丽丽在本书出版过程中的辛勤付出。

特别感谢我的父亲郝明工教授在整本书成稿过程中对我的启发及指正。

最后再次向所有给予我支持、帮助的老师、同学及亲人致以最诚挚的谢意！